水辺の樹木誌

崎尾 均——［著］

東京大学出版会

A Natural History of Trees in Riparian Forests
Hitoshi SAKIO
University of Tokyo Press, 2017
ISBN 978-4-13-060235-8

はじめに

「水辺」という言葉は，私たちに安らぎを与えてくれる．渓流のそばに行くと，水のせせらぎや小鳥のさえずりが聞こえ，そこに咲く花々が私たちの心を癒してくれる．まさに，「水辺」は心のオアシスである．昔から長年，私たちの生活は水辺の自然環境に依存し，そこにすむ生物と共存してきた．生活の糧として川や湖の植物や魚類などを採取し，運搬や交通手段として河川を利用してきた．

しかし，戦後，高度経済成長のなかで自然との共存は忘れ去られ，河川は上流から下流まで堤防に閉じ込められ，上流には巨大な多目的ダムが建設され，いたるところにコンクリート構造物が見られるようになった．1950-1960 年代には日本中で「公害」という名の環境汚染が問題になってきた．私は，小さいころ，兵庫県の尼崎に住んでいたが，近くの河川はドブ川と化し，ゴミが流れ工場排水が垂れ流され，悪臭を放っていた．大気も汚染され空を灰色に染めていた．これらの環境問題に関して，まず取り組まれたのは大気汚染の防止や河川の水質改善であった．河川に分布する生物そのものが注目を浴びるようになってきたのは，1990 年代からである．

河川などの水辺に分布する樹木の研究は，分類学的な研究や植生学による群落の分布調査から始まった．これらの樹木が水辺でどのような一生を送り，世代交代を行っているかは，それほど明らかになっていなかった．現在でもわからないことがたくさんある．水辺の樹木に関しては，1980 年代にヤナギ類で生活史に関する研究が始まっていたものの，それ以外の水辺の樹種は，ほとんど手つかずのままであった．森林の更新に関する研究は，比較的，均一の地形で樹種構成も単純な亜高山帯針葉樹林や冷温帯のブナ林から始められた．ブナ林では，林冠のギャップ形成によって次世代を担う前生稚樹の成長が促進されることで，空間的に異なる樹齢のパッチがモザイク状に分布していることが明らかになっていた．これに対して，水辺林の研究が遅れた理由としては，渓流や河川沿いは，多様な河川攪乱によって形成された地形が複雑なために調査に時間や労力がかかることや，調査そのものに大きな危険を伴うことがあげられる．私自身も調査中に落石の直撃を受けたり，増水で流されかけたり，ツキノワグマに追いかけられたり幾度となく危険な目にあってきた．

私が水辺林（渓畔林《けいはんりん》・河畔林《かはんりん》など）に興味を持ち始めたのは，1980 年代の半ばである．私の最初の勤務地は，埼玉県の奥秩父の大滝村中津川（現在の秩父市中津川）という山村であった．中津川には日本最初の林学博士である本多静六が埼玉県に寄付した森林が約 3000 ha あり，その管理も私の業務であった．この埼玉県県有林には，ほとんど伐採履歴のない大山沢という林班があった．名前のとおり大山沢と呼ばれる渓流が流れている．この流域の森林植生は，尾根にツガ，山腹にブナやイヌブナが分布していたが，沢沿いにはシオジ・サワグルミ・カツラの巨木がそびえ立っていた．私の研究生活のすべてはここから始まった．この巨木林を見て以降，私はこの森林《もり》に魅せられてしまった．そして，暇があるとこの森林にやってきては森林の群落構造の調査を行った．私が異動で中津川を離れてからも，ときどきこの森林にやってきては調査を行った．その後，林業試験場に異動になったときに与えられた最初の研究テーマが落葉広葉樹の開花結実に関する調査であった．その樹種のなかにシオジがあり，これまで調査を行っていた大山沢のシオジ林に 20 個のシードトラップを設置したのが 1987 年の春であった．これが私の研究生活のスタートとなった．当初は，シオジの種子生産量のみを調査していたが，幾度となく調査地に通ううちに，シオジの分布は渓流域に限られており，砂礫地には多数のシオジの前生稚樹が分布していることに気がついた．つまり，シオジを水辺林の構成樹種と認識したわけである．それからは，シオジの実生や稚樹の分布，林冠木の樹齢構造，そしてシオジ林の更新，サワグルミやカツラとの共存機構の研究へと発展していった．

1990 年 8 月，横浜で第 5 回国際生態学会が開催された．この国際学会への参加が私を本格的に水辺林の研究に導くことになる．ポスターセッションでシオジの実生の分布について発表していたときに，当時，早稲田大学教授の大島康行先生に，水辺林の研究者の研究グループを組織しないかと声をかけられた．その後，生態学会の発表要旨などを調べて，水辺の樹木を研究している研究者に片っ端から手紙を書いて連絡をとり，1991 年 1 月に第 1 回の研究会を開催した．この研究会が現在も行われている渓畔林研究会である．

それ以降，私の研究は，大山沢における渓畔林の基礎的な研究をベースにして，渓畔林の再生・修復の研究へと展開していった．樹木の種子を集めてきては苗畑に播種し，2-3 年経って苗木ができたら，渓流際の試験地に植栽するということを繰り返した．2000 年以降は，水辺に侵入してきた外来樹種ハリエンジュ（ニセアカシア）の更新・管理の研究へと広がり，研究場所も上流域だけでなく中流域の河畔林へと拡大していった．2008 年，新潟大学へ移ってからは，佐渡島の渓畔林や豪雪地帯である福島県只見町の渓畔林やヤナギ類の河畔林，そしてミシシッピ川河口のヌマスギ湿地林も研究対象となっている．

水辺の樹木の生活史は，ほんとうに不思議なことだらけである．樹木の一生は，開花・結実・種子散布・発芽・実生の定着・成長などの段階を経て，成木に至る．水辺の樹木は生活史の各段階で水の影響を受けている．種子散布に関しては，ヤナギ類やクルミ属，ハリエンジュなどの種子が水流によって下流に流され，河川の影響によって形成された砂礫地などで発芽定着する．発芽した実生は，水中に没するなど生理的な影響を受けるが，ヌマスギなどのように長期間水中に没してもまったく影響を受けない樹種もある．ハンノキやヤチダモなども地下水位の高い湿地に分布することができる．上流域の渓流に分布するサワグルミやカツラなどは，土石流や山腹崩壊といった渓流攪乱に依存して更新している．とくに，数百年以上の寿命をもっているカツラは，まれな大規模攪乱によって更新すると考えられている．渓流では，多くの樹木の稚樹が攪乱によって生じた砂礫地で発芽し成長を始め稚樹群落を形成するが，引き続く攪乱によって破壊と再生を繰り返している．このような樹木のふるまいは，樹種によってすべて異なっている．そもそも，水辺林を構成する樹木が，なぜ水辺に分布するのかということがわかっていない．水辺という恵まれた環境を優先的に占有しているのか，それとも他樹種との競争で負けて河川攪乱などの厳しい環境に追い込まれているのか．あまりにもわからないことだらけである．

本書では，これらの水辺の樹木の生活史の不思議を探ろうと試みた．つまり，水辺に分布する樹木の生き様を中心とした構成になっている．それに加えて，水辺の樹木の共存機構，大規模攪乱が水辺林に与える影響，水辺の外来樹種，そして水辺林の管理など，基礎研究から応用研究まで多岐にわたった内容となっている．本書第2章の樹木の分布・形態などに関しては，茂木ら（2000a，2000b，2001）を，学名に関しては米倉・梶田（2003-）を参考にした．これから水辺林を研究しようとしている学生や森林・河川技術者，また水辺の保全活動に関わっている方々に一読していただければ幸いである．本書は，私がこれまで経験してきた研究を中心に執筆したものであるために，思い入れや誤りも多々あるかもしれない．読者のみなさんのご意見やご指摘をもとに，新たな水辺林研究を目指していきたいと考えている．

2017年5月

崎尾 均

目　次

第1章　水辺林とはなにか
——流域に生きる

生物にとって水は命そのものである．私たちの生活も昔から水と深く関わってきた．水は私たちの生活に多くの恵みを与えてくれる一方で，土石流，洪水や津波など災害の原因ともなってきた．これらの水と私たちの生活の接点の場所が水辺である．水辺を上流から眺めてみると，渓流，河川，湿地，湖，池，海など多くの種類が見られる．このような水辺に分布している森林を水辺林と呼んでいる．河川や渓流沿いに分布する森林植生を一般に水辺林（riparian forest）というが，流況や立地環境によってさまざまなタイプに分類される（崎尾，2002a；図1.1）．山地の上流域の渓流沿いに分布する渓畔林・渓谷林，河川が山地から平地に流れ込む扇状地に成立する山地河畔林，中流域から下流域にかけて分布する河畔林（河辺林・川辺林），河川の後背湿地や湿原周辺に分布する湿地林，湖沼際に見られる湖畔林，亜熱帯から熱帯の河口周辺の汽水域に見られるマングローブ林や海岸林も水辺林に含まれる．

このように陸域と水域の移行地域に分布する森林植生を水辺林と呼んでいるが，その範囲に関しては，大きく分けて3つのカテゴリーがある．つまり，直接渓流・河川などの影響によって形成された流路・砂礫堆・氾濫原などの地形上に分布する森林，生態学的機能（日射遮断，リター・倒流木の供給など）を通じて渓流・河川に物理的・化学的・生物的影響を与えうる範囲に分布する森林，それに，いわゆる水辺林の優占樹種によって構成されている森林である（崎尾ら，1995）．しかし，水辺林を構成する樹木は水辺の物理的・生理的環境に適応して分布する一方で，水辺林の存在が水辺の環境を形成するという相互作用をもっているので，この3つの定義によって規定される水辺林の範囲はそれほど大きく変わることはなく，ほぼ一致している（崎尾，2002a）．この章では水辺林の種類について解説し，水辺林の攪乱や環境

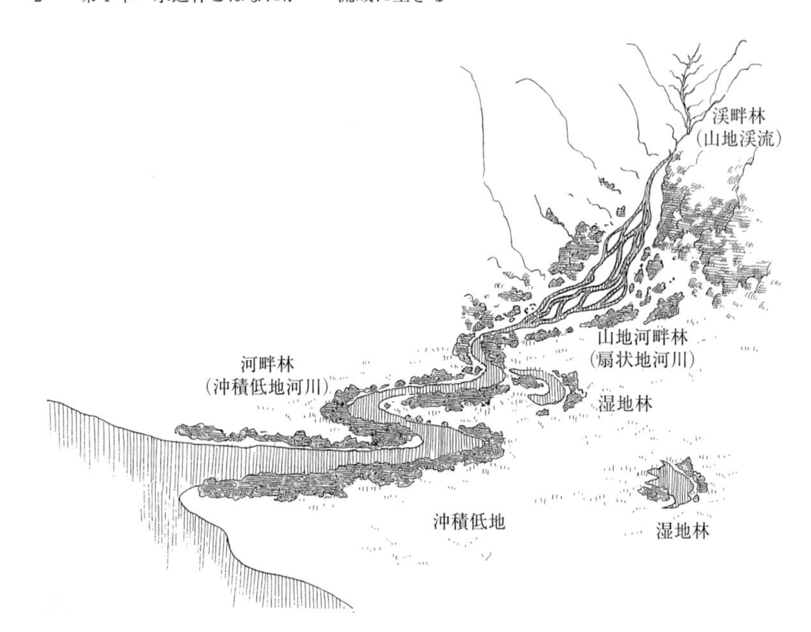

図1.1　水辺域の地形と水辺林の種類（崎尾，2002a より）.

の多様性，生態学的機能について解説する．

1.1　水辺林の種類

（1）渓畔林

水辺林のなかでも河川上流域を流れる渓流の谷底や谷壁斜面に成立する森林を渓畔林と呼んでいる．一般には，本州ではブナ（*Fagus crenata*）の優占する冷温帯落葉広葉樹林帯から亜高山帯の渓流周辺の水辺林に対応する．渓畔林とよく似た言葉に渓谷林がある．これは谷底氾濫原が極端に狭く，河川が直接急崖に接する岩石地に成立する森林のことであるが，厳密に区別することはむずかしく，広義には渓畔林として扱ってよい．北日本や日本海側の積雪地帯ではサワグルミ（*Pterocarya rhoifolia*）・トチノキ（*Aesculus turbinata*）・カツラ（*Cercidiphyllum japonicum*）などが渓畔林の林冠木の

図 1. 2　埼玉県奥秩父中津川のシオジ・サワグルミ・カツラを優占種とする渓畔林.

優占種となり（大嶋ら，1990；Suzuki *et al*., 2002），攪乱直後では先駆樹種のヤマハンノキ（*Alnus hirsuta* var. *sibirica*）やヤナギ類が分布している．福島県などの豪雪地帯では，トチノキやサワグルミに混じって，本来，山腹斜面に分布するブナが渓流沿いにまで分布し氾濫原の渓畔林優占種となっている（福島県只見町教育委員会，2005；齋藤，2014）．関東以西の太平洋側では林冠木として，これらにシオジ（*Fraxinus platypoda*）が加わる（図 1.2；前田・吉岡，1952；Ann and Oshima, 1996；Sakio, 1997；Sakio *et al*., 2002）．亜高山帯では，シラビソ（*Abies veitchii*）・オオシラビソ（*Abies mariesii*）・コメツガ（*Tsuga diversifolia*）などの常緑針葉樹林中の小規模渓流に沿ってオオバヤナギ（*Salix cardiophylla* var. *urbaniana*）・ヤハズハンノキ（*Alnus matsumurae*）・ヒロハカツラ（*Cercidiphyllum magnificum*）などからなる渓畔林が成立している（Kondo and Sakai, 2015）．また，場所によっては，カラマツ（*Larix kaempferi*）やサワラ（*Chamaecyparis pisifera*）が渓畔林の優占種となる場合もある．西日本の九州では，タブノキ（*Machilus thunbergii*）・ホソバタブ（*Machilus japonica*）・イチイガシ（*Quercus gilva*）などが分布する（Ito *et al*., 2006）．

（2）山地河畔林

渓畔林の分布域であるが，V字谷に土砂が堆積して形成された広い氾濫原（上高地など）や山地渓流が平地河川に合流する扇状地に成立している水辺林を山地河畔林と呼んでいる．ここではハルニレ（*Ulmus davidiana* var. *japonica*）・オオバヤナギ・オノエヤナギ（*Salix udensis*）などのヤナギ類が林冠木の優占種になっている．典型的な山地河畔林は長野県の上高地のヤナギ林がこれにあたる（図1.3）．広い氾濫原には流路が網の目のように複雑に発達し，遷移段階の異なる植生モザイクが見られる（進ら，1999）．また，北日本や北海道の扇状地に成立するハルニレ・オオバヤナギ・ドロノキ（*Populus suaveolens*）などの水辺林もこれにあたる．十勝川流域のヤナギ林や栃木県の日光戦場ヶ原周辺のハルニレ林（図1.4）も，代表的な山地河畔林である．扇状地より下流域でも河川幅の広い河畔域にはヤナギ類を優占種とする河畔林が広がっている．福島県の只見川流域の伊南川では河川の拡幅部や合流地点にシロヤナギ（*Salix dolichostyla* subsp. *dolichostyla*）・ユビソヤナギ（*Salix hukaoana*）などを優占種とするまとまったヤナギ林が分布している．

（3）河畔林

河畔林とは，中流から下流域にかけての幅広い河川の氾濫原に分布している水辺林を意味する．河畔林は，カワヤナギ（*Salix miyabeana* subsp. *gymnolepis*）・アカメヤナギ（*Salix chaenomeloides*）・コゴメヤナギ（*Salix dolichostyla* subsp. *serissifolia*）などのヤナギ類によって構成されている．これらのヤナギ類は，春先の融雪増水や台風の際の洪水による攪乱によって生じる立地で更新し，土壌環境や水分環境に大きく影響されて分布している．下流域の氾濫原では，高水敷ではアキニレ（*Ulmus parvifolia*）（比嘉ら，2006）やエノキ（*Celtis sinensis*）・ムクノキ（*Aphananthe aspera*）（図1.5；崎尾ら，2006）が侵入している．また，これらの氾濫原には，戦後，緑化の

図 1.3　長野県上高地のヤナギ類からなる山地河畔林.

図 1.4　栃木県日光戦場ヶ原周辺の山地河畔林.

図 1.5　埼玉県荒川中流域のエノキ林.

ために上流域に砂防や治山工事によって植栽された外来樹種のハリエンジュ（*Robinia pseudoacacia*）の種子が河川の流水によって下流域まで運ばれ分布を拡大している（崎尾，2009a）.

（4）湿地林

湿地林とはハンノキ（*Alnus japonica*）・ヤチダモ（*Fraxinus mandshurica*）林のように河川の後背湿地や湿原，谷地などのように地下水位が高く，洪水によって滞水する立地に成立する水辺林のことである．これらの樹木は，滞水に対して根の酸素不足を補うために，不定根や萌芽を発生させて，酸欠状態を補うような生理機構を発達させている（山本，2002）．日本では，そもそも河川勾配が急で滞水する立地が少ないうえに，近年の開発や河川改修によって大部分の湿地林が失われてしまい，その分布域は北海道の釧路湿原など一部に限られている（図 1.6）．ヨーロッパやアメリカ大陸のような河

図 1.6 北海道釧路湿原の湿地林.

川勾配が緩やかな河川沿いには広大な湿地林が分布している. 北アメリカ大陸のミシシッピ川流域にはヌマスギ（*Taxodium distichum*）やヌマミズキ（*Nyssa sylvatica*）を優占種とする大規模な湿地林がまだ残存している.

（5）マングローブ

亜熱帯地方の河川の下流域にはマングローブと呼ばれる水辺林が見られる. マングローブは潮の満ち引きがある沿岸の汽水域や干潟に分布している. 日本では奄美大島にはオヒルギ（*Bruguiera gymnorhiza*）・メヒルギ（*Kandelia obovata*）林が, 沖縄の西表島の仲間川や浦内川にはオヒルギ・メヒルギ・ヤエヤマヒルギ（*Rhizophora mucronata*）などを優占種とした広大なマングローブが広がっている（図 1.7）.

図 1.7　沖縄県西表島浦内川河口のマングローブ.

1.2　撹乱の多様性

(1) 上流域の撹乱——地表変動

上流域の水辺林，つまり渓畔林の分布する渓流周辺の撹乱の特徴は地表変動を伴うことである．自然撹乱には森林火災，台風，豪雨，積雪など気象現象を原因とするものと火山噴火，地震，津波など地殻変動を原因とするものがある．渓流周辺では台風や豪雨による洪水と，ときには地震による山腹崩壊などが主要な自然撹乱となっている．渓流周辺の自然撹乱の特徴は地表変動を伴った撹乱によって，新たな裸地が形成されることである（東，1979；山本，1984）．ここでは撹乱深度の浅い表層土壌や岩屑の移動である表面浸食のほかに，森林全体を根元から破壊する深度の深い撹乱である斜面崩壊や地滑りなどのいわゆるマスムーブメントが生じている（伊藤・中村，1994）．これらの新たな裸地を形成する自然撹乱は山腹斜面，氾濫原，段丘面，段丘崖，扇状地，自然堤防地帯，海岸地帯，火山地帯において生じている（中村，1990）．渓流においては洪水による流路変動が新たな裸地を形成し，渓畔林の再生，破壊というダイナミックな更新プロセスが繰り返されている（酒谷ら，1981；柳井ら，1981）．

上流域での地表変動は土砂の移動方向から大きく2つに分けられる．ひとつは渓流に沿った上流から下流方向への土砂移動である．上流域では降雨直後，急速に河川の水位が上がり，数日でもとの水位に下がってしまうという急激な水位の変化を示す．図1.8は2015年9月10日の東北地方豪雨の際の福島県伊南川であるが，2日後の12日には平常の水位にまで下がっている（図1.9）．日常的には渓流水によるわずかな砂礫の移動が見られる程度であるが，台風や梅雨時の集中豪雨による増水の際には，渓流際の砂礫堆積地で砂礫の浸食・運搬・堆積が小面積で生じて，実生や稚樹の流失や埋没が生じる．一方，新たに生じた砂礫堆積地には周囲から種子が供給され発芽し，さまざまな樹種の間で競争が始まる．この程度の攪乱は毎年生じている比較的規模の小さな攪乱であり，発芽・定着した実生も翌年には流されてしまう．

一方，10年に一度程度の大型台風による増水・土石流では，比較的大きなサイズの稚樹群落も破壊され，流路変動も生じる．このような大規模な攪乱によって生じた旧流路や砂礫堆積地はしばらくの間安定しているために，実生や稚樹の定着場所となり，実生・稚樹群落が形成される．図1.10は1992年に樹齢解析を行ったシオジの実生の分布を示す．1982年の8月，9月の大型台風による攪乱で流路が変動し，それによって出現した旧流路は10年の間，大きな攪乱を受けることはなかったので，シオジの実生が定着し，成長を続けている（Sakio, 1997）．しかし，いったん定着したこれらの実生群落も，長期間には攪乱によって破壊と再生を繰り返している．このように渓流周辺では高い頻度つまり短いサイクルで年代の異なる立地が形成されており，そこにおいて実生群落の破壊と再生が行われている（柳井ら，1981）．そのために同じ樹種でもさまざまな大きさや樹齢の稚樹が立地に対応してモザイク状に混ざり合って分布している．安定した斜面の森林においては，実生や稚樹があまり見られないことがよくあるが，渓流周辺にはつねに新しい砂礫地が見られ種子の供給と実生の定着が繰り返されている．このように群落構造の多様性が実生・稚樹群落でも見られる．

図 1.8　洪水直後の福島県只見町の伊南川（中野陽介氏撮影）.

図 1.9　洪水 2 日後の福島県只見町の伊南川（中野陽介氏撮影）.

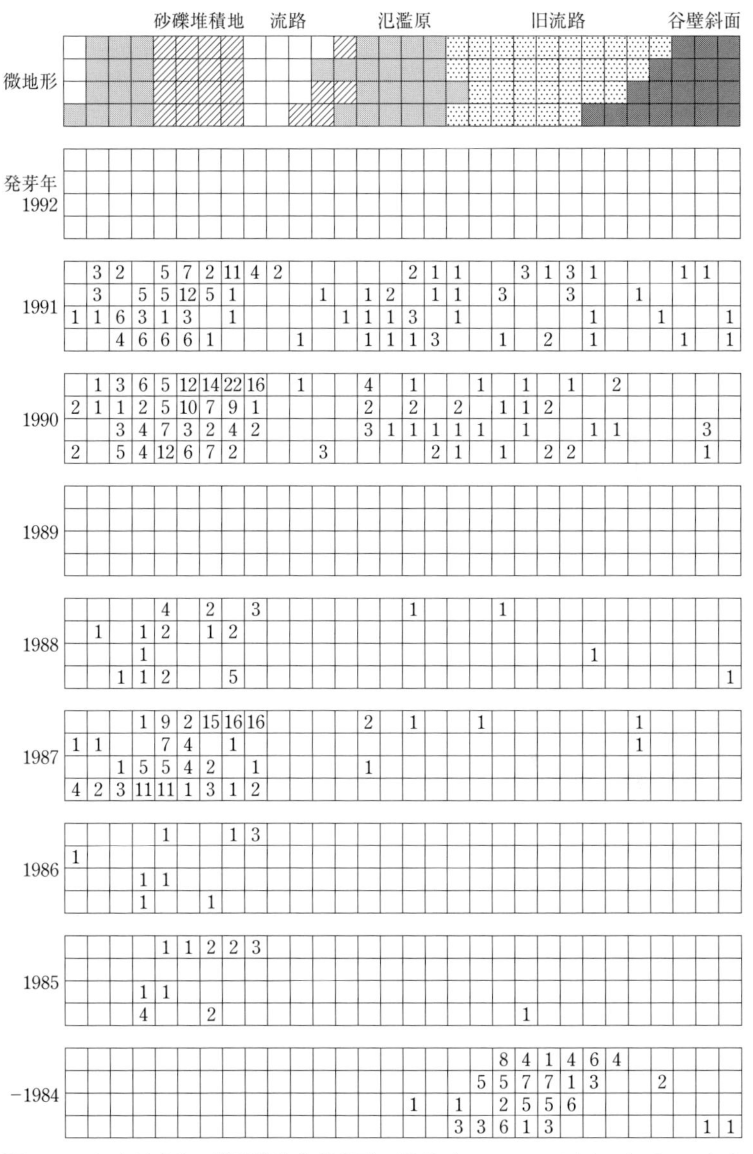

図 1.10　シオジ実生の樹齢構造と微地形の関係（Sakio, 1997 より）．小プロット中の数字は，シオジ実生個体数を示す．左の年は実生の発芽年を示す．

図 1.11　埼玉県奥秩父の渓畔林における強度の大きい大規模な山腹崩壊.

また，一方では山腹から渓流に向かった地表変動もしばしば生じている. 小規模かつ頻度の高い表層崩壊は梅雨時や台風時に毎年広範囲で生じているが，大型台風や発達した低気圧による豪雨，ときには地震によって発生する大規模な山腹崩壊は，林冠木を破壊し，崩壊した土砂は谷を埋め，一時にして渓流周辺の地形を変化させるとともに，林冠ギャップの形成による光環境の急激な変化をも引き起こす（図 1.11）. そこでは崩壊による岩や土砂，破壊された樹木が混じり合い，複雑な土壌環境をつくりだす. そのために，通常の小規模の攪乱では更新できないようなパイオニア樹種が侵入することができる.

以上のように，上流域での水辺域の攪乱は，土石流などの上流から下流方向への土砂移動と，山腹崩壊などのように山腹から渓流に向かった土砂移動が組み合わさった現象である. 山腹崩壊によって渓流や河川に堆積した土砂は，大雨などの増水によって土石流となって流れ下る.

渓流域では，これらの地表変動を伴う自然攪乱のほかに，安定した斜面で生じているような樹木の枯死や倒木によるギャップの形成も頻繁に見られる．渓流際では渓流水による継続的な洗掘作用によって樹木が根返りを起こす（柳井ら，1981）ために，ギャップ形成の頻度は高くなる．地表変動を伴った大規模な山腹崩壊では大きなサイズのギャップが形成されるが，1-2本の樹木の枯死や倒木によって生じるギャップは，根返りを除けば土壌の攪乱を伴わない場合が多い．このような場合には，ギャップの形成による光環境の変化は，実生・稚樹バンクの成長を促し，長期間安定した立地では，林冠木の形成に至る．

以上のように，渓流域では多くの種類の攪乱が，さまざまな規模や頻度で生じており，そこに分布する樹木の生活史のさまざまな段階に影響している．また，これらの多様な攪乱は林冠木の共存の一因ともなっている．

（2）中下流域の攪乱——氾濫

中下流域の河川攪乱の代表的な現象は，増水による流路変動と氾濫である．河川の増水パターンは気候によって大きく異なっている．日本各地の主要な河川の水位の季節変動を比較してみると，利根川や木曽川，吉野川などの太平洋側の河川では，梅雨時の6月や夏から秋にかけての台風による増水が見られる（新山，1995）．これらの増水は，年によっては頻度や規模も異なっており，しばしば氾濫の原因となっている．一方で，北海道の石狩川や空知川，北日本の北上川，日本海側の信濃川では，早春の3月から5月にかけて融雪による増水が生じている．この増水は，ほぼ毎年，ほぼ同じ時期に同じ規模で生じており，予測可能な攪乱ということができる．とくに，ヤナギ類はこれらの定期的に生じる融雪洪水に適応した生活史を進化させており，洪水後に新たに形成された砂礫地において発芽および定着を行っている．

これらの中下流域の沖積河川では，河道変化が大規模な洪水によって引き起こされている．この河道変化は，洪水流量，河道幅，河床勾配，河床材料，河川構造物などによって異なっており，河川の生物相にも影響をおよぼしている（山本，2010）．この河道変化は，ヤナギ類などの先駆樹種の生活史にとって重要なイベントとなっている．

また，下流域の河川では，洪水時の氾濫によって，しばしば後背湿地が長期間滞水することがある．上流域では水辺林は攪乱による破壊などの物理的

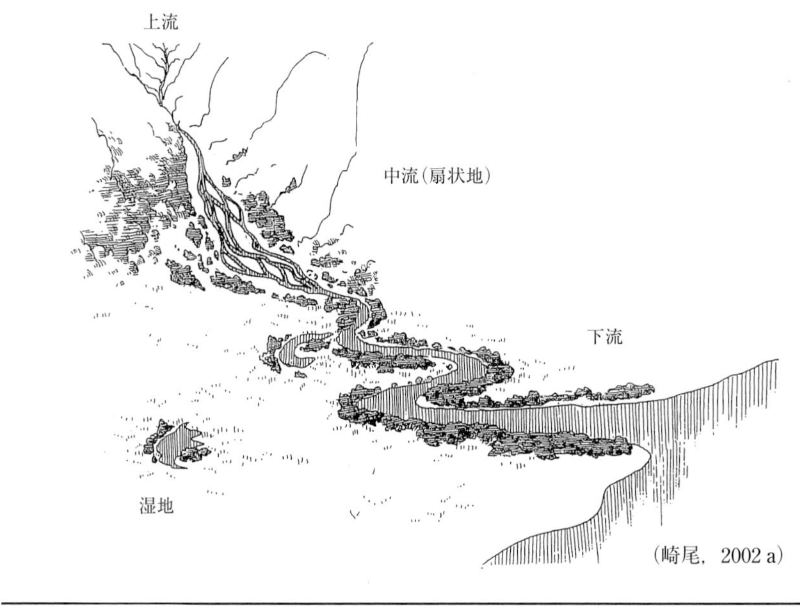

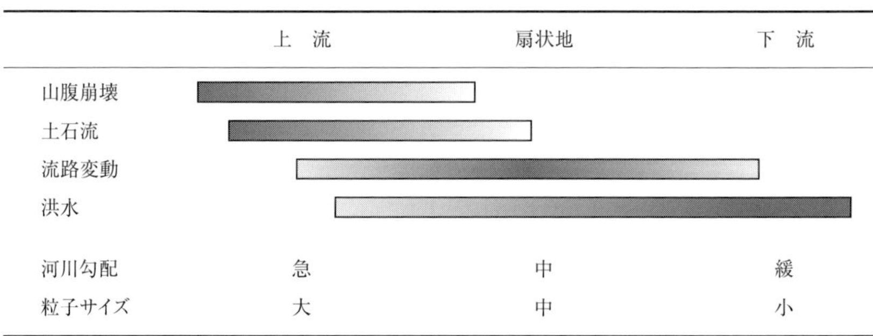

図 1.12　流域における河川撹乱の頻度と河川の性質．おのおのの河川撹乱は黒い部分で頻繁に生じる（Sakio, 2008 より）．

な影響を受けているのに対して，ここでは樹木が冠水によって光合成が制限されるなど生理的な影響を受けている．日本ではこのような湿地は，開発によってほとんど失われてしまったが，北アメリカのミシシッピ川下流域には，ヌマスギなどの耐冠水性の高い樹木などが分布している．

図 1.12 は，上流から下流までの河川の攪乱体制と性質を表している（Sakio, 2008）．上流域では，山腹崩壊・地滑り・土石流などの地形変動を伴う攪乱が優占しているのに対して，中流域では流路変動，下流域では洪水による氾濫が主要な攪乱となっている．また，河川の性質も変化しており，上流域では河川勾配が急で，サイズの大きな礫が分布しているのに対して，中流から下流と河川を下るにしたがって勾配が緩やかになり，礫のサイズも小さくなる．礫は上流域では角石が多いのに対して，中流域では丸石となり，河口周辺では細砂からシルトなどの非常に小さな粒子となる．光環境も流域によって大きく異なっており，上流域では渓畔林の林冠木によって渓畔域の大部分が太陽からの直射光が遮られているのに対して，中流・下流域では河川幅や流路幅が広いために直射光が水中に注がれる．この違いが水中の生物のエネルギー資源にも影響している．上流域の渓畔林では，水中で光合成を行う藻類などが少ないために，水生昆虫や魚類などのエネルギーは森林から供給される落葉落枝に依存しているのに対して，中下流域では水中で光合成を行っている藻類がエネルギー資源となっている．

1.3 水辺環境の多様性

河川環境は，上流域から下流域にかけて連続的に変化している．地表変動による攪乱は上流域で優占し，下流域では氾濫が生じる．土壌や礫などの基質のサイズも上流域から下流域にかけて小さくなる．河川幅は上流域から下流域にかけて拡大していき，それに伴って，河川に達する日射エネルギーも増大する．上流域では河川外からのリター供給が河川生物にとって重要であるが，下流域では河川内の藻類などによる一次生産が卓越するようになる．このように，河川における物理的要因と生物的要因の相互作用は，流程によって変化していく（Vannote *et al.*, 1980）．

（1）地形

上流の渓畔域は多種の地形がモザイク状に組み合わさっている．渓畔域の地形は洪水，土石流，流路変動，山腹崩壊など複雑な渓流攪乱によって形成されたものである．渓畔域の微地形は，流路，旧流路，砂礫堆積地，段丘，崖錐，谷壁斜面などに分けられ，それぞれ基質，水分，光環境などが異なっている（崎尾，2002a；図 1.13）．

中流の河畔域においても度重なる河道変化によって，成立年代の異なる砂礫地（中州）が形成されている．河川が山地から流れ出たところに成立する扇状地では，大小さまざまの形状の砂礫堆が形成され，河道は分流と合流を繰り返している（菊池，2001）．

下流域の沖積低地の地形は，地形や形成過程から扇状地タイプ・氾濫原タイプ・デルタタイプ・バリアータイプ・海岸平野タイプ・溺れ谷タイプに区分されている（図 1.14；梅津，1998）．新潟平野，石狩平野，釧路平野などのバリアータイプの沖積低地では，砂堆背後の低地には泥質堆積物や泥炭層が発達している場合が多い（梅津，1998）．これらの沖積低地には自然堤防や後背湿地が広がっており，地下水位が高く，長期間滞水し，湿地林が優占している（冨士田，2002）．

（2）基質（土壌）

上流の渓流周辺の土壌環境はリターが厚く堆積し，A 層が発達した緩斜面の森林の基質とは，その組成だけでなく動態も大きく異なっている．渓流周辺では，土砂の生産や移動を伴った種類・頻度・規模の異なるさまざまな攪乱（崎尾，2002a）が生じており，その結果，砂・礫・岩・土壌などの基質が倒流木やリターなどと混ざり合って，流路・旧流路・氾濫原において複雑な土壌環境を形成している（図 1.15；崎尾，2002a）．流路際は，日常的には渓流水による浸食・運搬・堆積の作用を受ける一方で，ときには土石流や山腹崩壊によって大量の土砂が上流から運搬されてきたり，崩壊によって谷壁斜面から供給されてきたりする．その結果として，渓流域にはその微地形に応じてさまざまな種類や大きさの基質が分布している（図 1.16；崎尾，2002a）．水の流れている流路の表層には，渓流水によって運搬されてきた，またつねに移動しているサイズの小さな砂や礫が分布しており，リターなどの有機物層も秋の落葉期を除いては流されて少ない．ここでは土壌中に有機物は少なく，A 層もまったく見られない（図 1.17：No. 1）．しかし，落葉期の秋には渓畔林の樹冠から大量のリターが渓流内に供給され，水際などに捕捉されている．これらのリターは，水生昆虫の餌や巣材として利用される．

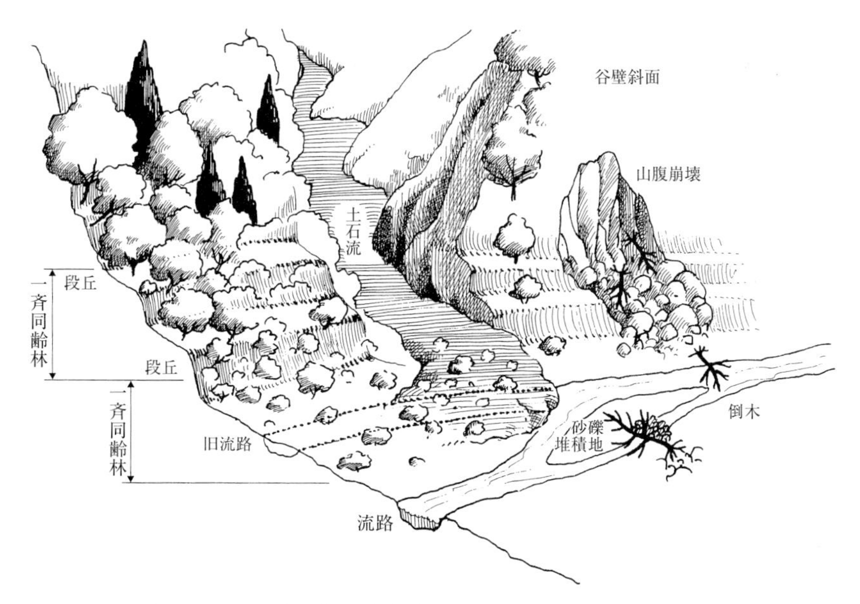

図 1.13　渓流周辺の多様な攪乱と立地（崎尾，2002a より）．

図 1.14　下流域の沖積低地の地形（梅津，1998 より）．A：扇状地タイプ，B：氾濫原タイプ，C：デルタタイプ，D：バリアータイプ，E：海岸平野タイプ，F：溺れ谷タイプ．

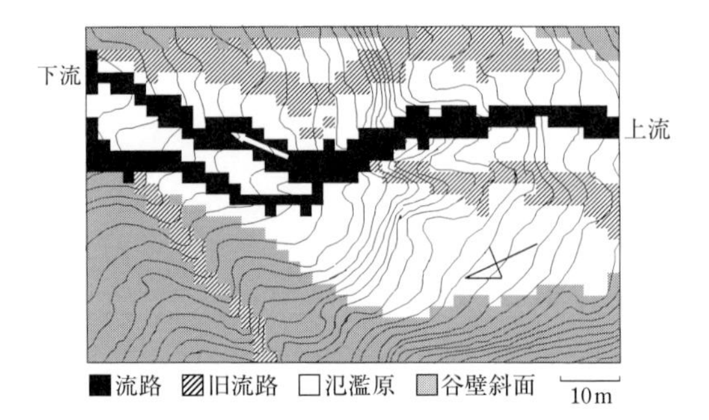

図 1.15　渓流域の微地形（Sakio, 1997 より）．等高線は 2 m 間隔を示す．

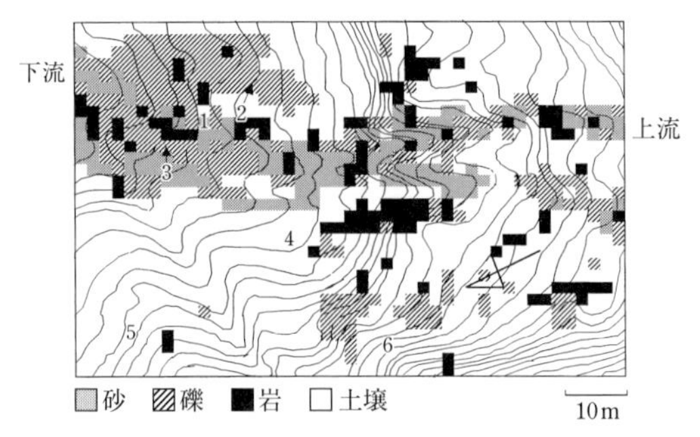

図 1.16　渓流域の土壌環境（Sakio, 1997 より）．図中のナンバーは図 1.17 の土壌断面の位置を示す．

流路変動によって生じた旧流路では，砂礫層の上にリターなどの有機物の堆積が始まり，A 層の形成も見られる（図 1.17 : No. 2）．氾濫原の一部には，2 層の A 層が見られ，度重なる流路変動の結果，砂礫の堆積が繰り返されたことが示されている（図 1.17 : No. 3）．一方，谷壁斜面ではリター層や腐植層が発達し，土壌も厚い A 層だけでなく B 層まで形成されている（図 1.17 : No. 6）．この谷壁斜面では，渓流による直接の攪乱はほとんどなく，崖錐部では斜面上方からの土砂の堆積が認められる．このように上流の渓畔域では，多様な攪乱によって生じた微地形がモザイク状に形成され，多種多様な土壌環境をつくりだしている．

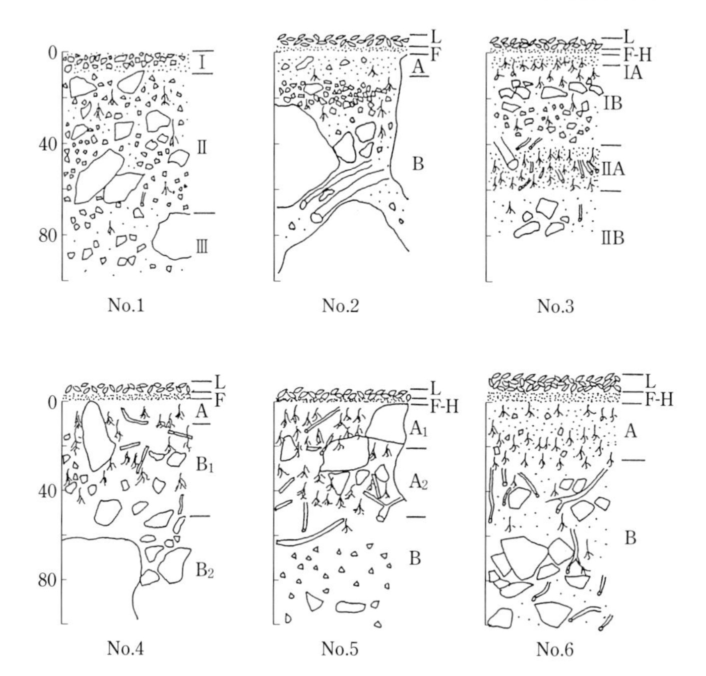

図 1.17　渓流域の土壌断面（Sakio, 1997 より）．No. 1：流路，No. 2：旧流路，No. 3, 4：氾濫原，No. 5, 6：谷壁斜面，L：落葉・落枝，F：発酵土，H：腐植土，Ⅰ・Ⅱ・Ⅲ：流出してきた渓流内の未熟土．

一方，中流域の土壌環境は上流域とは大きく異なっている．石礫のサイズも小さく，揃っており，形も角が取れて滑らかである．また，土砂の移動は上流から下流に向かって行われ，側方からの流入は支流河川からの流入に限られている．広い氾濫原をもつ扇状地などでは，洪水に伴う流路変動がしばしば生じている．中流域の扇状地においては，洪水などの大規模攪乱の際には，上流から流れてきた大量の倒流木などの有機物が河畔林によって捕捉されることが知られている．2011 年 7 月の新潟・福島豪雨の際に，福島県只見町を流れる伊南川において上流から流出してきた大量の倒流木がシロヤナギやユビソヤナギを優占種とするヤナギ林によって捕捉された（鈴木・渡部，2012；崎尾・松澤，2016）．

下流域の沖積低地では，河川の基質の多くは粒子の細かな砂礫・シルト・

粘土から形成されており，落葉落枝や倒木などの有機物は上流から流れてくる過程で分解されており，河道内にはそれほど見られない．

（3）水分環境

水辺林の立地環境として，もっとも大きな特徴は水との結びつきである．上流域の渓畔林・山地河畔林は森林生態系から渓流生態系への移行帯に位置している．そのために，土壌の水分環境に明らかな傾度が見られ，その変化も急激である．渓流域の複雑な微地形を反映して，土壌の含水率は，近接した立地でも大きく異なっている．渓流に近づくにしたがって，土壌はより水分を含み，渓流際では地下水位も地表面に近づく．また，渓流や河川の水位は1年を通して変化しており，渓流際では増水による冠水の頻度も高くなる．そのため，水辺域の樹木は増水期には根系が水没する．当年生の実生やサイズの小さな稚樹は水中に没する（図1.18）．水辺林を構成している樹木は，種子散布，発芽，実生の定着，稚樹の成長など，生活史のさまざまな段階において，これらの水環境に適応して生活している．シオジ（図1.19），サワグルミ（五十嵐ら，2008）やオニグルミ（*Juglans mandshurica* var. *sachalinensis*）（百原，1995）では，種子が水散布されている．樹種によってはその実生が，滞水や冠水に耐性を備えているものも多い．トチノキやシオジの実生は，長期間の滞水でも枯死することなく成長を続けることができる（Sakio, 2005）．また，ミシシッピ川河口域の湿地に分布するヌマスギの実生は，2年間の冠水後であっても，新芽を吹き出すことが知られている（山本，未発表）．ヤナギ類は，土砂に埋まった場合や滞水状態でも幹から不定根を出す能力をもつ．この能力を生かし，昔から砂防・河川事業では護岸工事にヤナギ類を挿し木して利用してきた．水辺林の構成種ではヤナギ類以外でも湿地に分布するハンノキやヤチダモが不定根を出し（Yamamoto *et al*., 1995a, 1995b），渓畔林の林冠木の構成種であるトチノキ，シオジの稚樹が土砂に埋まることによって不定根を出すことが確認されている（崎尾，未発表）．ハンノキとケヤマハンノキ（*Alnus hirsuta* var. *hirsuta*）では幹から根に空気が輸送され，滞水による根系の酸素不足を補っている（Grosse *et al*., 1993）．

一方で，水辺域には乾燥した立地も形成されている．直射日光のよくあた

図 1. 18　水中に没したシオジの当年生実生（矢印）.

図 1. 19　渓流によって水散布されるシオジの種子.

る比高の高い石礫の堆積地では，晴天が続くと土壌の乾燥が著しい．このようなところでは，一般には尾根などの乾燥地に分布するアカマツ（*Pinus densiflora*）が優占していることもめずらしくはない（吉川ら，2007）．

（4）光環境

水辺の光環境は上流域の渓畔林と中下流域の河畔林では大きく異なっている．これまで冷温帯のブナ林などの森林においては，林冠木の立ち枯れ・風倒による林冠ギャップ（以下，ギャップ）の形成が，その更新に重要な役割を果たしていることが明らかになっている（Yamamoto, 1989）．長期間，地形が安定した状態にある森林においては，ギャップの形成は1-2本の樹木の枯死によって形成され，比較的小さなギャップが多い（Nakashizuka, 1984）．それに対して渓流域のギャップ形成は，その攪乱の多様性に対応してさまざまなサイズをとっている．立ち枯れ木や渓流水による浸食によって根系を洗掘された倒木の場合は，比較的小さなサイズのギャップが形成されるが，規模の大きな土石流や山腹崩壊の場合は直径が数十m以上の大きなギャップを形成することがある（Sakio *et al.*, 2002）．

渓流域のギャップ形成には，土壌の攪乱を伴う場合が多い．安定したブナ林の根返りギャップの場合には，無機質の土壌が剝き出しとなるが，その面積は小さい（Nakashizuka, 1984）．それに対して渓流域では，土石流や山腹崩壊のようにギャップ形成そのものが地表変動によって生じることが多い．一方，破壊力のない土石流や表層の山腹崩壊の場合は，ギャップが生じないで土壌攪乱だけ生じる場合も多くある．このような攪乱では表層の草本植生や有機物層が除去され，無機質の土壌が現れたり，運搬されてきた土砂が表層を覆うこともある．つまり，渓流域では，林冠ギャップと地表面での土壌ギャップが生じることで，より複雑な環境が形成されている．

中下流域では，そもそも流路の上には樹冠が覆いかぶさることは少なく，河畔林の分布する川岸の一部に日陰ができる程度である．そのために直射日光が水中にまで差し込むため，水中の石には藻類などが繁茂している．また，川岸や中州の砂礫地の地表面では60℃を超えるような高温になることもしばしばである．

1.4　水辺林の機能

（1）生態学的機能

水辺林は上流の渓畔林から下流の河畔林や湿地林まで物理，化学，生物的に河川と相互作用をもち，そのエネルギーや物質の流れに影響をおよぼしている．水辺林の主要な生態学的機能としては，日射遮断，リター・落下昆虫供給，倒流木供給，栄養元素の交換，流下物捕捉，生物多様性保全があげられる（図 1.20）．

図 1.20　水辺域の生態学的機能と生物多様性（崎尾，2002a より）．

日射遮断

魚類の生息環境にとって，河川の水温はもっとも重要な要因である（Benyahya *et al.*, 2007）．これまでの研究から，水辺林の樹冠は太陽の直射光を遮断し，水温の上昇を抑制する効果のあることが明らかになっている．北海道の渓畔林では，7月下旬に，樹冠下日射量はオープンの日射量の5分の1から6分の1，日総量では7分の1に抑えられている（中村・百海，1989）．

また，水温日格差は7-9月の開葉期には，それ以外の落葉期の2分の1以下に抑えられている（中村・百海，1989）．そのために，渓流において樹冠に覆われていない区間が長いほど，夏の最高水温が高くなっている（Sugimoto *et al.*, 1997）．このように上流域の渓流においては，渓畔林の樹冠の日射遮断によって，水温は低温に保たれている．北海道のサクラマス（*Oncorhynchus masou masou*）の生息密度は，渓流の最高水温の影響を受けており，水温が25℃を超えるとほとんど生息できない（佐藤ら，1995；Inoue *et al.*, 1997）．このように渓畔林の日射遮断効果は，河川のサケ科の魚類の生息にとって重要である．

リター（落葉落枝）・落下昆虫供給

上流域の山地渓流では，渓畔林の樹冠によって夏には日射量が5分の1から6分の1に抑えられている（中村・百海，1989）．そのために藻類などの水生植物による光合成量は少なく，水生生物のエネルギー資源の大部分は，夏から秋に渓畔林の林冠から供給されるリター（落葉落枝，繁殖器官など）に依存している．アメリカの落葉広葉樹林の山地渓流においては，上流や周囲の渓畔林から供給される有機物量は，全体のエネルギー資源の99％以上にもなっている（Fisher and Likens, 1973）．渓流中の落葉は，溶存成分が溶け，菌類と微生物が付着し，トビケラやカワゲラ類の水生昆虫によって摂食される（Allan, 1995）．

落葉広葉樹の開葉期間には，渓畔林の樹冠からは多くの陸生昆虫が落下する．これらの落下昆虫は夏季に多く，春・秋に少ない傾向にある一方で，底生昆虫はその逆の傾向を示した（柳井・寺沢，1992）．この餌資源の季節的供給量を反映して，サケ科魚類の胃内容物の調査から，これらの魚類は，夏季に落下昆虫を多く摂食していた（長坂ら，1996；田村・佐藤，2008）．このように落下昆虫は魚類にとって重要な餌資源となっている．

倒流木供給

渓流に倒れ込み，移動した流木（倒流木）は，渓畔域の微地形の形成に重要な役割を果たしている（Nakamura and Swanson, 1993）．倒流木は渓流内で石礫と混じり合って，階段状の構造や淵，魚類の隠れ家となるカバー構造を形成する．このような複雑な微地形によって魚類の生息環境が形成される．北海道の緩勾配小河川においては，淵体積の 38% およびカバー面積の 49% が，倒流木によって形成されている（阿部・中村，1996）．これらの倒流木は魚類の個体数と密接な関係があり，倒流木の増加が魚類の増加に関係している（Elliott, 1986 ; Riley and Fausch, 1995）．このような結果は，倒流木を除去した実験でも確かめられている（Fausch and Northcote, 1992；阿部・中村，1999）．

栄養元素や粒状流下物の捕捉

近年，さまざまな研究によって，河川周辺に分布する水辺林が陸域から河川に流入する窒素，リン，微細砂を除去していることが明らかになっている（Osborne and Kovacic, 1993；高橋ら，2003）．たとえば，地下水に含まれる硝酸塩が 30 m の水辺林帯で大幅に除去されることや（Petersen *et al.*, 1992；図 1.21），沖積低地の農地の窒素やリンなどの水質汚染が河畔林によって除去されることも示されている（Peterjohn and Correll, 1984）．また，上流域の木材生産流域では渓畔域による微細砂捕捉機能が確認されるとともに

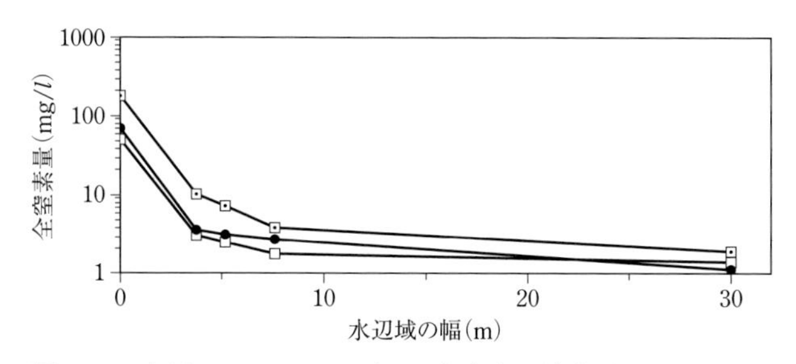

図 1.21　水辺のバッファーゾーンと窒素の減少（Petersen *et al.*, 1992 より）．

(Trimble and Sartz, 1957 ; Aubertin and Patric, 1974)，渓畔域を皆伐することなく多くの樹木を残存させることで土砂の捕捉機能を高められることが確かめられている（Wynn *et al*., 2000）．これらの水辺林の生態学的機能を発揮させるために，土砂捕捉に必要な緩衝帯幅も検討されている（高橋・鈴木，2004）．以上のように，河川水質を保持するための緩衝帯として水辺林が重要な役割を果たしていることが明らかになってきた．

生物多様性保全

水辺域は頻度・規模・強度の異なる攪乱によって形成された多様な立地環境がモザイク状に分布している．これらの立地は，河川から山腹斜面に向かって土壌・水分・光・養分環境などが傾度をもって移行帯（ecotones）を形成している．そのために，特異な森林植生（水辺林）が形成され，多くの希少植物が分布している．また，洪水によって繰り返し破壊と再生が行われるこうした水際の砂礫地は，水辺域に生育するヤナギ類などの先駆樹種にとっても重要な更新立地となっている．

一方で，水辺域は野生動物の生息場所（ハビタット）としても重要な役割を果たしている（渓畔林研究会，1997）．水生昆虫や魚類は河川を生息場所とし，サンショウウオやカエルなどの両生類は産卵や幼生の生息場所として水辺を利用している．また，これらの生物を餌としている鳥類や哺乳類も水辺域を利用している．水辺域は多くの動物にとって，上流と下流，本流と支流など流域内での移動回廊（コリドー）ともなっており，シカなどの動物の越冬場所としても利用されている．

近年，日本の多くの河川で，上流域のダム建設などで氾濫原内の樹林化が進行し，裸地や草地が減少し，鳥類群集にマイナスの影響を与えているという報告も多い（Yabuhara *et al*., 2015）．

（2）生態系サービス

産業資源

水辺林は内水面漁業に大きな役割を果たしている．とくに上流域の渓流においては，渓畔林は日射遮断，リターによるエネルギー供給，魚類の隠れ家となる倒流木供給などの機能を発揮している．また，渓畔林の林床に厚く積もったリター層は，斜面上方からの濁水を濾過する効果をもっている．サケ科の魚類の秋の産卵期に渓流に濁水が流れ込むことは，孵化に悪影響を与える．このように，水辺林は渓流や河川を生息地としている魚類に対して，良好な生息環境を提供するうえで重要な役割を果たしている．

上流域の清浄な渓流水は，われわれが日々利用するミネラルウォーターの供給源としても大切である．山登りにいく際に，喉を潤す湧き水は，現在では多くのミネラルウォーターの企業によって利用され，国内の生産量は年々増加し，一大市場を形成している．

また，水辺林の構成樹種のなかには，産業資源として重要な樹木が含まれている．渓畔林の主要な樹種であるトチノキの花は養蜂業の蜜源として利用されている．その果実は昔から飢饉の際の食料資源として利用され，現在ではトチ餅やトチの実煎餅の原料として観光にも一役買っている．キハダ（*Phellodendron amurense*）やシナノキ（*Tilia japonica*）も同様に蜜源となっている．キハダの形成層は黄蘗として漢方薬の原材料となっている．シナノキやオヒョウ（*Ulmus laciniata*）の樹皮の靭皮繊維は布や縄に利用されてきた．カエデ科のメグスリノキ（*Acer maximowiczianum*）は，薬木として珍重されている．

侵略的外来樹種として取り扱いが問題になっているハリエンジュ（ニセアカシア）もその花は蜜源として重宝されており（和田，2007），日本における養蜂産業の蜜源の44%を占めている（中村，2009）．そのほか，水辺には多くの山菜や食用植物が分布しており，昔から利用されてきた．カワノリ（*Prasiola japonica*；川海苔），ヒシ（*Trapa japonica*），ジュンサイ（*Brasenia schreberi*），マコモ（*Zizania latifolia*），セリ（*Oenanthe javanica*），ワサビ（*Eutrema japonicum*），ウワバミソウ（*Elatostema involucratum*）など，あげればきりがない．マコモは山菜として食用にされるだけでなく，日本の水辺を越冬地として利用している大型の水禽類であるオオヒシクイの主要な餌でもあり，新潟県の福島潟ではその保全が検討されている．

流木捕捉

水辺林の生態学的機能には，倒流木の供給があったが，一方で洪水の際に上流から流れてきた流木を捕捉して下流への流下を防ぐ役目のあることが最

図 1. 22　ヤナギ林によって捕捉された大量の流木やゴミ．2011 年の新潟・福島豪雨後の伊南川の様子．

近明らかになってきた（山田ら，2006；鈴木・渡部，2012；崎尾・松澤，2016）．集中豪雨などによる山腹崩壊によって大量の流木が発生し，下流に流下してきた際に，それらを一時的に貯留する機能である．この機能に関して，2003 年の台風 10 号災害における厚別川流域の河畔林の被害状況と流木発生・捕捉量が調査された（山田ら，2006）．その結果，流域全体では河畔林に捕捉された流木堆積量は，河畔林からの流出材積量を上回っており，河畔林が流木の流出よりも捕捉に貢献したことが明らかとなっている．また，2011 年の新潟・福島豪雨の際に，福島県の只見町の伊南川が増水したが，その支流の塩ノ岐川では洪水によって流下してきた流木が河川氾濫原に存在するヤナギ類などの立木に捕捉され，その流木につぎつぎと引っかかって流木溜りを形成した（鈴木・渡部，2012）．伊南川本流でも，そこに分布するシロヤナギやユビソヤナギで形成される河畔林がこれらの流木を枝やゴミとともに大量に捕捉することが確認されている（崎尾・松澤，2016；図 1. 22）．

このような機能は，季節的な融雪洪水や梅雨期の増水ではそれほど生じることはなく，上流域で大規模な山腹崩壊などが発生するような洪水の際に発揮される．

景観形成

日本の多くの観光地のポスターや絵葉書には，渓流，滝，湖，河川などの水辺の景観が見られる．そのなかには，色とりどりの樹木や森林が配置されている．このように水辺と森林の調和が観光地の目玉になっている．日本における水辺林の多くは落葉広葉樹で構成されている．スギ（*Cryptomeria japonica*）・ヒノキ（*Chamaecyparis obtusa*）の常緑針葉樹林と異なって，これらの森林では，その四季の変化が明瞭である．春には樹木の芽吹きとともに開花が始まり，新緑の季節へと変化する．夏は，樹冠が鬱閉し涼しい木陰を提供する．秋には下層木から上層木までさまざまな色に紅葉し，私たちの目を楽しませてくれる．このような樹冠の変化は，その葉層の構造変化による光環境の変化を通して下層植生にも大きく影響を与えている．このような季節的な林冠ギャップは，落葉広葉樹林下に分布するカタクリ（*Erythronium japonicum*）やフクジュソウ（*Adonis ramosa*）などの春植物（スプリング・エフェメラル）の分布制限要因になっている．このように，水辺は水域と陸域が混ざり合った景観として私たちの目を楽しませてくれる．

レクリエーション

水辺は，フィッシングだけでなく，多くのレクリエーションの場を提供している．カヌー・ボート・沢登りなどのスポーツ，キャンプ・ピクニック・水遊び・野生動物観察など多岐にわたって利用されている．一方で，これらのレクリエーションは過剰利用で水辺の生態系に大きな影響を与えている場合もあるし，フィッシングとカヌー・ボートでは，レクリエーションどうしでもその利用をめぐって衝突している．

第2章　樹木の生活史
——水辺に適応する

私たち人間が生まれて子供から大人になって最後に死を迎えるように，樹木にもその一生がある．樹木は花を咲かせ，果実が結実し，種子を散布して発芽する．そして実生から稚樹を経て成木へと成長する．私たちの寿命が80年と樹木に比べて短いために，樹木の一生を見届けることはできない．また，私たちが森林を見ているときは，成木の集団を眺めていることが多いので，森林は安定しているように見えるが，じつは森林のどこかで樹木のさまざまな生活史が繰り広げられている．樹木にも寿命があるので，どこかで世代交代が行われなければ森林の持続的な更新はありえない．

樹木によってはその一生のすべての生活史を一目で見ることができる樹種がある．それは亜高山帯に分布するシラビソやオオシラビソの個体群である．長野県の縞枯山の亜高山帯林は諏訪の七不思議のひとつに数えられている．遠くから見るとそれはみごとな横縞が並んでいる．ここにはシラビソ・オオシラビソの常緑針葉樹が分布しているが，白い縞模様になっている部分は成木が立ち枯れている部分である．この立ち枯れた樹木の直下には多数の実生が見られる．ここから下方に向かって実生の樹高が連続的に高くなるとともに，樹木の密度が減少し1個体のサイズが大きくなっていく．そしてもっとも樹高が高くなったところからまた枯死が始まり，つぎの縞へと移っていく．

東京都立大学木村允名誉教授は，大学院生のころからこの縞枯れ現象を解明すべく研究を行ってこられた．しかし，先生も「研究対象の寿命に比べて人間の寿命があまりに短いことが残念である」と最終講義で述べられている．水辺に分布する水辺林の構成種もそれぞれの種がそれぞれの生活史をもち，多様な水辺の攪乱や水分土壌環境に適応して生活している．私がこれまで研究で取り扱ってきた代表的な水辺林の構成樹種を中心にその生活史を紹介したい．

2.1 渓畔林

（1）シオジ

シオジは，私が水辺林の研究を行うきっかけとなった樹木である．埼玉県の林業職員として埼玉県奥秩父の中津川の県有林の管理を担当したときに，これまで伐採記録のない天然林に出会って，その大きさに感動して以来，研究テーマに取り上げている樹種である（図 2.1）．

シオジ（*Fraxinus platypoda*）はモクセイ科トネリコ属でヤチダモとともにシオジ節を形成する．冷温帯の落葉広葉樹で樹高 30 m，胸高直径 1 m を超える林冠木としてまとまった群落を渓流に沿って形成する．分布は太平洋側に偏り，北は栃木県，南は宮崎県まで分布する．シオジの性表現は形態的には雄性両性異株で，雄花をつける雄個体と両性花をつける両性個体に分かれるが，両性花が雄の機能をもっているかどうかは，はっきりと確認されて

図 2.1 埼玉県奥秩父中津川のシオジ林.

いない．そうであれば，樹木の性表現としては非常にめずらしい雄性両性異株ということになる．開花時期は標高によって異なるが，4月中旬から5月下旬ごろである．葉が展開する前に花弁のない花を咲かせる．

シオジの開花は3-4年周期で豊凶を示し，明らかな年変動がある（Sakio *et al.*, 2002）．大部分の個体が大量開花する年と，ほとんど開花しない年が，3-4年に1回訪れる．それ以外の年は，かなりの個体差が見られ，個体サイズの小さなシオジは開花しない傾向にある．また，雄個体と両性個体の開花は比較的同調する傾向にあったが，2000年以降，このパターンに変動が見られ，隔年ごとに開花結実するようになってきた．しかも，雄個体は年変動はあるものの毎年開花している（図2.2）．この原因は，はっきりしていないが，温暖化などの気候変動によって光合成速度が上昇するとともに，開葉期間が拡大して光合成生産量が増加していることが原因かもしれない．

種子は10月ごろに成熟するが，開花直後からかなりの数が発育不全を起こして落下する．翼果は8月ごろには4 cmとほぼ最終的なサイズにまで成長するが，この時点では果皮の部分が形成されただけで，なかの種子はまだ小さいままである．それから10月にかけて種子を成長させる．翼果は11月ごろに一斉に落下し，翌年の6月ごろまで休眠する．

シオジの種子は，翼果と呼ばれ風散布種子と思われているが，散布時期に台風などの強風が吹かない限りは，母樹からそれほど遠くへは散布されない．林冠が閉鎖した個体では，せいぜい母樹の高さと同じくらいの散布距離である（崎尾，未発表）．それよりも下流方向へは，渓流水による水散布の可能

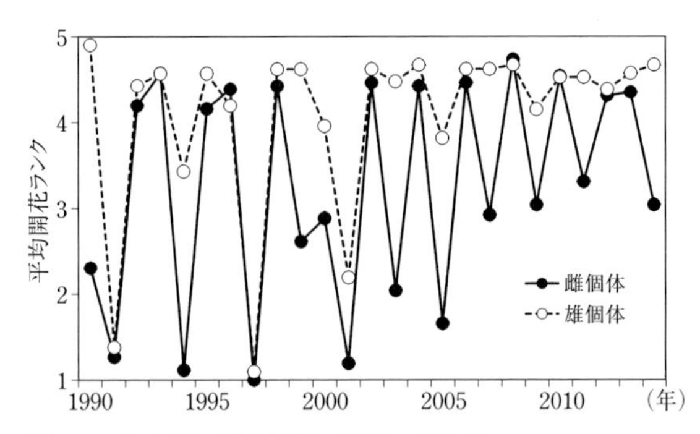

図 2.2　シオジの開花周期（崎尾，未発表）．

性が非常に高い．オオハマボウ（*Hibiscus tiliaceus*）の種子が海流に乗って遠い島まで流れ着くことは知られているが（Takayama *et al*., 2006），河川においても多くの植物の種子が水散布によって下流域に流され，分布を拡大することが知られている（戸澤ら，2003；五十嵐ら，2008）．シオジの種子は，水によく浮かびボートのような紡錘形をしているので，水流によって流されて（図 1.19 参照），落葉とともに砂礫地に打ち上げられて翌年の初夏に発芽しているのが観察されている．シオジの種子がどれくらいの距離を流され，砂礫地で発芽するかを確認するために，11 月下旬に 1 万粒のシオジの種子の片面に赤色のスプレーインクを吹きつけてマーキングし，渓流のなかに投入する実験を行った．シオジの種子は水の流れとともに，あるところでは渦を巻きながら下流に向かって流れていった．そして翌年，シオジの実生が発芽し終わる 7 月ごろに種子を投入した場所から下流に向かって天然林のなかを流れる渓流に沿って発芽したシオジの実生を探し続けたが，1 個体も見つけることができなかった．少なくとも何個体かは発見できると思っていたので，ショックだった．発見個体が 0 個では解析する余地がなく，フィールド実験としては，それまでだった．シオジの種子が水流によって流されていくことは確認することができたが，それらの種子が下流の砂礫地で発芽定着する可能性は，意外と低いのかもしれない．シオジの種子は紡錘形をしており，あまりにも渓流のなかを流れやすいために，かなり下流まで流れ去ったと考えられる．

シオジの種子は，砂礫地・倒木上・リター層・岩上などほとんどの立地で発芽する．リター層で発芽した実生は乾燥や菌害によって大部分の個体が枯死するが，数年間は生存する個体も見られる．発芽 1 年目は大きなギャップの下ではない限り，子葉だけで本葉が展開することはない．この当年生実生は草本植生のない渓流際の砂礫地では非常に生存率が高く，度重なる増水によって水中に沈んでも，10 日間ぐらいの植物体の冠水ではほとんどその生存に影響を受けないことが冠水実験でも証明されている（崎尾，未発表）．また，地面の土が 1 年間冠水していても生存に影響はなく，成長が若干低下するぐらいである（Sakio, 2005）．しかし，台風などの大増水の場合には，これらの実生や稚樹は土砂ごと流失してしまう（Sakio, 1996）．

シオジの稚樹は耐陰性が強く，旧流路や小高い砂礫堆積地に集中して稚樹群落を形成している（Sakio, 1997；図2.3）．これらの稚樹は林冠下でもわずかに成長を続けるが，しだいに成長速度が低下し枯死する．いったんギャップが形成され光環境が改善されると，成長を開始し林冠木に成長する．シオジとサワグルミが同時に小さなギャップに侵入した場合は，ギャップが周囲の枝の伸長によって修復され光の量が減少し，まずサワグルミが枯死し，やがてシオジも枯死する（木佐貫ら，1992）．実際，シオジ林の樹齢解析を行ってみると，数本のほぼ同樹齢で構成されたパッチが数カ所見られ，パッチごとの樹齢が異なることから，これらのパッチは林冠木の枯死したギャップ下で成長したシオジの前生稚樹で構成されていることが読み取れる（Sakio, 1997；図2.4）．

埼玉県秩父山地の中津川の大山沢渓畔林では，シオジは林冠木の個体数の60％以上を占め，優占種となっている（Sakio, 1997）．ここでは，シオジはサワグルミやカツラと混交して渓畔林を構成している（Sakio *et al*., 2002）．シオジの胸高直径の頻度分布を調べてみると，小さなサイズの個体が圧倒的に多く，直径が増加するにつれて個体数は減少していく．しかし，直径40 cmあたりにピークが見られ，ある時期にまとまって更新したことが読み取れる．実際に成長錐で樹齢を測定してみると，約200年前に大きなピークが見られ，一斉に更新したことが予想された（図2.5）．

シオジが渓畔域で林冠木の60％を占めて優占種となる原因は，さまざまな種類や規模の渓流攪乱に対応して実生更新を行っているためである．林冠木の枯死や倒木によって形成された小さなギャップが形成されたときには，林床に分布していた耐陰性の強い稚樹が光環境の改善とともに一斉に成長を始めて林冠木にまで成長する．また，山腹崩壊や土石流など大規模な攪乱に対しては広範囲で一斉更新を行う（Sakio, 1997）．大規模な攪乱サイトにおいては普通サワグルミが優占した林分を形成するが，種子散布のタイミングなどでシオジが優占種となることもある．実生や稚樹が滞水環境にも強いことも，渓流域で優占種となっている原因かもしれない．このようにシオジは，ほかの樹種と比較して渓流攪乱によく適応し，圧倒的な個体群を維持していると考えられる（図2.6）．

図 2. 3　渓流際の砂礫地に成立した高密度のシオジ稚樹群落.

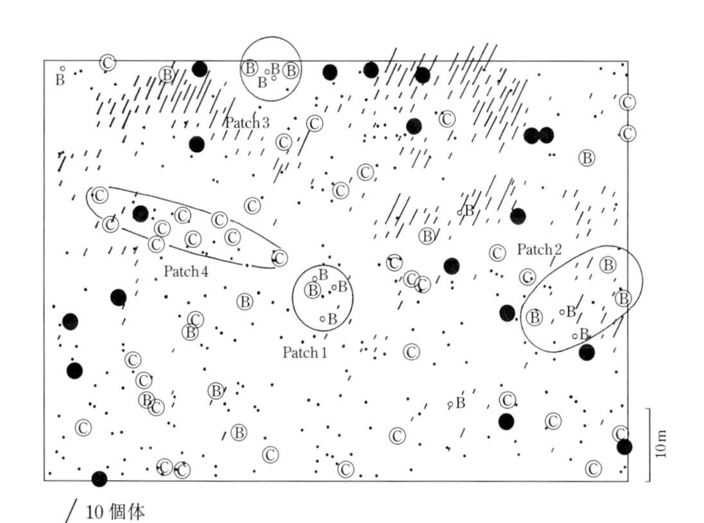

図 2. 4　シオジを優占種とする林分の樹木の空間分布（Sakio, 1997 より）．○はシオジ，●はほかの樹種を示す．斜線は樹高 1 m 以上のシオジの稚樹を示し，斜線の長さは個体数を示す．B と C は図 2.5 の樹齢に対応する.

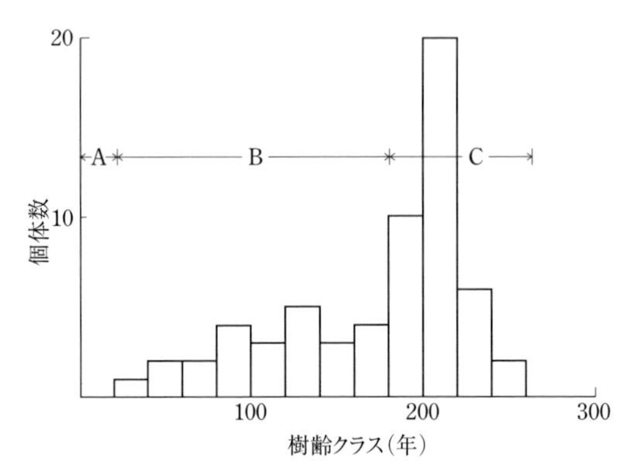

図 2.5　シオジ林の樹齢構成（Sakio, 1997 より）．A は図 2.4 の斜線の樹高 1 m 以上の稚樹の樹齢に相当し，268 個体が分布していた．

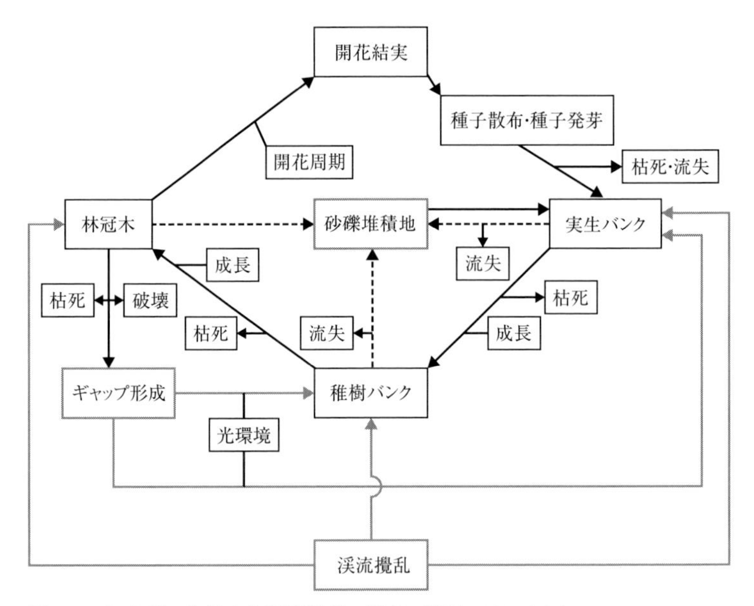

図 2.6　シオジの生活史と渓流攪乱の関係（崎尾，1995 より）．

（2）サワグルミ

サワグルミ（*Pterocarya rhoifolia*）はクルミ科のサワグルミ属に分類され

図 2.7　サワグルミの花序．花が密生した左の短い花序が雄花序，右の長いのが雌花序．

る．近縁種には中国に分布するシナサワグルミ（*Pterocarya stenoptera*）がある．サワグルミは，シオジと同じく冷温帯の落葉広葉樹で樹高 30 m，胸高直径 1 m 近い林冠木としてまとまった群落を渓流沿いに形成する．サワグルミは北は北海道南部から南は鹿児島県まで分布する．また，日本海側の積雪地帯から太平洋側まで広く分布するのが特徴である（金子，2009）．春先に葉の展開と同時に花序を垂れ下がらせる．枝先に数個の雄花序と雌花序を形成する（図 2.7）．花粉の散布後は雄花序はすぐに落下し，雌花序についた果実が成長を始める．10 月ごろには種子が成熟し落下する．

サワグルミの種子生産にもはっきりとした豊凶による年次変動が見られる（Kaneko and Kawano, 2002 ; Sakio *et al*., 2002）．数年に一度，開花しない年が訪れるが，豊凶はシオジほどはっきりしていない．サワグルミは比較的若齢の個体から種子生産を行う．苗畑のような光環境が十分な状態では，種子を播種してから，およそ 10 年程度で開花し，種子生産を行うようになる．

ただ，成熟した種子を生産するにはもう少し時間がかかると思われる．私を含めて何人かの研究者がサワグルミの苗を生産しようとして苗畑に播種したが，年によってほとんど発芽しないことがあった．私も幾度となくサワグルミの種子を苗畑に播種してみたが，年によっては発芽率が80%を超えることもあるし，数%以下のこともあった．そこで，サワグルミの果実を切断して，なかの種子の状態を調べてみた．そうすると，発芽しなかった年の大部分の種子は，虫害を受けていたり，シイナであった．けっきょくのところ，サワグルミの種子生産は，発芽能力のある種子に関しては，はっきりした豊凶をもっており，見かけは結実していても発芽能力のない種子をかなりの割合で生産していることになる．シオジであれば，開花後，かなりの種子が発育不全で落下し，最終的な種子数が制限されているが，サワグルミは繁殖に関してかなりむだな投資を行っているように見える．しかし，サワグルミは光合成能力が高いために，繁殖に対して十分な投資を行う余裕があると考えられ，夏の光合成がもっともさかんな時期を効率的に利用するために，あえて種子の落下を起こすことなく，秋まですべての種子を維持し続けているのかもしれない．

サワグルミの発芽は，閉鎖林冠下でも見られ，砂礫堆積地でもリター層でも発芽するが，リター層で発芽した実生は発芽後，1-2カ月のうちに枯死してしまう（Sakio *et al.*, 2002）．生残した個体は本葉を展開するが，その成長は光環境によって大きく左右される．林床植生のない砂礫堆積地では，数年間は成長を続けるが，林冠ギャップが形成されて光環境が改善されない限りは樹高成長が停止し，主軸の上部が枯れ，側枝が主軸と交代し死亡に至る（佐藤，1992）．近年，関東地方の山地でも，ニホンジカ（*Cervus nippon*）による植生の後退がめだっており，秩父山地でも林床植生がほとんど見られなくなったところもある（崎尾ら，2013）．これまで，林床の草本植生中に発芽したサワグルミはすぐに枯死して消失していたが，最近ではシカの採食で草本が少なくなったために光環境が改善され，秋まで当年生実生が生存していることも多く見られるようになった．

サワグルミの稚樹は林冠ギャップ下に集中分布する傾向があり，相対照度との間に弱い正の相関関係が見られる（佐藤，1992）．また，サワグルミの稚樹は鬱閉した林冠下にはほとんど存在しないが，ギャップ内では，その形

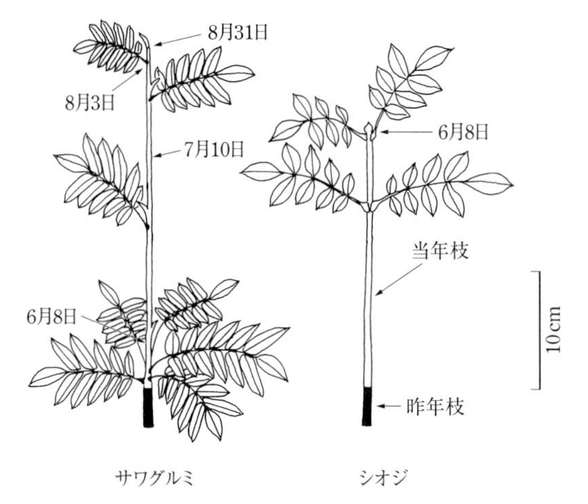

図 2.8　サワグルミとシオジの葉の展開様式．サワグルミは6月8日に輪生状に葉を展開した後に，8月下旬ごろまでシュートの伸長と葉の展開を続ける（崎尾，1993より）．

成後に発芽した個体が多く存在していることが報告されている（木佐貫ら，1992）．サワグルミ稚樹の主幹の伸長には，光環境が大きく影響しており，林冠ギャップの下では，8月ごろまでシュートの伸長と葉の展開を続ける（崎尾，1993；図2.8）．

土壌水分は，樹木の根系の成長にもっとも大きな影響を与える立地環境要因である（苅住，1979）．サワグルミの当年生実生が異なる土壌基質に対してどのような順応的変化をするかについて，アカシデ（*Carpinus laxiflora*）およびイヌシデ（*Carpinus tschonoskii*）と比較した研究がある（井藤ら，2008）．その結果，サワグルミは礫質土壌においてほかの2種よりも側根をもっとも長く伸ばすことができた．また，生残率も礫質土壌において高かったことから，サワグルミの当年生実生の定着・生残には，礫質土壌が広く分布している渓畔域の立地環境が大きく影響していると推測している．

太平洋側でシオジと混交している林分では，サワグルミの林冠木はさまざまなサイズのパッチをつくって集中分布している（Sakio *et al*., 2002）．サワグルミの大きなパッチでは直径50 mほどのものが見られる．サワグルミも

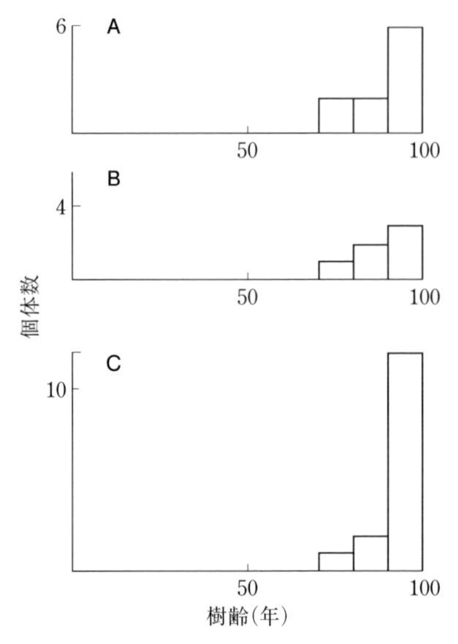

図 2.9　3カ所のサワグルミのパッチ内の樹齢.

稚樹から大径木まで連続的なサイズ構成をしているが，シオジより先駆的な性質をもっているサワグルミは，大きなパッチ内の個体はほぼ同樹齢である(Sakio, 1996；図 2.9). パッチの分布する場所の地形には大規模攪乱の痕跡がはっきりと残っていることから，サワグルミは山腹崩壊や土石流などの大規模攪乱後に一斉に侵入したことが予想される. シオジとサワグルミは，ともに林冠ギャップの形成によって更新するが，大きなギャップが形成されたときは，強い光環境を利用してサワグルミがシオジよりも早く林冠木に成長する（崎尾，1993).

京都大学の芦生研究林のモンドリ谷の渓流域における地形を大きく斜面部・段丘部・河川部に分けると，サワグルミの成木の 92% が河川部に，残りは段丘部に分布していた. 幼木も 90% 以上が河川部に分布し，残りは段丘部と斜面部に分布していた（大嶋ら，1990). つまり，サワグルミは台風などの自然攪乱の頻度やサイズの大きな立地において，圧倒的な優占種となっていた. また，この研究では，サワグルミの生活史を通したくわしい解析が行われている（Kaneko and Kawano, 2002). サワグルミの生活史が,種子，当年生実生，稚樹，成熟個体など数段階に分けられ，おのおのの段階の成長や死亡のデータがとられ，個体群動態が推移行列モデルによって明らかにされた．

サワグルミの寿命は，比較的短く100年程度である．(佐藤，1988；木佐貫ら，1992)．サワグルミは100年程度で幹の地上部に近いところから腐朽が始まり，それが原因で根元から幹折れする個体がよく見られる．100年以上攪乱がなく，攪乱によってサワグルミの林冠木が破壊されないと，しだいにサワグルミが寿命で枯死し，代わってオヒョウ・イタヤカエデ（*Acer pictum*）・トチノキなどの遷移後期樹種が成長して林冠木を占める割合が高くなる．100年以下の短い間隔で洪水や土石流が発生し，林冠木が破壊され林冠ギャップが形成された場合には，再びサワグルミの同齢林が形成される（佐藤，1988）．

サワグルミはカツラほどではないが，幹のまわりに萌芽を発生させることが知られている．新潟大学大学院生の中野陽介君は，サワグルミの生活史において積雪環境が萌芽発生にどのような影響を与えているかを研究している（Nakano and Sakio, 2017）．太平洋側の積雪が少ない地域では，1個体あたりの萌芽本数は，最大でも10本程度であることが知られている（Sakio *et al.*, 2002）．萌芽の長さは短く，カツラのように主幹の枯死後，成長を続けて主幹に取って代わるようなことはほとんど見られない．しかし，豪雪地帯のサワグルミは，冬季の最大積雪深の違いによって，その形態や萌芽性が変化している．積雪が多い高標高地域に分布するサワグルミほど樹高や胸高直径など個体サイズは小さくなり，萌芽幹をもつ個体の割合と個体内の萌芽幹本数は増加した．そのうえ，積雪地帯のサワグルミは林冠があまり発達せず，枝ばりが小さい．そのため1個体あたりの花序数も数えるほどで，種子生産量は少なく，林床に発芽する実生の数も極端に少ない．積雪地帯では雪圧のためにサワグルミの幹は斜面下部に向かって曲がり，そこから萌芽を発生させる（図2.10）．その萌芽はかなり大きなサイズにまで成長し，複数の幹が連続して形成される．積雪地帯においては，これらのクローン成長による幹は，カツラのように主幹に代わる個体維持の役割を担っているかもしれない．

サワグルミの耐水性はそれほど高くなく，当年生の実生では，10日間ぐらいの植物体の冠水で枯死してしまう（崎尾，未発表）．また，1年生の実

図 2.10　新潟大学佐渡演習林のサワグルミ林．冬季の3mを超える積雪が原因で幹が湾曲し，萌芽も地面を這っている．

生でも地面の土壌の長期間の冠水によって幹の成長が低下するとともに，展開する葉数が減少し，1年以内にかなりの個体が枯死した（Sakio, 2005）．そのために，シオジのように水際の砂礫地を優占するような稚樹群落を形成することはそれほど多くない．どちらかというと，乾燥した少し小高い堆積地や山腹斜面からの堆積物の上に稚樹群落を形成する．

サワグルミは一般的には渓流際に分布域をもっているが，ある場合には山腹や尾根にまで分布を広げている（高橋ら，未発表）．新潟大学大学院生であった高橋もなみさんは，佐渡島において渓流沿いと尾根沿いの森林植生を，海岸際から山頂まで調査して比較した．渓流沿いにおいては標高100mから山頂付近の800mまで断続的にサワグルミが林冠木の優占種として分布していたが，尾根沿いの森林植生では，驚くべきことにサワグルミが700mから800m付近で優占していた．このように，佐渡島の大佐渡山地には渓流沿いだけではなく，山腹や尾根沿いの天然スギ林内にサワグルミが混交して分布していた．この周辺は冬季の積雪が3 m以上あり，6月上旬ごろまで林内に積雪が残っているとともに，梅雨明けから夏季には上昇霧の発生によって高い空中湿度が維持され，霧がスギの針葉によって捕捉され林内雨が降るなど，1年間を通して多湿な土壌環境にある．佐渡島の山頂付近においては，このように年間を通して維持されている多湿な環境が，渓流域を分布域としているサワグルミの分布範囲を広めている原因になっているのかもしれない．

（3）カツラ

カツラ（*Cercidiphyllum japonicum*）は日本と中国の一部に分布し，ヨーロッパやアメリカでも公園に植栽され，人気のある樹種である．1997年の秋，横浜国立大学大学院生であった久保満佐子さんが，当時私が勤めていた埼玉県林業試験場を訪れた．彼女は，カツラの研究がやりたくて，この1年間，全国でフィールドを探し続けていたが，なかなかよい調査地が見つからず，私が研究を行っている秩父の渓畔林で研究ができないかどうかたずねてきた．私は大山沢の試験地でシオジとサワグルミについては多くの研究データからそれらの樹種の動態を解明しつつあったが，カツラについては林冠木の優占種のひとつでありながら，どのように手をつければよいか考えあぐねていた．カツラは多くの人々に知られている樹木であるが，これまで研究はそれほど進んでいなかった．その理由は，数百年は経っていると思われる大径木はたくさん分布しているのだが（図2.11），亜高木や実生がほとんど見られないために，更新機構の研究を行おうと思ってもそのイメージが湧かないのである．そこにちょうど久保さんが訪ねてきたわけである．とにかく，現地を見てもらわないとイメージがつかめないと思ったので，11月上旬に大山沢に出かけた．すでに樹木はほとんど落葉し終わり，森林は冬の様子を示していた．落葉しているおかげで，森林の状況が遠くまで見渡せ，カツラの分布を一目で見ることができた．これまでカツラがどのような更新動態をとっているのかは謎であったが，個体数が少ないところからまれに生じる大規模攪乱が更新サイトになっているのではないかと考えていた．このようにカツラの研究はどこから手をつけてよいのかわからない状態であったので，比較的メジャーな樹種であるにもかかわらず多くの研究者からは敬遠されて

図 2. 11　山梨県南アルプス市広河原のカツラの株.

図 2. 12　埼玉県奥秩父の冷温帯上部の斜面に分布するヒロハカツラ.右にはカツラの通直な幹が見える.

いた．このような状況でカツラの謎に真っ向から取り組むこととなった．

日本にはカツラ属のカツラとヒロハカツラの2種が分布している．カツラは冷温帯の落葉広葉樹で樹高30 m，胸高直径1 mを超える林冠木として巨木が渓流に沿って点在して分布する．分布は北は北海道から南は鹿児島県までと広範囲にわたっている．また，日本海側の積雪地帯から太平洋側まで広く分布するのも特徴である．一方，ヒロハカツラは，冷温帯上部から亜高山帯の渓畔域に分布する落葉広葉樹でカツラより高標高に分布している．樹高はカツラより低く十数mで，斜面では主幹は直立せず斜めに出ている（図2.12）．

カツラは雌雄異株で春先に葉の展開に先駆けて真っ赤な花を咲かせる．そのために遠くからでもカツラの存在を確認することができる．カツラは大部分の林冠木が毎年開花するが，花の量は雄個体のほうが多いようである．カツラの開花は，周辺の樹木がまだ開葉し始めない，4月中旬に始まる．渓流に沿って点在し，個体間の距離が離れているために風媒花であるカツラが雄株から雌株に花粉を運ぶためには，早春の開花は，ほかの樹木の葉層などの障害物がないために有利である．また，種子の散布時期は，周辺の樹木が落葉してから冬の期間に行われるので，風散布種子をもつカツラにとって遠方に種子を散布することができるのであろう．カツラの遺伝子流動に関しては，林分内のカツラの個体と当年生の実生の親子関係が，岩手県のカヌマ沢渓畔林で解析された（Sato *et al*., 2006）．その結果，花粉流動距離は調査区域内では，平均129 m，最大で666 m，母樹からの最大種子散布距離は300 mを超え，カツラの長距離遺伝子流動が明らかになった．

カツラはひとつの袋果のなかに平均で23個ほどの種子を形成し，充実した種子はそのなかの80%程度である．カツラの種子生産には豊凶の差はあるものの，種子がまったくできない年というのは現在まで1年もなく，毎年ある程度の量は結実していた（Sakio *et al*., 2002）．カツラの種子はシオジやサワグルミと比較して非常に小さいために同じコストで多量の種子を生産することができる．また，小さいということは風によって遠くまで種子が散布される可能性が高くなってくる．

久保さんとの共同研究は，1年間で行わなければならなかったので，カツラのさまざまな生活史段階（種子発芽・実生の生存・森林構造など）の調査を同時並行で行っていくことにした．発芽については現地調査によって5月に発芽した実生の追跡調査を行い，どのような場所で発芽し，生存していくかをつぶさに観察した（久保ら，2000）．当年生の実生は，水分を多く含む倒木上や小礫混じりの土壌斜面に発生し，リターが厚く堆積した林床やサイズの大きな砂礫地にはほとんど見られない．これは，1年生以上の稚樹でも同様であった（久保ら，2000）．この原因は，カツラの種子が非常に小さいために，実生の発生にリターが抑制的に働くためと考えられる（Seiwa and Kikuzawa, 1996）．シラカンバ（*Betula platyphylla* var. *japonica*）のような小さな種子の発芽・定着は粒子の細かな土壌において有利であるが（小山，1998），カツラでも同様と思われる．カツラの発芽は5月の中旬から始まったが，発生した実生も梅雨や台風の際の雨による表層土砂の移動によって流出してしまい，10月下旬には生存率も10%以下になった．また，10月の生存率は照度の高い場所で高くなっており，そのような場所の実生個体は照度の低い場所の個体よりも，明らかにサイズが大きかった（久保ら，2000）．

このような現地での調査に加えて，発芽サイトの環境を把握するために苗畑で発芽の土壌環境と光環境（相対光合成有効光量子束密度）を組み合わせた発芽実験を行った（Kubo *et al*., 2004）．この発芽実験では，粒子の細かな畑土，砂礫，リターの3種類の土壌環境をつくるとともに，寒冷紗によって光環境を5段階に変化させ，合計15種類（土壌環境3種類×光環境5段階）の発芽環境のもとで発芽率とその後の成長を追跡した．

その結果，カツラの発芽は土壌環境に大きな影響を受けていた．リターを敷き詰めた土壌では，すべての光環境でほとんど発芽は見られなかった．また，砂礫地では光環境が3%と11%の暗い状態で0.3-0.5%が発芽したものの，それ以上の光強度ではまったく発芽が見られなかった．一方，畑土ではすべての光環境で発芽が見られ，とくに光環境が23%と60%では発芽率が5%に達していた．これらの光環境よりも高くても低くても発芽率が減少する傾向にあった．光環境100%の太陽光では発芽率が0.9%と低かったが，これは土壌表面の乾燥のためと考えられる．以上の結果として，数十%の光環境で，細かな畑土がもっとも発芽率，生存率も高く，2年後の平均樹高も高い値を示した．このように，苗畑試験の結果は，現地での発芽の傾向とほぼ一致していた．カツラの実生の生存について，大きなギャップでは生存

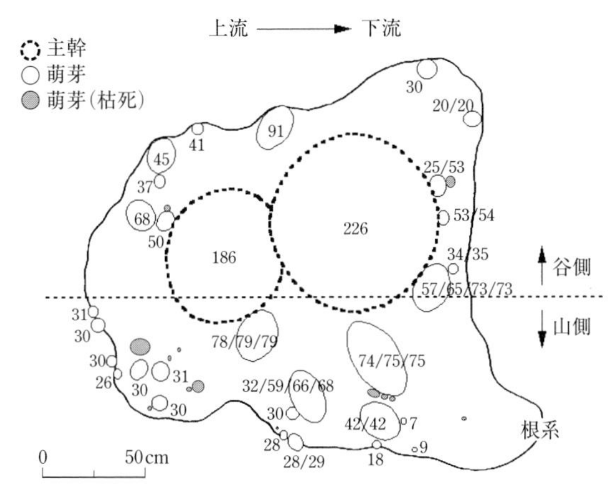

図 2.13 多くの萌芽を発生したカツラの株（Kubo *et al*., 2005 より）．図中のナンバーは主幹や萌芽の樹齢を示す．

率が低く，その原因は土壌水分の不足であると考えられているが（Seiwa and Kikuzawa, 1996），本研究結果もこれを支持している．ある程度成長した樹高 0.5 m から 1 m ぐらいのサイズの稚樹は，乾燥ストレスについて高い耐性を示し，被陰に対しても比較的高い耐性をもっている（藤本・俣野, 1994）．また，苗畑は平坦地であるために発芽・定着した多くの実生は成長を続けたが，野外では斜面であることが多く，これらの実生の多くは降雨による土壌によって流失したり，倒木上に発芽した実生も乾燥によって枯死してしまう．

カツラは天然の渓畔林においては一斉林を形成することはほとんどなく，渓流に沿って大株の林冠木が点在している場合が多く，亜高木や稚樹が非常に少ないのが特徴である（Sakio *et al*., 2002）．また，カツラは主幹のまわりに多くの萌芽をもって，大きな株を形成している（図 2.13）．実際に，カツラが渓畔林内でどのような個体群構造をとっているのか明らかにするために，これまでシオジとサワグルミを研究していた調査地を下流方向に延長した．そして，調査地全体としては渓流に沿って約 1170 m，面積 4.71 ha の調査地を設定した．渓畔林は V 字谷を形成しており，斜面傾斜は 40 度近くあり，場所によっては垂直な岸壁になっている．樹木の直径を測定するだけでなく，コンパス測量で樹木の空間分布図も作成した．歩くだけでもたいへんなうえに，このような調査を行うことは，体力的にも重労働であるだけでなく，危険を伴う作業であった．この調査地内の毎木調査の結果から，カツラはランダム分布しており，サワグルミのように集中したパッチなどは見られなかった（Sakio *et al.*, 2002）．胸高直径が4 cm以上の個体の頻度分布を見てみると，シオジやサワグルミでは小さなサイズに分布の山が見られたが，カツラでは小さなサイズから150 cmのものまでほぼ均等な個体数を示していた．胸高直径が4 cm以下の小さな稚樹は，調査地内4.71 ha内でわずかに数本であった．しかし，亜高木の分布におもしろい現象が見られた．直径が20 cm程度の亜高木はサワグルミの大きなパッチの端に位置しており，樹齢もサワグルミとほぼ同等であった．このことから大規模な山腹崩壊などが生じた際にカツラはサワグルミと同時に侵入し，早く成長したサワグルミに被圧されながらも現在まで亜高木として生存していることがうかがわれた（Sakio *et al.*, 2002）．サワグルミのパッチ内では，100年を超えたサワグルミ個体はしだいに枯死し始めている．地表に近い部分の幹に腐りが入って根元から折れる個体が見受けられた．一方，これらのサワグルミと同時に侵入したカツラはサワグルミの林冠下にありながらも強い耐陰性をもって個体を維持していた．このようにサワグルミとカツラは大規模攪乱後に同時に侵入したが，サワグルミが枯死した後は，カツラがそれに取って代わってギャップを埋めるのかもしれない．このことからも，大規模攪乱がカツラの更新に重要な役割を果たしていることが推測できる．

カツラは主幹のまわりに多くの萌芽幹をもち，主幹が枯死した後はまわりの萌芽幹が成長し，ドーナツ状の大きな株になって個体を維持している（Sakio, 1996；久保ら，2001a；Kubo *et al.*, 2005；図2.14）．秩父の大山沢の調査でもっとも多いものでは60本の萌芽をもっていた（Sakio *et al.*, 2002）．また，主幹の胸高直径が大きいほど萌芽の本数が多い傾向があった（久保ら，2001a）．これらの萌芽の形態を調べてみると，中心の大きな主幹が枯死した後には，周囲の萌芽が成長して，主幹に取って代わっている状態が見られた．つまり，ドーナツ状にカツラの株が拡大していくわけである．太い主幹の樹齢が200–300年はあるので，個体の寿命は500–1000年以上におよぶと思われるが，これまで株状のカツラの樹齢を解析した例は見当たらない．カツラがなぜこのように多くの萌芽を発生させるのか，その原因はわかっていない．

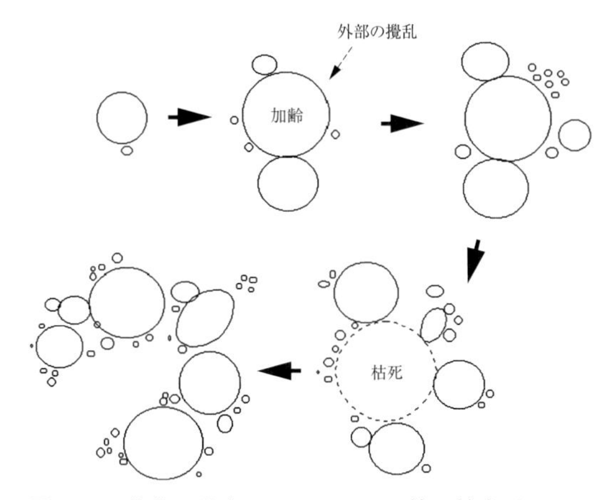

図 2.14　萌芽の発生によるカツラの株の拡大（Kubo *et al.*, 2005 より）.

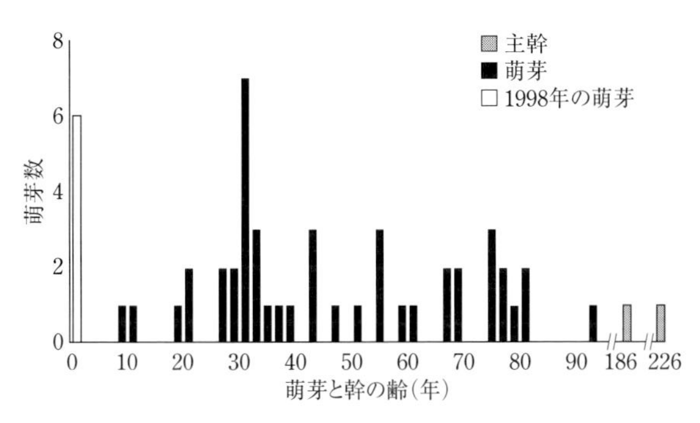

図 2.15　カツラの萌芽の樹齢分布（Kubo *et al.*, 2005 より）.

あるとき，大山沢の調査地内の歩道沿いにあるカツラの萌芽が桟橋の材料としてすべて伐採されたことがあった．そのときに伐根の樹齢をすべて調べてみた．すると，萌芽の発生は，ある時期に集中していることが判明した（図 2.15）．それも，1 回ではなくて数回にわたっていた．あくまで予想であるが，その年代に河川や山腹で攪乱が生じ，そのときの物理的な刺激によって，もしくは，周囲の樹木が枯死し，光の刺激によって発生したということが考えられる．この研究結果は，Forest Ecology and Management という海外雑誌に掲載されたが，わずか 1 本の樹木の解析を行っただけで論文になったのは，私のこれまでの研究のなかでも初めてであった（Kubo *et al*., 2005）．現在では，その切株から再び新たな大量の萌芽が発生して，もとのような形態に近づきつつある．

このように，稚樹の個体数が少なく，林冠木が点在していることやカツラの株の場所が過去の大規模攪乱の後であることから，カツラの実生による更新は100年単位で生じる大規模な土石流や基岩ごと崩れ落ちる山腹崩壊などによって生じる攪乱サイトで行われていると考えている．このような大規模攪乱は，土壌層を大きく攪乱し，そこにはさまざまな土壌環境を出現させる．基岩の崩壊によって大きな礫の堆積地が生じたり，倒木や地表の有機物層がこれらの礫や土壌と混ざり合って複雑な微地形を形成する．このような大規模な攪乱サイトでは林冠木が破壊されるために大きな林冠ギャップが出現し，林床まで強い光が到達する．実生の成長に比較的強い光を要求するカツラにとっては好適な環境である．このような場所では，サワグルミなどの他種との競争にさらされるので，実際には生存個体は非常に少ない．このように，稚樹が少ないカツラがどのような場所で更新しているのか推定することは非常に困難である．

そこで，本調査地内に分布する60本のカツラがどのような立地に生存しているか，根株周辺の土壌環境を調査してみた．するとおもしろいことに，カツラの分布している場所は大部分がサイズの大きな礫の上であるか，岩盤の上であった（崎尾，未発表）．これらの事実はカツラの更新場所が，山腹斜面が崩壊したり，土石流によって生じた岩盤や巨礫の上であることを示唆している．このような場所に出現する大きな礫の間隙にたまった粒子の細かな無機質土壌はカツラの定着サイトとして最適であるとともに，長期間，雨水によって流されることも少なく安定状態にある．そして成長とともに，カツラの根系はしだいに礫や岩盤を包み込むように張りついて安定していくと予想される．

以上のように，カツラの生活史のさまざまな段階を取り上げて調査を行って，更新の謎に迫ってみたが，状況証拠だけで直接的にカツラの更新機構を解明することはできなかった．現在，この調査地は環境省のモニタリングサイト1000の調査地になっており，世紀を超えた長期的なモニタリングが将来，カツラの更新機構を直接証明してくれることを期待する．

(4) トチノキ

トチノキ(*Aesculus turbinata*)は冷温帯の落葉広葉樹で樹高20 m, 胸高直径1 mを超える林冠木として北海道南西部から九州までの渓流沿いや湿地周辺に分布する. 九州では分布は大分県と宮崎県に限られる(星崎, 2009). また, 日本海側の積雪地帯から太平洋側まで広く分布している. トチノキの花は養蜂業の蜜源として, 直径5 cmにもなる大きな果実は昔, 飢饉の際の食料として利用されてきた. いまでもトチ餅や菓子の原料として使われている.

トチノキは河川攪乱の少ない土壌の厚い崖錐地から斜面下部に分布するが, 河川影響下のなかでは比較的長期間安定している段丘部に分布する(Kikuchi, 1968;大嶋ら, 1990). トチノキはしばしばサワグルミと共存するが, V字谷では平坦地が少ないために斜面部に分布するトチノキの割合が高くなり, 幅の広い谷では, トチノキとサワグルミが生育地を分けて分布する. このような谷底では, サワグルミは樹木が枯れたり倒れたりして生じた林冠ギャップ下や河川部に分布している(大嶋ら, 1990). 長期間, 河川攪乱がなく安定した立地環境が続けばサワグルミはトチノキに置き換わっていくが, 河川部のように洪水などの攪乱頻度の高いところでは, サワグルミが実生による更新を繰り返す.

トチノキの花は5月ごろ, 円錐状の大型の花序にたくさんの花が集合して開花する(図2.16). これらの花には雄花と両性花が混在している. この2つの花の割合は, 個体や林分によって異なっているが, 雄花のほうが多い傾向にある. 開花後, 雄花は落下し, 数個の雌花が果実にまで成長する. トチノキの花は虫媒花で, 花粉媒介者はニホンミツバチ(*Apis cerana japonica*), セイヨウミツバチ(*Apis mellitera*)やマルハナバチ属(*Bombus*)の昆虫である. トチノキの開花結実にもある程度の豊凶が見られるが, 個体群での豊凶はそれほど見られないようである.

トチノキの大型種子は重力によって樹冠下に落下するが, 落下後すぐにネズミなどの小動物によって二次散布され, 母樹からかなり離れたところまで運ばれる(Hoshizaki *et al*, 1997;図2.17). そのため, 林冠木周辺だけでなく斜面上部まで当年生実生の分布が見られる(伊佐治・杉田, 1997). 種子

図 2. 16　トチノキの花序．ひとつの花序のなかに雄花と両性花が混在する．

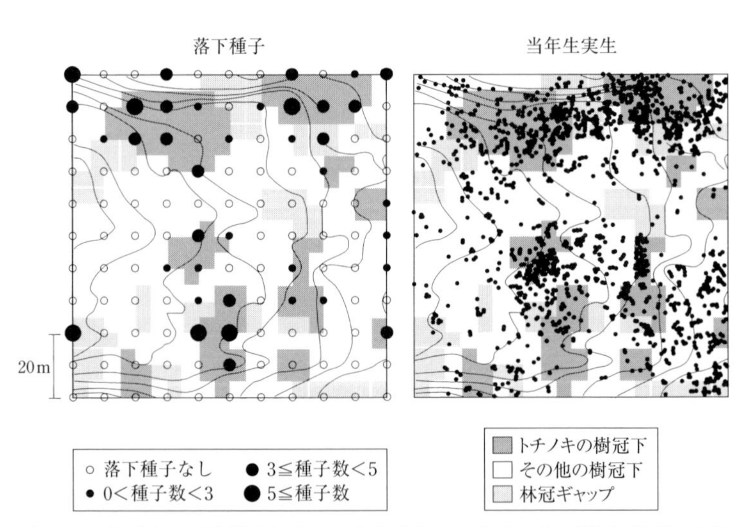

図 2. 17　ネズミの二次散布によって分布拡大したトチノキの種子（星崎，2009 より）．左はトチノキの種子の落下状況．右は当年生実生の分布．落下種子の多くはトチノキの樹冠下に見られるが，当年生実生は林冠ギャップや他樹種の樹冠下にも見られる．

の母樹からの散布距離は 40 m から，年によっては 100 m を超えることもある（Hoshizaki *et al*., 1999）.

トチノキの種子は休眠することはない（勝田ら，1998）. トチノキの種子は乾燥したり，凍りついたりしてしまうと発芽能力を失うために，動物によって運ばれ地表面下に貯蔵されることで，乾燥と低温から免れ，翌春の発芽時期までその能力を保つことができる. 貯蔵された種子の一部分は動物に食べられてしまうものの，動物が食べ忘れた種子は発芽して実生となることができる.

トチノキの当年生実生のサイズは 40 cm もあり，非常に大きい. それは生重 6-25 g（星崎，2009）もある大きな種子が原因と考えられる. このような大きな種子は，リターが厚く積もった暗い林床でも，問題なく発芽することができる. 1 本の樹木あたりの種子生産数は，風散布種子と比較すると非常に少ないが，動物の食害を免れた種子は，確実に発芽・定着することができる.

トチノキは渓畔林樹種のなかでも，成木が土壌の厚い崖錐地から斜面下部の比較的土壌水分の多い環境に分布している. このことから，実生が過湿な滞水環境でもほかの樹種と比べて成長速度や生存率が高いことが予想される. トチノキの 1 年生の苗木を春から秋までの生育期間，植木鉢に入れて土壌の表面まで滞水させてほかの樹種と成長や葉の展開を比較してみた（Sakio, 2005）. 滞水させたトチノキの実生は，コントロールと比較してシュートの伸び，展開した葉の枚数は変わらず，すべての個体が生存していた. それに対して，同じ渓畔林樹種であるサワグルミやカツラは，当年生のシュートの伸長や展開した葉の枚数が 3 分の 1 以下に減少するとともに，20% 程度の個体が枯死した. このことからも，トチノキの湿地への適応の高さが推測された.

トチノキの分布は，北海道から九州，太平洋側と日本海側というように，分布域はサワグルミと非常に似ており，日本国内の広範囲にわたっている. それに対して，シオジは太平洋側の積雪の少ない渓流沿いに限られている. これには，積雪に対する耐性をもっていることが考えられる. 豪雪地帯である福島県の只見町では，東北地方の積雪地帯を中心に純林を形成するブナが山腹斜面から氾濫原まで下りてきて，渓畔林を構成する優占樹種になっているところも見られる．もちろん，トチノキやサワグルミも分布しているが，沢沿いの最大積雪深が数 m を超えるような箇所では，雪圧によってトチノキの幹は直立することができなくなり，10 m 以上の大蛇が地面を這っているような形態をとっており，先端の部分でわずかに枝が立ち上がっている．このような状態でも開花し，種子生産を行っている．これは，材がしなやかなので幹が雪圧によって折れることなく成長を続けることができるためと考えられる．ここでは，サワグルミでも同じような形態が見られる．

（5）ケヤキ

ケヤキ（*Zelkova serrata*）は，樹高 25–40 m，直径 1.5 m になる落葉高木で，本州から四国，九州に分布する．また，中国・朝鮮半島・台湾にも同種が分布する（深津，2015）．世界にはケヤキ属の樹木は，ケヤキをはじめとして，地中海のクレタ島，シチリア島，コーカサス地方，そして中国に 2 種の合計 6 種が分布している（Kozlowski and Gratzfeld, 2013）．関東地方の屋敷林にはケヤキが多く植栽され，埼玉県では県の木に指定されており，その分布はすべての市町村におよんでいる（伊藤，1998）．街路樹としても全国で植栽されているが，ケヤキの孤立木は下枝が張るので，下枝が張らなくて直立する「むさしの 1 号」という品種が街路樹としては利用されることもある．この品種では，樹冠が箒状に上方に細長く伸びるために枝の剪定を必要としない．

青森県はケヤキの分布北限であり，ケヤキの優占林は渓谷沿いの斜面下部から中部に発達するだけでなく，河岸段丘斜面や丘陵の緩斜面，海岸林の一部として形成されているが，いずれの場合も広範囲に優占林を形成するわけではなく，夏緑広葉樹林にモザイク状に混交している（齋藤，1997）．

広葉樹のなかでは木材価格が高く，家具・建築材として古くから利用されてきた．そのため，比較的造林技術が進んでおり（大阪営林局森林施業研究会，1992），各地に人工林が見られ，ケヤキ人工林の施業技術に関する研究も多い．しかし，ケヤキの天然林の多くは伐採されて広葉樹の二次林やスギの植林に置き換えられているところが多い．そのため，まとまった天然林が残っておらず，生活史を通した天然更新の機構に関する研究はほとんど見られない．

図 2. 18　ケヤキの結果枝.

ケヤキは葉の展開と同時に花を咲かせる．雄花は新枝の下部に数個ずつ集まって咲き，雌花は新枝の上部の葉腋に 1 個ずつつく．果実は 10 月に暗褐色に熟す．ケヤキの開花結実にははっきりとした豊凶が見られ（安藤，1995），兵庫県の人工林では隔年の（吉野，2003），岐阜県南部における天然林の 6 年間の調査では，2-3 年の周期が見られる（中川ら，1995）．そのために，稚樹の発生状況は前年の種子生産量を反映しており，種子の豊作年の翌年は，大量の稚樹が発生している．果実の散布は，果実が枝から離れて単体で落下する場合と，枯葉をつけた枝について落下する場合（結果枝）がある（図 2. 18）．結果枝として散布される種子の割合は，65.9% から 98.9% で単体で落下するものより明らかに多かった．また，地上に結果枝として散布された後に結果枝から離脱したものも含まれているために，その割合はもっと多いと考えられる．結果枝の落下速度は，種子単体の 3 分の 1 以下であり，強い風が吹いたときには，80 m 以上も離れた地点に落下することもまれで

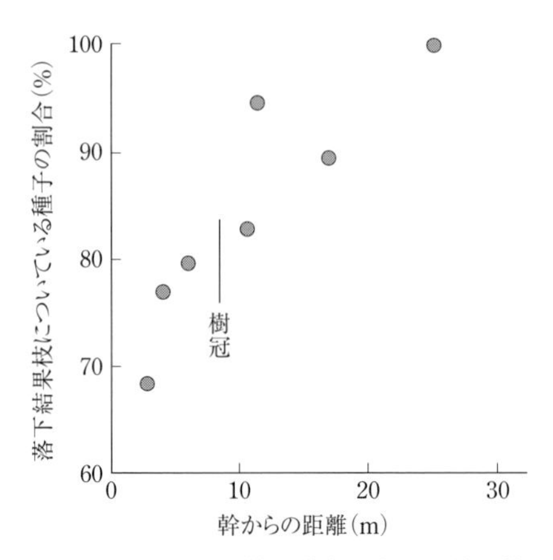

図 2.19　ケヤキの種子散布に占める結果枝の種子の割合（星野，1990 より）．幹から離れるほど，結果枝による種子の割合が増加する．

はなかった．樹冠より遠くへ散布された種子のうち，結果枝の占める割合は 82.2% から 98.9% と高いために，母樹から離れた地点への種子散布は，事実上，結果枝によって行われていると考えられる（星野，1990；図 2.19）．このような結果枝による種子散布は，ほかの樹木では見られない特徴である．

種子生産の凶作年の翌年にも多くの当年生の実生が観察されることから，ケヤキは埋土種子をもっていることが指摘されている（安藤，1995）．実生は 4-5 月に発生し，暗い林床の落葉層の厚い立地では死亡率が高く，5 月初旬にほぼ消失する．これは，落葉下で多くの種子が発芽したものの，落葉層を突き抜けて地表に現れる個体が少ないためである（前田ら，1990）．しかし，稚樹の耐陰性は著しく高く，相対照度 1% 程度でも生存は可能である（安藤，1988）．

また，自然状態ではほとんど見られないが，根萌芽特性をもつ個体も知られている（小林・伊藤，2006）．海外では，コーカサス地方に分布するコーカサスケヤキ（*Zelkova carpinifolium*）は，多くの個体が根萌芽を発生させている（図 2.20）．

図 2. 20　ジョージアのアジャメティ自然保護区におけるコーカサスケヤキ林（A）と根萌芽（B）.

（6）ケヤマハンノキ（ヤマハンノキ）

ケヤマハンノキ（*Alnus hirsuta* var. *hirsuta*）は樹高 20 m，胸高直径 50 cm になる落葉高木で，北海道から九州まで冷温帯の川岸や渓流沿いに分布する．寿命は 100 年程度である（小池，1987）．翼をもった長さ 3-3.5 mm の扁平な長楕円形の小さな種子を多数生産し，9 月から 12 月ごろ風によって散布される．ケヤマハンノキの種子発芽は種子が小さいためにリター層によって抑制されている（Seiwa and Kikuzawa, 1996）．実生による定着は山腹崩壊や洪水などの自然攪乱や人為的攪乱によって裸地化したところへの侵入により始まり，一斉林を形成する．また，根に根粒菌をもつことから，肥料木として治山の山腹緑化や砂防植栽に用いられている．

青森県の奥入瀬川の渓畔林においては，谷底のもっとも低い水際，水面から比高 1 m までは大部分がケヤマハンノキの同齢一斉林によって占められている（Kikuchi, 1968；図 2.21）．北海道十勝川の渓畔林においても，ケヤ

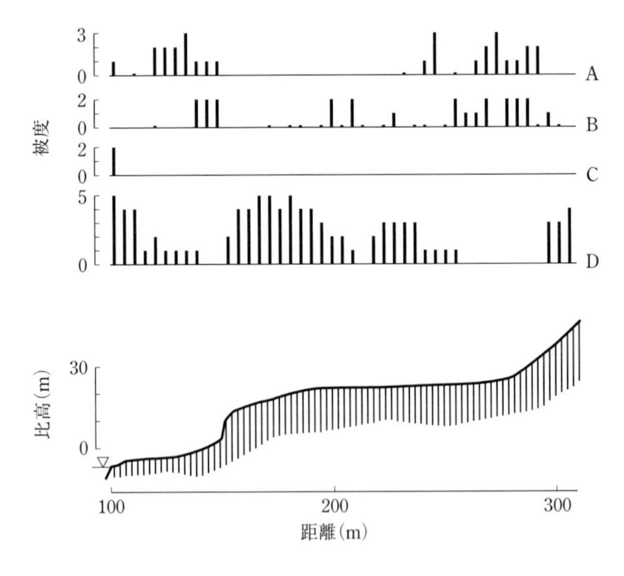

図 2.21　奥入瀬渓谷の氾濫原から河岸段丘における優占樹種の分布（菊池，2001 より）．A：サワグルミ，B：トチノキ，C：ケヤマハンノキ，D：ブナ．

マハンノキは水面から1m以内の渓流際に大部分が分布し（Nakamura *et al*., 1997），松前半島の渓畔林においては，相対照度が50%を超える渓流際の低位堆積地で優占していた．ここでのケヤマハンノキの樹高成長はサワグルミより有意に大きかったが，被圧された群落下層のケヤマハンノキの生残率はサワグルミより小さい傾向にあり，新しい稚樹の発生も見られなかった（佐藤，1992）．

上高地・梓川の山地河畔林は7つの群落型からなるモザイク構造をなしており，ケヤマハンノキ林は山地河畔林内の流路跡に沿って分布していた（進ら，1999）．この群落の樹齢は27-28年とほぼ同齢林を形成していた．またエゾヤナギ（*Salix rorida*）-ケヤマハンノキ林は山地河畔林内を流れる分派流路沿いに成立していた．これらの林床下にはケヤマハンノキの稚樹は見られなかった．栃木県日光市の中禅寺湖畔の山地河畔林においては，ヤマハンノキはオオバヤナギ・オノエヤナギなどとともに先駆樹種のグループで，河川際の比高の低い氾濫原に若齢林を形成していた（Sakai *et al*., 1999）．以上のように，ケヤマハンノキは典型的な先駆樹種の特性をもっている．

佐渡島の大河内沢で1995年に発生した土石流跡に侵入したケヤマハンノキの一斉林では，土石流の翌年から発芽・定着が始まり，その後，7年間ほど実生の発芽・定着が継続した．土石流の翌年に発芽した14年生の大きな個体では胸高直径12cm，樹高12mまで成長するなど，早い成長速度を示した．このようにケヤマハンノキが強光条件下で早い成長を示すのは強光利用型の光合成特性によっている（小池，1985）．一方で，成長の遅い個体や後から発芽定着した小さなサイズの個体では，個体間ですでに競争が始まり，被陰によって枯死が始まっている．カツラやサワグルミなども同じころに侵入しているが，ケヤマハンノキやオノエヤナギの下層木になっているものの，枯死することはなく，ゆっくりと成長を続けている（川上ら，未発表）．

以上のことから，ケヤマハンノキの更新立地は河川の水際のように洪水による高い頻度で攪乱が生じている場所と考えられる．

（7）オヒョウ

オヒョウ（*Ulmus laciniata*）は樹高25m，胸高直径1mに達し，北海道から九州まで冷温帯の沢沿いに分布する落葉高木である．開花・結実にははっきりとした豊凶が見られる．5月ごろ，開葉に先立って開花し，6月には成熟した種子が散布される．種子には翼がついており，風によって散布される．天然林内においては種子散布翌年の雪解け後まもなく，多数の稚樹の発生が観察されている（長坂，2000）．

オヒョウ種子の発芽実験によれば，明条件下では低温を経験することなく恒温・変温ともに発芽するが（65.2% および 35.5%），暗条件ではまったく発芽しない．暗条件では1回目の低温を経験した後でも発芽することはなく，2回目の低温後にようやく 50% 程度が発芽する（Nomiya, 2010；図 2. 22）．年によってはとり播きの種子の大部分が発芽することもあるので，オヒョウの発芽メカニズムについては不明な点が多い（長坂，2000）．また，覆土厚を変えた実験では，覆土厚 2 mm では当年に発芽する種子が見られたが，5 mm 以上では当年の発芽はわずかであった．光量は 3 mm の覆土厚で急減することから，当年発芽には明るい光環境が必要と考えられている（長坂，2000）．

発芽は，渓流際の砂礫地に多く，落葉が厚く積もった場所ではそれほど見られない．サワグルミの稚樹がギャップに依存して稚樹バンクをつくるのに対し，オヒョウの稚樹は，光環境とはそれほど関係なく，ランダムに分布する傾向が見られた．また，照度の低い林床ではサワグルミよりも成長速度・生残率ともに高く耐陰性が高い（佐藤，1992）．オヒョウの光合成特性は稚樹段階では弱光利用型である（小池・肥後，1986）が，いったんギャップが形成されて光環境が改善されると成長が促進される．

以上のことから，オヒョウは春先の開花後，初夏に種子を散布し，渓流際などの光のあたる砂礫地に散布された種子は，すぐに発芽する一方で，林内の暗い環境に散布された種子は翌年の春に発芽するというように，発芽の機会を分散する戦略をとっていると考えられる．この現象が散布された場所の環境によって生じているのか，遺伝的な種子の異型性によるかは明らかではない．

最近，日本各地でニホンジカによる森林の被害が広がっている．埼玉県秩父山地でも同様で（崎尾ら，2013），ウラジロモミ（*Abies homolepis*）とともにオヒョウが選択的に大きな影響を受けている．1995 年以降，ニホンジカによる剝皮が見られるようになり，現在では林内いたるところでオヒョウ

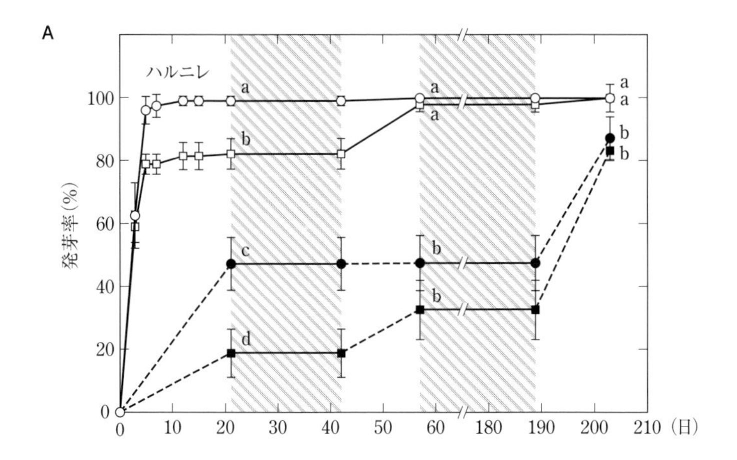

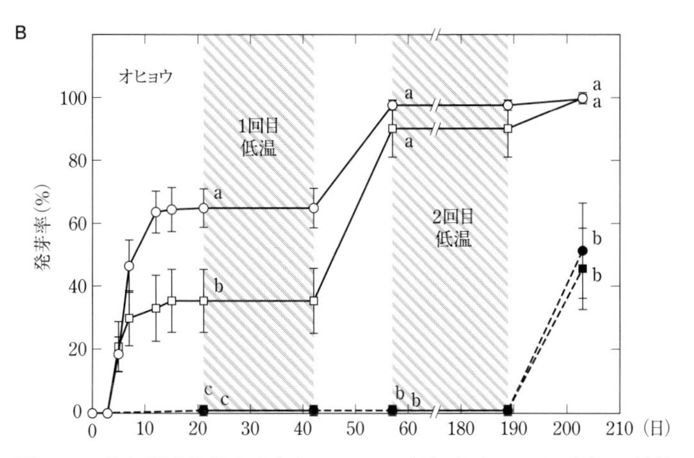

図 2.22　光と温度条件を変えたハルニレ（A）とオヒョウ（B）の発芽率（Nomiya, 2010 より）．○は変温での明条件，□は恒温での明条件，●は変温での暗条件，■は恒温での暗条件を示す．斜線は，湿性条件での低温順化の期間を示す．異なる英文字は，5% 水準でたがいに異なることを示す．

に影響が出ている．小さな木では幹のまわりの樹皮が剥がれ，枯死する個体も出始めている．直径 1 m 近い個体でも幹の周囲の樹皮が剥がされて枯死している（図 2.23）．近いうちにはオヒョウの個体群は地域的には絶滅する可能性も指摘されている．

図 2. 23　ニホンジカの食害を受けたオヒョウの幹（埼玉県奥秩父中津川の渓畔林）.

（8）ヤシャブシ

ヤシャブシ（*Alnus firma*）は樹高 15 m，直径 30 cm になる落葉高木で，福島県から紀伊半島の太平洋側，四国，九州に分布する．崩壊地や川原にすばやく侵入し，一斉林を形成する．河畔域では，その生育立地は河道に面した礫性の堆積地であり，ほとんどがこぶし大以上の粗い粒径の堆積物からなっている（阿部・奥田，1998）．一方で，乾燥した尾根沿いにも分布している．

河畔域に分布するヤシャブシ群落は，標高が高く積雪量が多い立地ではオノエヤナギやイヌコリヤナギ（*Salix integra*）などのヤナギ類と，標高が低く積雪量が少ない立地ではフサザクラ（*Euptelea polyandra*）やタマアジサイ（*Hydrangea involucrata*）と共存している（阿部・奥田，1998）．日本海側多雪地の河川では春季に融雪による洪水が発生し，ヤナギ類の更新適地が形成されるが，ヤシャブシの種子散布は冬季なので，散布された種子は融雪洪水によって流失すると考えられ，春先の融雪洪水がその更新にどのような影響を与えているかはよくわかっていない．これに対して，太平洋側の少雪温暖地域における河川の洪水は，夏から秋の台風によって生じ，この時期に山腹崩壊や土石流などの攪乱を受けることが多い．このような立地では，冬季に種子散布を行うヤシャブシが更新できる可能性が高い．

ヤシャブシの種子は小さく長さ 4 mm ほどで，遠くまで風によって散布する．丹沢山地の渓谷部では，発達段階の初期から中期にかけては先駆的な樹種であるヤシャブシやフサザクラが優占し，50 年を超える後期になるとケヤキやカエデ類の優占度が高くなっていた．そして，55 年以上の林分にはヤシャブシは出現しなかった．つまり，これらの林分でもヤシャブシやフサザクラが侵入したが，しだいに枯死し，ケヤキやカエデ類に取って代わられた．これらの河畔で見られる先駆樹種の数十年という存続期間は一世代の寿命とほぼ一致すると考えられる（阿部，1999）．

ヤシャブシはケヤマハンノキと同様に，山地緑化の肥料木として利用される（林業科学技術振興所，1985）．根には根粒が形成され，空中窒素を固定して利用している．そのために，秋になっても紅葉することなく，緑葉のまま落葉する．

（9）フサザクラ

フサザクラ（*Euptelea polyandra*）は本州・四国・九州の暖温帯から冷温帯の渓流に沿って見られ，小規模な山崩れが繰り返し生じる急斜面や渓流沿いの砂礫堆積地のような不安定な立地に群落を形成する（Sakai and Ohsawa, 1993, 1994）．また，治山・砂防工事のように人為的な攪乱を行った周辺の砂礫堆積地や林道の法面にも侵入するなど，先駆樹種として一斉林を形成する．

フサザクラは名前には桜がついているが，サクラの仲間ではなく，フサザクラ科に属し，1 科 1 属で日本にはこの 1 種だけが分布している．開葉前の春先に，花びらのない暗紅色の花を咲かせるところから桜の名がついたのかもしれない．開花結実の豊凶の差はそれほどなく，ほぼ毎年結実する．また，比較的若い個体から開花・結実を行う．2 m 程度の大苗を植栽した事例では，

4年後には開花結実が見られた．苗木の樹齢が5年程度であるので，発芽から10年もしないうちに開花したことになる．翼果は5-7 mm程度の大きさで，風によって散布される．

フサザクラの種子は散布翌年の春に発芽するものもあるが，1年休眠して翌々年発芽する種子も多い．奥秩父のシオジやカツラの優占する閉鎖林冠下の土壌のなかから，フサザクラの埋土種子がたくさん見出されており，かなり長期間埋土種子として生存する可能性も考えられる（久保ら，2008）．これらの種子は，土壌が攪乱され，ギャップが生じて林床に光が差し込んだ場合に発芽，成長し，短い期間で種子生産，散布を行い，また埋土種子をつくってその場所から消え去るのかもしれない．つまり，ギャップの間を転々とさまよい歩いていると考えられる．フサザクラの実生は小さく，発芽当年の個体サイズが小さいために，土壌が安定しリター層が厚く堆積している林床では発芽できず，草本が繁茂する場所では競争に負けてしまう．一方，斜面崩落が生じている不安定斜面では草本の侵入があまりないので，フサザクラの実生が定着可能なサイトとなっている．この場合も，しばしば生じる地表面の崩落のために，実生による定着の可能性は低い．

フサザクラは発芽後，定着初期は1本の幹であるが，萌芽幹を出すための休眠芽を貯えており，地際や幹の下部から多くの萌芽を発生させる（Sakai *et al.*, 1995；図2.24）．そのために，株立ちして複数幹をもつ個体が多く（図2.25），主幹が枯れても萌芽によって交代し，個体の寿命を引き延ばしている．不安定な立地において発生する萌芽のメカニズムは，根系の貯蔵物質を利用するのではなく，生存している萌芽の光合成によって新たな萌芽の発生を行っている．

フサザクラは，土壌層が薄く，不安定で岩質なところに分布する植物と考えられる．攪乱によって主幹が倒れた場合には，主根を発達させるのではなく，細かな側根によって植物体を支え，岩質の土壌から栄養分を吸収している（Sakai *et al.*, 1997；Sakai and Sakai, 1998）．

樹木の萌芽は，①修復と再生のための萌芽，②地上部の更新のための萌芽，③栄養繁殖としての萌芽，の3つのタイプに分類されている（酒井，1997）．修復と再生のための萌芽は，コナラ（*Quercus serrata*）やミズナラ（*Quercus crispula*）など日本の薪炭林で行われてきた定期的な伐採の後の萌芽更

図 2. 24　フサザクラの萌芽枝.

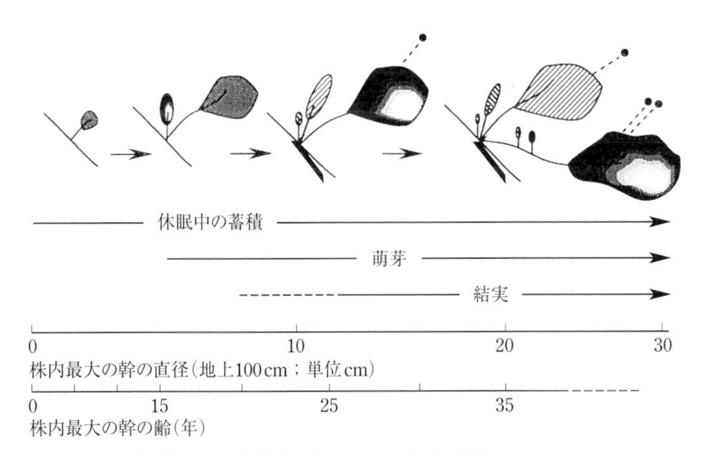

図 2. 25　フサザクラの生活史（Sakai *et al.*, 1995 より）.

新や，火事の後に萌芽によって植物体を再生させるような場合である．地上部の更新のための萌芽は，攪乱や損傷を引き金とはせずに自然発生的に地際から出す萌芽である．イヌブナ（*Fagus japonica*）（Ohkubo *et al*., 1988；Ohkubo, 1992）やカツラ（Kubo *et al*., 2005）がその例で，地上部を更新することで個体の寿命を引き延ばしている．栄養繁殖としての萌芽は，地表近くの水平根から根萌芽を発生するシウリザクラ（*Padus ssiori*）（小川・福嶋，1996），ニワウルシ（*Ailanthus altissima*）（Ingo, 1995），ハリエンジュ（ニセアカシア）（崎尾，2015），アメリカブナ（*Fagus grandifolia*）（Kitamura and Kawano, 2001），アメリカヤマナラシ（*Populus tremuloides*），オオバヤマナラシ（*Populus grandidentata*）（Farmer, 1962）などに見られる．フサザクラはその生育環境が表層崩壊地など不安定なために根返りを生じ，その損傷を修復するための萌芽を発生しながら，比較的短い寿命のなかで地上部を更新していくと考えられる．

(10) オニグルミ

オニグルミ（*Juglans mandshurica* var. *sachalinensis*）は，樹高 20 m になる落葉広葉樹で，北海道，本州，四国，九州に分布する．大きな群落を形成することはまれで，河川沿いや窪地などの湿り気の多いところに点状，パッチ状もしくは線状に分布する．

核果状の堅果は重力散布のほかに，殻の内側に空洞があり水に浮きやすいことから河川の流水によっても移動し，分布を拡大することが指摘されている（百原，1995）．いったん，海に流れ出た種子が海岸に打ち上げられて，そこで発芽し稚樹となっている個体もしばしば見られる．また，リス，ネズミ，カラスなどの餌として利用されるので，重力散布後に動物散布されることが明らかになっている（Tamura, 2001）．北海道のエゾリス（*Sciurus vulgaris orientis*）（松井ら，2004），本州のニホンリス（*Sciurus lis*）（Tamura and Shibasaki, 1996；Tamura *et al*., 1999），齧歯類（後藤・林田，2002）などの採食と散布の報告がある．

ニホンリスは，クルミを1個ずつ別々のところに貯える分散貯蔵を行い，遠いものでは 168 m 運ばれたものもある（Tamura *et al*., 1999）．実際に，リスによって地面に貯蔵された種子からの発芽も観察された．発芽は6月の初旬から8月中旬にかけて行われ，堅果落下の翌年および翌々年の2年にわたる（Seiwa, 2000）．種子の埋められた深さと発芽の関係を調べるために，地下3 cmと20 cmの深さに埋められた種子の発芽率が測定された（後藤・林田，2002）．播種2年後の発芽率は，林冠下でそれぞれ82%，80%，ギャップ下で83%，100%で生育環境や埋土の深さでは差が見られなかった．

河畔域の中州という空間的に隔離された立地でも，オニグルミの種子散布者であるアカネズミ（*Apodemus speciosus*）やニホンリスが生息している．これらの散布者によってオニグルミの種子は中州の比高に関係なく，地表が裸地化した場所にも散布され，分散貯蔵で埋土されることによって，堅果が流されることを防ぎ実生を定着させている（後藤・林田，2002）．オニグルミの堅果は9月から10月ごろに落下すること，また，落下してからすべて持ち去られるまでに1カ月程度かかる（後藤・林田，2002）ことから，台風などの洪水によって土中に貯蔵される前に下流に流失し，散布される可能性が考えられる．

オニグルミの葉は，一斉＋順次開葉型であるが，早く展開した1，2葉くらいの葉の寿命は短く，1カ月程度である（菊沢，1986）．また，実生のシュートの伸長は9月の初旬まで続き，葉の展開期間は60日にもおよぶ（Seiwa, 2000）．光補償点は，稚苗から成木に成長するにつれて増加し（小池，1988a），最大光合成速度も稚苗から成木に成長するにつれて増加している（Koike, 1988）．つまり，稚苗の光合成は暗い林床などの弱光下に適応している．

萌芽の発生能力に関しては，渓畔域への植栽実験がある．シオジ・オニグルミ・トチノキの苗木を渓畔域の治山ダム上流側の砂礫地に植栽した事例では，翌年の生存率はそれぞれ98，97，100%と高かったが，主幹の生存率は100，69，100%とオニグルミは約30%もの個体に主幹の枯死が観察された．これは，オニグルミでは植栽前の苗木の根切りによって，個体の水分や養分など地上部と地下部のバランスが崩れたためと考えられる．そのために，オニグルミはいったん，コストのかかる主幹を切り捨て，新たな萌芽を発生することで個体維持を図ったものと考えられる（崎尾，2002b）．このような萌芽の発生は，動物による食害や河畔域での攪乱による個体の損傷を補償するうえで重要な能力と考えられる（酒井，1997）．

(11) カラマツ

カラマツ（*Larix kaempferi*）は，マツ科カラマツ属の落葉性の針葉樹である．樹高 20-30 m，胸高直径は 1 m に達するが，高山の森林限界付近では，矮性化しテーブル状になる．雌雄同株で 5 月ごろに開花する．葉は長枝には単生し，短枝には 20-30 個が束生する．雄花も雌花も単枝につく．種子は秋には成熟し，風によって散布される．

東は宮城県から西は石川県まで天然分布している．長野県をはじめ，標高の高いところに戦後多くの人工林が造成された．典型的な先駆樹種，攪乱依存種であり，山火事跡地，山腹崩壊地，氾濫原などにいち早く侵入する．

上高地の梓川の河畔林には，ヤナギ林，ケヤマハンノキ林，ハルニレ・ウラジロモミ林に加えて，カラマツ林（図 2.26）がモザイク状に分布している（進ら，1999）．主として斜面の崩壊地や沖積錐上の角礫が多い立地に分

図 2.26　長野県上高地の山地河畔林カラマツ林．

布するとともに，明神池周辺などの湿潤な立地にも分布しているために，カラマツの優占林分の形成には種子散布時期と立地の形成時期のタイミングが一致していることや，定着初期の条件がカラマツの侵入に適していることが影響していると考えられている（進ら，1999）．

カラマツの植林において，排水性の悪い土壌や窪地など過湿な状態では，成長が悪く枯死する個体の多いことが知られている（薄井，1990）．カラマツの実生の滞水実験では，60 日間の滞水によって樹高，枝数，幹・根・個体の重量などが大きく減少すること，とくに根系では 20 日間の滞水によって，滞水した根系の重量がコントロールよりも小さくなることが示されている（Tsukahara and Kozlowski, 1984）．また，滞水がカラマツ実生の気孔コンダクタンスや純光合成速度に与える影響も調べられている（Terazawa *et al*., 1992）．気孔コンダクタンスと純光合成速度はともに滞水直後から減少し，コントロールと比較して気孔コンダクタンスは 35% に，純光合成速度は 25% にまで減少した．8 日間の滞水後，水から引き上げて 11 日間が経過してもこれらの値の上昇は確認されなかった．これらの実験によっても，カラマツが過湿な土壌において生育が阻害されることが確認されている．このような性質を保持したカラマツが一般に水環境が豊富と考えられている河畔林などに分布しているのは，立地環境のモザイク性に起因していると考えられる．渓流や河川周辺の水辺域では，砂礫や土砂の堆積状況によって部分的に乾燥した立地が出現している．礫質の基質が高く堆積した場所では，地下水位が低く，浸水したとしても水はけがよいためにそれほどカラマツの生育に関して影響を与えていないのかもしれない．長野県の赤石山脈北西部を流れる戸台川上流域の土石流氾濫原においても，カラマツの優占林分が認められるが（明石，2006），これも河川周辺では，場所によって光環境や土壌の水分環境が異なるなど立地環境のモザイク性が原因かもしれない．

カラマツは渓畔林や河畔林の構成種として水辺に分布する一方で，富士山などの亜高山帯から森林限界にかけても分布している．森林限界の最先端のように，厳しい乾燥にさらされる環境においては，とくにスコリアのような水はけのよい土壌では，樹木は乾燥に適応した根系を発達させる．富士山の森林限界のカラマツはシラビソなどよりも根系を深く発達させることで乾燥を避けている（Yura, 1988, 1989）．そのため，シラビソがオンタデ（*Acono-*

gonon weyrichii var. *alpinum*）などの草本の侵入によって環境が和らいだ植生パッチのなかに侵入するのに対して，カラマツはパッチの外の裸地で発芽・定着することができる（Sakio and Masuzawa, 2012）．いったん定着できれば，このような環境は成長に強い光を要求する先駆樹種にとって好都合である．

以上のように，カラマツは高山から渓畔林や河畔林のような水辺まで広い環境で分布しているが，どのような分布地域でも礫質のような比較的水はけがよく乾燥した土壌で日当たりのよい場所を選択して定着している攪乱依存種と考えられる．

(12) スギ

スギ（*Cryptomeria japonica*）は日本と中国の一部に分布する高木性の常緑針葉樹で，樹高 50 m，胸高直径は 2 m になる．その天然林は本州から屋久島まで分布するが，それぞれの分布地は局所的である（坂口，1983）．とくに，屋久島に分布する屋久スギと呼ばれる天然スギは，サイズの大きな個体が多く，寿命が数千年にもおよぶ．昔から日本における主要な造林樹種で，戦後は北海道と沖縄を除く全国各地で植林が行われた．沢沿いの湿った立地から尾根の乾燥した立地まで幅広く分布しているが，成長は沢沿いのものがよいことから，沢沿いを中心に植林されてきた．スギは雌雄同株で，春先に雄花と雌花をつける．雄花の花粉はスギ花粉症の原因にもなっている．

種子は光のよくあたる無機質の土壌で発芽し，早い成長を示す（図 2.27）．崩壊地や林道脇など攪乱を受けた立地に侵入している．林内の落葉層が厚い立地では発芽することは少ない．屋久島などの湿潤な環境では切株や倒木上でも更新するが，一般には夏の乾燥のために生存する個体は少ない．

日本海側多雪地のスギは，地面まで垂れ下がった枝が発根し，新しい幹として成長するクローナル成長である「伏条」と呼ばれる形態をとることが知られている（平，1994）．実際に遺伝解析を行った結果，多くのクローンの幹が確認された（長島ら，2015）．また，日本海側多雪地の天然スギ林では，実生由来の稚樹が少ないことが，各地に共通した特徴として報告されている（沖村ら，1961；丸山・紙谷，1986；大野，2011）．

図 2. 27　屋久島の道路際の人工的な斜面で一斉に更新したスギの稚樹.

(13)　サワラ

サワラ（*Chamaecyparis pisifera*）は，日本を代表する林業樹種であるヒノキ（*Chamaecyparis obtusa*）と同属の近縁種である．樹高 40 m にもなる高木で，岩手県以西，四国，九州まで分布する日本固有種である．

樹形はヒノキと同じであるが，枝の密度はヒノキより小さいために遠くから見ると幹が透けて見える．樹皮は灰褐色で，細かく縦に長く裂け，ヒノキよりもスギに似ている．鱗片状の小さな葉はヒノキと似ているが，サワラの葉の先端は尖っており，ヒノキの葉の裏面の気孔線が Y に見えるのに対して，サワラは X に見える．

サワラは，伏条による栄養繁殖を行うことが知られている（Moriyama and Yamamoto, 1994；Yamamoto *et al*., 1994）．サワラの稚樹の生枝下高の平均は 50 cm 程度で，稚樹高の増加とともに高くなることはない．また，枝の角度が低く，樹冠の直径が大きいために，下枝が地面に接しやすくなっている（Yamamoto and Moriyama, 1995）.

ヒノキの分布が尾根沿いであるのに対して，サワラの分布は沢沿いである．秩父山地では，沢沿いにシオジ-サワラ群集が分布しているが，圧倒的にシオジの分布域が広い（前田・吉岡，1952）．サワラは，サワラ-フジシダ（*Monachosorum maximowiczii*）-イワダレゴケ（*Hylocomium splendens*）群集として，これらの種のほかに，標徴種として林床にオシダ（*Dryopteris crassirhizoma*）を伴っている．シオジは山地帯の低部から上限域まで分布するが，サワラはシオジより高標高に分布し，標高 1000 m から 1700 m ぐらいの亜高山帯まで分布している．

林床はシダおよび蘚苔類が多く，それにスゲ類が混じっている．立地としては，大きなサイズの礫が林床を覆っていることが多く，山腹斜面からの崩落石や上流からの土石流堆積地に成林している．岐阜大学の位山演習林では，サワラ・アスナロ（*Thujopsis dolabrata*）・ヒノキの 3 種の針葉樹が沢沿い

図 2.28　岐阜大学位山演習林のサワラ渓畔林．林床にはサワラの稚樹が密生している．

から尾根に向かって，この順で分布し，サワラが渓畔域を占めている（図2.28）．サワラが渓畔域に優占する原因は不明であるが，大きなサイズの礫地に分布していることから，種子発芽や実生の定着サイトが山腹の崩壊や土石流によって生じた岩礫地である可能性がある．

(14) ヤクシマサルスベリ

ヤクシマサルスベリ（*Lagerstroemia subcostata* var. *fauriei*）は，シマサルスベリ（*Lagerstroemia subcostata*）の変種で屋久島・種子島・奄美大島に分布する日本固有種である．落葉高木で樹高は10 mになる．葉は対生し，夏に長さ10 cmほどの円錐の花序をつけ，多数の白花を咲かせる．環境省2012年レッドリストでは，準絶滅危惧種に指定されている（矢原ら，2015）．この樹種の詳細な生活史に関しては，ほとんど情報がない．

屋久島低地における渓畔林の種組成と立地環境を解析した結果，ヤクシマサルスベリはアカメガシワ（*Mallotus japonicus*）などの先駆性落葉樹やモクタチバナ（*Ardisia sieboldii*）など湿潤な立地を好む種群に含まれた（伊藤・野上，2005）．先駆的な樹種と湿性型の樹種が同じ出現傾向を示したことは，渓畔域が攪乱の影響を受けやすいことを示している．また，ヤクシマサルスベリが，河川規模が小さく渓床勾配が緩いことと対応していたことから，この種の出現する立地環境は低地小規模河川で土砂の堆積が起こりやすい渓畔であると結論づけている（伊藤・野上，2005）．一方で，胸高直径が60 cmを超えるヤクシマサルスベリの大木が同サイズのイスノキ（*Distylium racemosum*）などと隣接して分布することなどから，この種が渓畔特有の低頻度の大規模攪乱にも対応した生活史を有することも考えられる（伊藤・野上，2005）．実際に，屋久島西部の自然状態に近い照葉樹林が多く残存している国割岳の集水域60 haにおいてヤクシマサルスベリの全個体を調査した結果，実生をまったく確認できなかったことからも（伊藤ら，2006），この種が低頻度の大規模攪乱に依存していることがうかがわれた．ヤクシマサルスベリと同様に，奄美大島の渓畔で見られた近縁のシマサルスベリの多くの個体も，萌芽によって複数幹を形成していたが，これは低頻度の大規模攪乱に対応するために個体寿命を延ばすための生存戦略のひとつかもしれない（図2.29）．

図 2.29　奄美大島役勝川渓畔域に分布するシマサルスベリ．多くの個体が株立ちしている．

2.2　河畔林

（1）ハルニレ

ハルニレ（*Ulmus davidiana* var. *japonica*）は樹高 30 m，直径 1 m を超える冷温帯の落葉広葉樹である．河川が山地から平地に流れ出る扇状地や土砂が V 字谷に堆積してできた広い氾濫原を生息地とする山地河畔林の構成樹種である．北日本・北海道の扇状地に多く分布するが，分布域は九州にまで至る．ハルニレは春先に開葉に先立って両性花を咲かせる．種子散布は 5 月上旬から始まり，河畔や明るい林分のリターのない土壌では，散布直後の 6 月上旬に発芽するのに対し，暗い林内では翌年の春に展葉前の明るい林床で一斉に発芽する（Seiwa, 1997；図 2.30）．このようにハルニレ種子の発芽は，暗条件や遠赤外光で抑制される．室内発芽実験において，明条件では 42% の種子が発芽したのに対して，暗条件ではわずか 0.8% の発芽であった（清

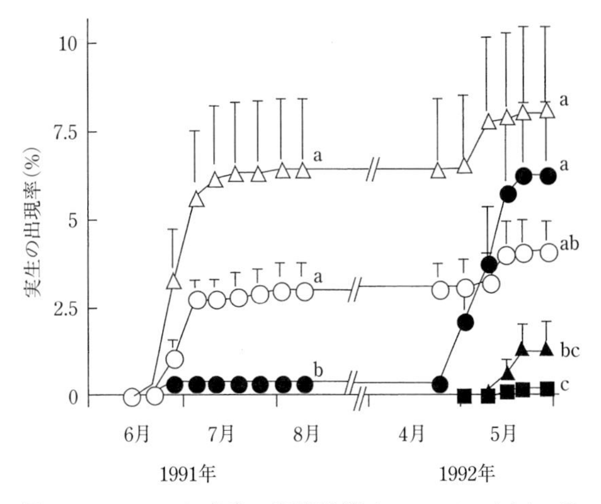

図 2.30　ハルニレ実生の出現時期（Seiwa, 1997 より）．○は河畔林の明るい林縁，△は小ギャップ，●は林冠下を示す．この 3 カ所は，植生を刈り取り，リターを除去し，鉱質土壌を裸出させた場所である．林冠下では草本を刈り取ったところ（▲）と無処理区（■）でもわずかに実生が出現した．

和，1992）．また，別の室内実験においては，明条件では 80（恒温）-99%（変温）の高い発芽率を，暗条件ではそれよりも低く，19（恒温）-47.2%（変温）の発芽率を示した（Nomiya, 2010；図 2.22）．暗条件で発芽しなかった種子を明条件に移すと高い発芽率を示したことから，短期間では二次休眠は誘導されずに，林冠ギャップなどが形成され光環境が改善されれば，速やかに発芽する可能性がある（野宮，2008）．このように，ハルニレでは発芽に不適な環境に散布された種子が二次休眠して，冬の低温で休眠が解除された翌春に発芽するために，発芽時期に夏発芽と翌春の発芽の 2 型が見られると考えられている．

ハルニレの種子はリター上では乾燥のために発芽が阻害されたり，種子サイズが小さいためにリターを突き破ることができなかったりする．このように厚く堆積したリター層は，ハルニレの小さな種子の発芽を抑制している（清和，1992；Seiwa, 1997）．実生の生存率は，河畔や明るい林分では散布当年に発芽したもののほうが翌春発芽したものより高く，林内では翌春発芽したもののほうが散布当年に発芽したものより高かった（清和，1994）．

攪乱のない傾斜の緩やかな安定した立地では，ハルニレは高木層にのみ分布し，亜高木層や低木層を欠いていた．一方，傾斜が30度の急な斜面に成立するハルニレ林は，リター層の移動・土砂の流失や堆積・倒木に伴う林床破壊によってしばしば地表が攪乱されており，このような場所で発芽定着していると考えられる（今・沖津，1995）．

栃木県日光市の中禅寺湖畔の山地河畔林のハルニレの分布と樹齢解析によれば，若い個体は流路に沿った比高の低い段丘に，高樹齢の個体は比高の高い段丘に分布し，ハルニレはドロノキやオオバヤナギと同様に，大規模で低頻度な河川攪乱に依存していた（Sakai *et al.*, 1999）．同様に，北海道の藻岩山の落葉広葉樹林においてもハルニレ林が大規模な山腹崩壊跡に成立したことが示されている（Namikawa, 1996）．また，浅間山の落葉広葉樹林においては，ハルニレが崩壊地の堆積面に分布していることが報告されている（今・沖津，1999）．このように，ハルニレの更新は，林冠層の破壊を含む大規模な斜面崩壊，地滑り，洪水，火山灰や軽石の降下などの再来期間の長い大規模攪乱によって引き起こされると考えられる．

一方，7つの群落型に分類された上高地・梓川の山地河畔林のうち，ハルニレ-ウラジロモミ林は氾濫原の中央部と斜面沿いに分布していた（進ら，1999）．そして，ハルニレ-ウラジロモミ林は，遷移後期樹種として山地河畔林でもっとも成熟した群落であると位置づけられている．ケショウヤナギ（*Salix arbutifolia*）・エゾヤナギ・ケヤマハンノキ・ドロノキが優占する先駆樹種の低木林が若齢林に成長し，立地が安定するとハルニレやウラジロモミが侵入する．そして大きな攪乱が起きずに先駆樹種が枯死すると，林冠ギャップの形成による光環境の改善によって成長が促進され林冠木へと成長する．この場合も，初期のヤナギ類の定着には河川の氾濫による大規模攪乱が必要となる．ヤナギ類の侵入後，ハルニレが定着する際には，林冠木を破壊しない程度の増水による地表攪乱が生じていると思われる．

以上のように，ハルニレの更新は大規模攪乱後に直接侵入し林冠木を形成する場合と，ヤナギ類などの先駆樹種が形成された後に遷移後期樹種として侵入するケースが見られる．後者の場合は，ギャップの形成による光環境の変化や，洪水によって林冠木は破壊されないが林内の掃流によって有機物層が流失し砂礫層が堆積した場合には，ヤナギ類やケヤマハンノキの林床にハルニレが定着し更新することができる．つまり，林冠層が形成された後に林床植生のみを破壊する穏やかな攪乱が生じた林床ではハルニレは発芽しやすく，土壌が直射日光にさらされないために乾燥しにくく稚樹にまで成長することができる（和田・菊池，2004）．上高地の梓川のような河川幅が広く網状流路が発達して流路変動が頻繁に起こることが，遷移後期樹種として侵入できる条件と考えられる．このようなハルニレの更新パターンの相違は，斜面傾斜などの地形や河川の攪乱体制の違いが原因と考えられる．

（2）ヤナギ類

ヤナギ科植物は，これまで日本においてヤナギ属（*Salix*），ケショウヤナギ属（*Chosenia*），オオバヤナギ属（*Toisusu*）およびドロノキ属（*Populus*）の3属に分類されてきた．しかし，近年では，DNA解析にもとづく最新の分子系統分類体系によって，ケショウヤナギ属とオオバヤナギ属をヤナギ属に含め，ヤナギ科をヤナギ属とドロノキ属に，さらにトゲイヌツゲ属とクスドイゲ属を加えた合計4属に分類するようになってきた（大場，2010；邑田・米倉，2012）．

ヤナギ属は雌雄異株の落葉広葉樹で，河川の上流域から下流域に至るまで，日当たりのよい水辺に分布している先駆樹種である．また，ミヤマヤナギ（*Salix reinii*）などのように高山にも分布している．一般に春先の葉の展開前か展開と同時に開花し，短期間に柳絮（りゅうじょ）と呼ばれる毛をもった種子を成熟させ，遠距離まで散布させる．種子の寿命は比較的短い．

北海道の河畔に分布するエゾヤナギ・エゾノキヌヤナギ（*Salix schwerinii*）・エゾノカワヤナギ（*Salix miyabeana*）・オノエヤナギ・タチヤナギ（*Salix triandra*）・シロヤナギの6種のヤナギ類の種子の性質が比較された結果，種間に違いが見られた（新山，1983）．子房あたりの胚珠数はシロヤナギの4個から，タチヤナギの32個まで6種の間で異なっていた．23℃で発芽させたときの種子の発芽能力は日が経つにつれて急激に減少していく．エゾノカワヤナギ・オノエヤナギ・シロヤナギでは差がないが，エゾヤナギ・エゾノキヌヤナギ・タチヤナギは早めに発芽率が低下した．6種とも種子採取後，10–14日間は80%以上の発芽率を示しているが，実験開始後，

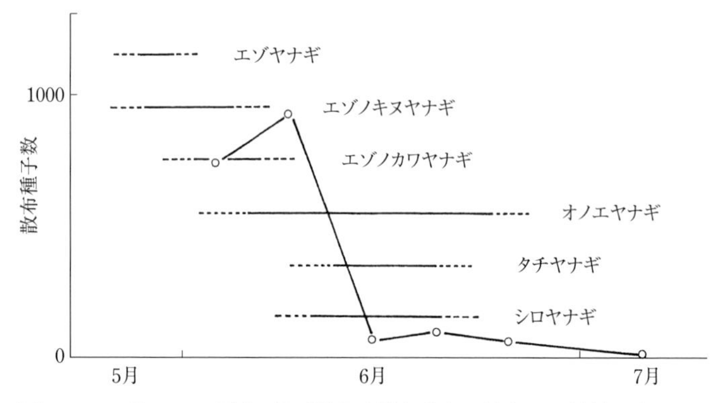

図 2.31　6種のヤナギ類の種子散布時期と水盤で採取した総種子数（新山, 1983より）. 折れ線が散布総種子数（6種合計）を示す.

35-45日で発芽率は0%になった（Niiyama, 1990）.

ヤナギ類の開花時期を比較した研究はあまりないが，福島県伊南川河畔林のヤナギ林では，ユビソヤナギの開花が4月上旬でもっとも早く，引き続きオノエヤナギ，5月上旬にシロヤナギとなっている.

ヤナギ類の種子散布時期は，種によって異なっている．エゾヤナギが5月下旬ともっとも早く，次いでエゾノキヌヤナギ，続いてエゾノカワヤナギ・オノエヤナギ，そしてタチヤナギとシロヤナギがもっとも遅く種子散布を行っている（新山，1983；Niiyama, 1990；図2.31）．多くのヤナギ属の樹種が6月ごろまでに種子散布を終えるのに対して，オオバヤナギの種子散布は，8-9月と遅いのが特徴である.

多雪地帯ではヤナギの種子散布時期は，融雪洪水の河川の水位低下と一致するために，種子の散布時期に対応した配列が見られる．ヤナギの種子は水際で発芽するために，異なる散布時期のヤナギの実生が水際から数列の列状に分布することがある．また，河川の土壌の物理性の違いがヤナギ類の種子の発芽定着に重要な要因となっている．エゾヤナギとエゾノキヌヤナギは礫質土壌に，タチヤナギは粘土質の土壌によく見られたが，エゾノカワヤナギとオノエヤナギはさまざまな土壌に見られた．このような土壌の物理性と実生の根系には関係があり，礫質土壌には直根性の著しいエゾヤナギが分布し，粘土質土壌では直根の発達が見られないタチヤナギが分布する（新山,

1983）．河川では上流から下流に向かって堆積する土壌粒径が小さくなるが，北海道の河川においては粘土質の土壌が多い下流域にはタチヤナギが，上流域にはエゾヤナギが分布している．鬼怒川においてもタチヤナギは表層堆積物がすべてシルトか細砂であった（吉川・福嶋，1999）．北海道のヤナギ属樹木の分布する河川勾配はタチヤナギ 0.05-1‰，エゾノカワヤナギ 0.05-5‰，オノエヤナギ 0.05-20‰，エゾノキヌヤナギ 0.05-20‰，エゾヤナギ 1-20‰，ケショウヤナギ 2-15‰，オオバヤナギ 4-25‰で樹種によって違いが見られた（石川，1980）．東北地方の河川でも，タチヤナギは河床勾配が 3‰以下の流れの緩やかな平野部や盆地の泥質の堆積物の厚い立地に分布し，オノエヤナギは礫質から泥質まで河川の上流から下流まで幅広く分布し，オオバヤナギやドロノキは上流部のみに出現する（石川，1982；図 2.32）．

ヤナギ類は，種子による実生繁殖のほかに，栄養繁殖することが知られている．ヤナギ類の枝からの発根能力は高く，昔からヤナギ類の増殖はこの性質を利用して行われてきた（東，1979）．ヤナギ類の枝を水に浸けておくと，1 週間も経たないうちに発根してくる（図 2.33）．河川においても上流から流れてきたと思われる枝から発根しているのを見かけることがあるが，このような栄養繁殖が河川のヤナギ類の更新にどれだけ貢献しているかは，ほとんど研究が見られない．上流の個体から枝が折れるか，洪水などの攪乱によって根こそぎ流下したものが，土砂に埋没あるいは砂礫地に引っかかり，挿し木と同様の状態となり定着し，不定根と新条を発生させている可能性が，最上川上流の立谷沢川で調査された（佐藤・中島，2009）．平均礫粒径の大きな河川敷では栄養繁殖と考えられる流枝由来の個体が 88% と高い割合を占めていたのに対して，粒径の小さな場所では，その割合は 20% と低く，大部分が実生由来の個体であった．これは，粒径が大きい場所ほど礫による枝の補足効果が大きいからと考えられている．また，不定根と新条を発生させるためには養分が必要であることから，枝のサイズが直径 0.8 cm および長さが 30 cm 以上あることが定着するうえで有利なことが示された．

2011 年の「新潟・福島豪雨」で伊南川の洪水で破壊されたヤナギ林において，堆積した土砂に埋没したヤナギ類の枝や幹から新たな萌芽が発生して生育を続けていることが確認された（第 4 章参照）．この萌芽の成長は，同時に発生した実生個体よりも早いことが確認されており，ヤナギ林の更新に

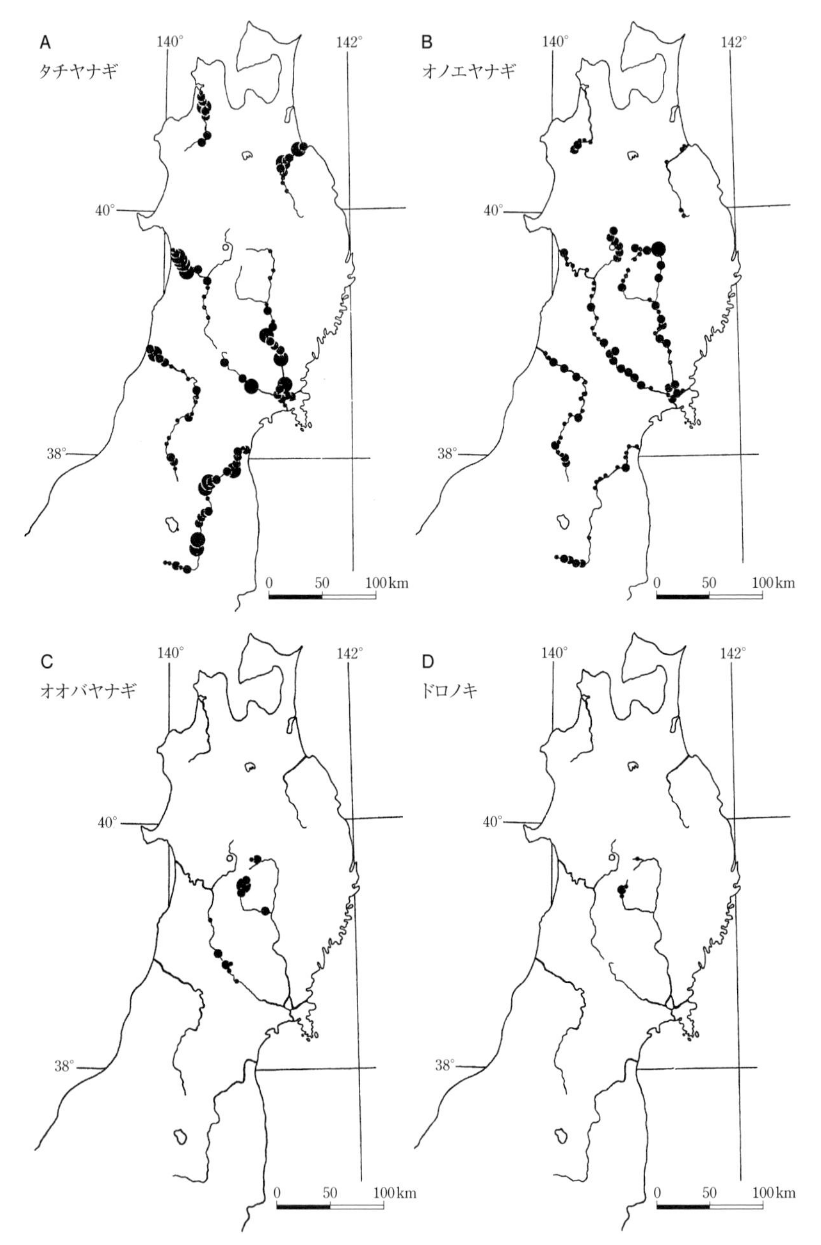

図 2. 32　東北地方におけるヤナギ類 4 種の河川流域における分布（石川，1982 より）.

図 2. 33 水中で切枝から発根したヤナギ類.

寄与することが示唆されている.

以上のように，これまでヤナギ林は実生による更新を行うことが報告されてきたが，実際にはかなりの規模で栄養繁殖を行っている可能性も考えられる.

ユビソヤナギ

ユビソヤナギ（*Salix hukaoana*）は，1972 年に群馬県の水上町（現・みなかみ町）の湯檜曽川沿いで発見された日本固有のヤナギ科植物である（Kimura, 1973）．2000 年の環境省レッドデータブックには絶滅危惧 IB 類に指定されていたが（矢原，2003），その後，東北地方の河川上流域で相次いで分布が確認された（大橋ら，2007；菊地・鈴木，2010；指村ら，2010）ことを受けて，2007 年には絶滅危惧 II 類に改定された．このため，ヤナギ科樹木のなかでも注目度が高く，近年，分布（鈴木・菊地，2006；大橋ら，2007；菊地・鈴木，2010；指村ら，2010），生活史（坂・井出，2004；福島県只見町教育委員会，2006），更新特性（指村・井出，2007；指村ら，

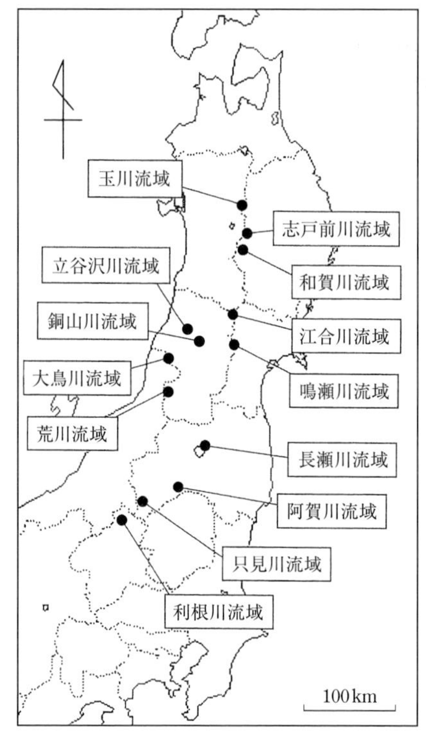

図 2.34　東北地方におけるユビソヤナギのおもな自生地（菊地・鈴木，2010より）．

2008；指村・井出，2009），遺伝特性（Kikuchi *et al.*, 2011）などについて多くの研究が行われた．

当初，ユビソヤナギは湯檜曽川のみに分布すると考えられていたが，北関東から東北地方にかけて点々と隔離分布していることが明らかになった（菊地・鈴木，2010；図 2.34）．従来，脊梁山脈直下の太平洋側に限定されていた分布は，只見川流域などにおける新たな分布発見によって日本海側の多雪地帯にまで拡張された（鈴木・菊地，2006）．岩手県から湯檜曽川を含む利根川上流域の自生環境は，温量指数 60.1–85.5，最深積雪 80 cm 以上，河床勾配 0.1–6.3% の範囲にあり（指村・井出，2009），東北地方の秋田県から山形県の日本海側では，それぞれ，59.9–87.8，217–361 cm，0.5–4.5% であった

(菊地・鈴木，2010)．ユビソヤナギの分布域は，渓谷部から扇状地に移行する河床勾配が緩くなる部分にあたり，土砂が堆積し比較的広い谷底をもつ氾濫原が発達している．このような立地に成立する水辺林は，山地河畔林と呼ばれており（崎尾，2002a），ユビソヤナギは山地河畔林に限定して分布しているといえる（鈴木・菊地，2006）．

ユビソヤナギは樹高 10 m を超える高木の雌雄異株のヤナギで，大きな個体では樹高 25 m，胸高直径 50 cm にもなる（鈴木・菊地，2006）．オノエヤナギとよく似ているが樹皮が黒っぽく，樹皮の内側が黄色いのが特徴である．湯檜曽川に分布する 225 個体では雌雄の性比に偏りは見られず，胸高直径分布にも差が見られなかった（坂・井出，2004）．それに対して，福島県伊南川の樹齢 13 年生の 71 個体では雌雄の性比に偏りは見られなかったが，平均胸高直径は雌個体のほうが小さく，最小開花個体も雌個体のほうが小さかった（福島県只見町教育委員会，2006）．

ユビソヤナギは成長が早く 30 年で樹高 15 m，胸高直径が 40 cm になる（福島県只見町教育委員会，2006）．4 月上旬に開花し，果実は 5 月に成熟して裂開し種子が散布される．ユビソヤナギはオノエヤナギやオオバヤナギ，シロヤナギと同所的に分布しているが，まだ雪の残っているころにほかのヤナギ類より早く開花を始める（図 2.35）．2014 年 5 月 10 日に福島県只見町の伊南川において観察したところでは，シロヤナギは雌雄の花序ともに満開であったが，ユビソヤナギの雄花序はすでに落下し，雌花序は成熟し柳絮と呼ばれる綿毛に包まれた種子を出していた．また，ユビソヤナギの開花時期，種子散布時期は，オノエヤナギより 1 週間早いことが確認されている（坂・井出，2004）．オオバヤナギは 1 カ月ほど遅れて開花し，種子散布は 8-9 月とかなり遅いことが知られている（図 2.36）．散布された種子は，採取後は 100% の発芽率を示したが，常温で保存した種子は急激に発芽率が低下し，明条件では 17 日で発芽しなくなった（坂・井出，2004）．

湯檜曽川氾濫原における実生の消長に関する研究によれば（指村・井出，2007），ユビソヤナギとオノエヤナギは毎年多数の実生が出現しているが，オオバヤナギには年変動が見られた．ユビソヤナギとオノエヤナギは先駆性が高く，春の融雪洪水による高い水位を利用しているが，オオバヤナギは，先駆性が弱く，秋の降雨による地表水を利用して発芽定着していると考えら

図 2.35　4月上旬に積雪の上に落下したユビソヤナギの雄花序.

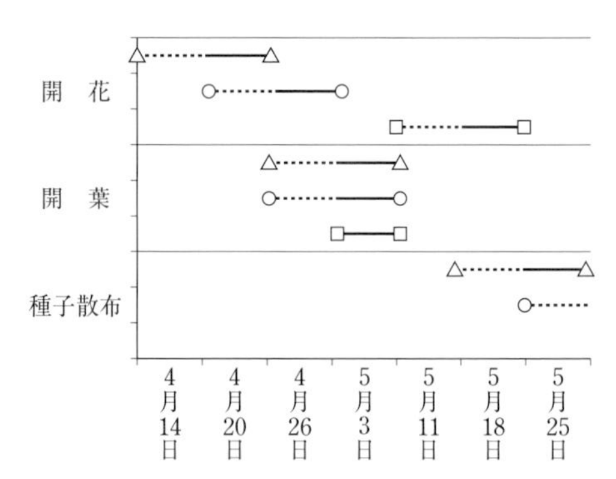

図 2.36　ヤナギ3種の開花・開葉・種子散布のフェノロジー（坂・井出, 2004より）. △はユビソヤナギ, ○はオノエヤナギ, □はオオバヤナギを示す.

れている．これらの3種のヤナギ類は，比高が高く，粗い土性の立地に出現するが，ユビソヤナギはこれらの3種のなかでは中間の立地環境で定着していた．また，利根川上流域における生育地と非生育地を比較したところ，ユビソヤナギタイプの林分は，集水域の地質に占める花崗岩類の割合が85.6%を超えるパッチにすべて分布した（指村・井出，2009）．ユビソヤナギはオノエヤナギより粒度の粗い砂質の立地で生残しやすいために，風化するとマサと呼ばれる砂質のマトリクスを供給する花崗岩の多く占める流域に分布すると考えられる．

以上のように，ユビソヤナギの自生地は，ケショウヤナギと同様，扇状地のように流路変動を繰り返すような山地河川流域に限られており，実生の更新には河川の自然攪乱によって形成される氾濫原が必要であると考えられている（Suzuki and Kikuchi, 2008）．ユビソヤナギの寿命が約50年と短い（Suzuki and Kikuchi, 2008）ことから，この樹種の更新には流路変動などの河畔林を破壊するような大規模な河川攪乱が20–30年間隔で生じる必要がある．しかし，このような河川環境はダム開発による流量の平均化や河川改修による河川幅の減少によって急激になくなりつつある（渓畔林研究会，2001）．2011年7月の新潟・福島豪雨の後，現地に入って，ユビソヤナギの更新状況を調査した．只見川と伊南川の合流地点で河川幅が拡張している氾濫原において，新たに土砂が堆積した砂礫堆に多くのユビソヤナギの実生が定着していた．ユビソヤナギの保全には，たんなる生育地の保護だけではなく，河川における自然の攪乱体制を保つような河川管理が求められる（Suzuki and Kikuchi, 2008）．

ケショウヤナギ

ケショウヤナギ（*Salix arbutifolia*（*Chosenia arbutifolia*））は，1本立ちで，樹高20–30 m，直径1 mになる落葉高木，東アジアに固有な植物で日本では北海道北見・十勝地方と長野県梓川上中流域に隔離分布する．主要な分布地は，サハリン，東シベリア，沿海州，朝鮮半島，中国東北部などである．

ケショウヤナギは雌雄異株で，上高地では4月下旬から5月に葉の展開と同時に開花する．多くのヤナギ属では花の腺体から昆虫を呼ぶための蜜を分泌するが，ケショウヤナギは雌雄ともに腺体がなく，風媒花である．果実は

6-7月に成熟して裂開し散布される．ヤナギ属では一般に枝からの発根能力が高く，この性質を利用して挿し木による増殖が行われている（東，1979）．しかし，ケショウヤナギは，挿し木で萌芽するものの発根せず定着することはない（東，1965）．また，特別の処理をすれば発根率は47%になるものの（佐藤，1985），自然状態では実生更新に依存していると考えられる．

長野県上高地においてケショウヤナギは，さまざまな発達段階の森林のパッチにおいて林分の優占種となっている（進ら，1999）．ケショウヤナギは発芽後，直根を速やかに深く伸ばすことができる特性をもっているために（Ishikawa, 1994），地下水位の変動が激しく，表層が乾燥しやすい河床砂礫部でも優占することができる（進ら，1999）．生育地の土性は，オオバヤナギと似ており，礫含量が50%以上の土壌にしか分布していなかった（新山，1989）．その結果，ほかのヤナギ科植物に比べて，優占度の高い群落を形成している（新山，1989）．オオバヤナギやドロノキのように氾濫原の狭い渓流に分布しないことから，土壌環境以外の日射量などがケショウヤナギの分布を制限している可能性がある．ケショウヤナギはオオバヤナギより個葉面積や比葉面積（SLA）が小さく，強い光や乾燥した環境に適応した形態をとっていること（本間ら，2002）もその理由と考えられる．ケショウヤナギはオオバヤナギと同じく萌芽など栄養繁殖の能力が低いことから，もっぱら実生更新を行っている．10年生未満でもかなりの量の果穂を着生し，10年生を超えると1母樹で100万粒を超える種子生産を行うこともある（斎藤ら，1995）．そのため攪乱がなければ高木に成長し，100年を超える長期間生存し（進ら，1999），毎年大量の種子を生産し続けることができる．

ケショウヤナギは，山地河畔林において網状流路が発達する河川に分布している（進ら，1999；Shin and Nakamura, 2005；Nakamura *et al.*, 2007）．北海道の歴舟川の調査では，ケショウヤナギ優占林とケショウヤナギ・オオバヤナギ・ドロノキが優占するヤナギ林は河川幅の広い網状流路でそれぞれ25%，41%を占めていたのに対し，河川幅の狭い穿入蛇行流路ではそれぞれ10%，32%と低かった（Shin and Nakamura, 2005）．また，ケショウヤナギは生活史段階によってその生存立地が異なっており，平均林齢7.5年の稚樹はすべて砂礫堆に，繁殖個体の多くは，低位氾濫原には樹齢17.5年が，高位氾濫原には樹齢29.8年の林分が分布していた（Nakamura *et al.*, 2007；図

2.37）．この河川では河畔林を破壊する攪乱は網状流路では35.7年，蛇行流路では49.8年周期で起きており，このような比較的短い攪乱周期がケショウヤナギの更新に重要な役割を果たしていると考えられる．

上高地の河畔林においては，最近50年間では河畔林の全域が一度に破壊されるような攪乱はなかったが，毎年河床の数％が流路変動の影響を受けて，河畔林の部分的な破壊と回復が繰り返し起きていた．この部分的破壊によって生じた立地にケショウヤナギのさまざまな生育段階の林分が形成されており，これらの攪乱体制が維持されることによって上高地の個体群が維持されてきたと考えられる（進ら，1999）．そもそもケショウヤナギが北海道と長野県に隔離分布しているのは，歴史的にこの種が個体群を維持するためには，河川幅の広い網状流路をもった攪乱頻度の高い立地を必要とし，このような地形が日本列島の形成のなかで，非常に限られた場所にしか存在しなかったことに起因すると思われる．ちなみに，シベリアなど河川勾配が緩やかで広い氾濫原をもつ地域ではケショウヤナギは優占種として流域に広く分布している．

ケショウヤナギは2000年刊行の環境省レッドデータブックでは，絶滅危惧Ⅱ類に指定された．しかし，現在では，このランクは過大評価とされ，2012年公表の環境省レッドリストにはケショウヤナギは記載されていない（矢原ら，2015）．しかし，とくに長野県の集団は上高地とその下流域に限られ，絶滅が危惧される状況にあることに変わりない．近年，上高地周辺では蛇籠（太い針金で編んだ網のなかに，玉石を詰めて設置する河川工法の一種）を使用した堤防や床固め工があちこちで設置され，河川が人工化されつつある（図2.38）．この工事によって，これまで大雨の際に流路変動が生じてきた網状流路の動態がより固定されたものとなり，新たな砂礫堆積地の出現頻度が低下することが予想されている．そのためケショウヤナギの発芽サイトである砂礫地が少なくなり，河畔林の構成種はハルニレやヤチダモ，ウラジロモミなどの遷移後期樹種へと遷移していき，先駆樹種であるケショウヤナギは将来減少していくことが危惧されている．希少植物を保全していくためには，現在，分布している個体だけを保全するのではなく，その種が生活史を全うできるような環境そのものを保全していくことが重要である．とくに，河川の環境に依存した生物の保全には，河川の動態そのものを保全し

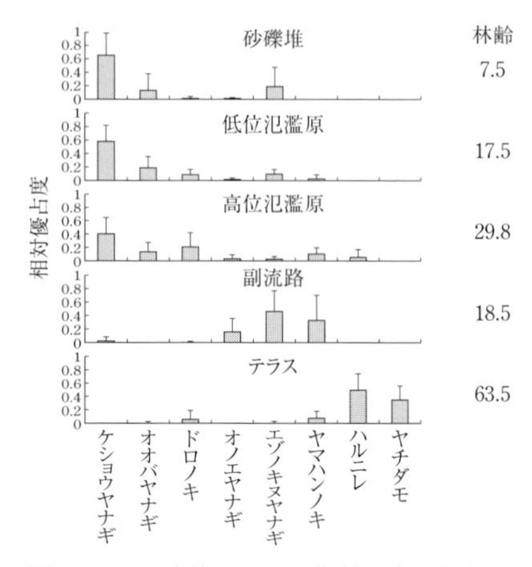

図 2. 37　河畔林における樹種分布と樹齢および立地の関係（Nakamura *et al*., 2007 より）．

図 2. 38　蛇籠によって流路が固定された長野県上高地の河川．

ていく必要がある．

北海道の十勝川水系の札内川において，札内川ダムが1998年から運用開始された．運用後は，ピーク流量は2分の1以下に減少し，変動幅も小さく，平滑化した．ケショウヤナギを優占種とする樹林面積は約20% 増加し，砂礫地面積は約75% 減少した（田崎ら，2007）．このような河川攪乱の減少は，ケショウヤナギの実生が定着し更新する新たな生育地の形成を減少させ，長期的には種の存続を危うくさせる可能性がある．

（3）ムクノキ・エノキ

エノキ（*Celtis sinensis* var. *japonica*）はムクノキ（*Aphananthe aspera*）とともに河川沿いの沖積低地で群落を形成し，植物社会学的にはムクノキ-エノキ群集としてまとめられている．エノキは同じ株に雄花と両性花をつけ，風媒によって受粉する．果実は核果で夏から秋にかけて緑色から赤褐色へと変化する．ムクノキは雄花と雌花をつけ，核果は夏から秋にかけて緑色から黒紫色へと変化する．双方の種とも核果は熟すと甘い果肉をつけ，鳥類によって消化され，種子が糞とともに落ちることによって分布を広げる，典型的な鳥散布型種子である．これらの2種は，河畔域において共存することがこれまでの研究で知られている（野嵜ら，2001；松岡・佐野，2003；比嘉ら，2006；崎尾ら，2006）．

エノキとムクノキの種子は，秋に熟すと鳥によって散布され翌年の春に発芽する．この両種の休眠発芽特性，実生の成長に関して行われた実験によると，ムクノキの種子は，果肉を取り除いた後，保存条件の違いにかかわらず発芽した（比嘉ら，2006）．一方，エノキは冷湿保存と野外保存（砂中）では，保存期間が長くなるにつれて発芽率は上昇したが，冷乾保存や室内保存など乾燥条件では，まったく発芽しなかった．

実生の成長と環境条件の関係について行われた実験では，エノキの実生の生存率は，地下水位が－1 cm と－15 cm に比べて雨水のみでは低かった．ムクノキの実生の生存率は雨水のみでは，粗砂で低く，地下水位が－15 cm では細砂で低かった．2種の実生の生存率を，相対光量子密度100%，雨水のみの条件，つまり自然の河原に近い条件で比較すると，ムクノキはエノキより早く生存率が低下した．

河川の砂礫堆上の当年生実生・稚樹の分布と流路からの距離，水面からの比高，最大礫径，表層堆積物の平均粒度，群落高との関係を見ると，エノキの定着個体数はすべての定着要因と相関がなかったが，ムクノキは群落高の高い場所に分布する傾向が認められた．また，2種の当年生実生はともに同種個体の階層高が1.5 m 以上の場所で確認された．2種の当年生実生・稚樹が確認された場所の群落では，まだ結実が行われていないことから，鳥類の

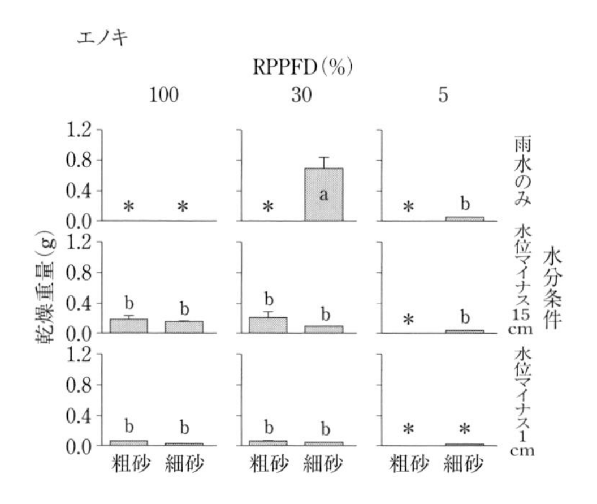

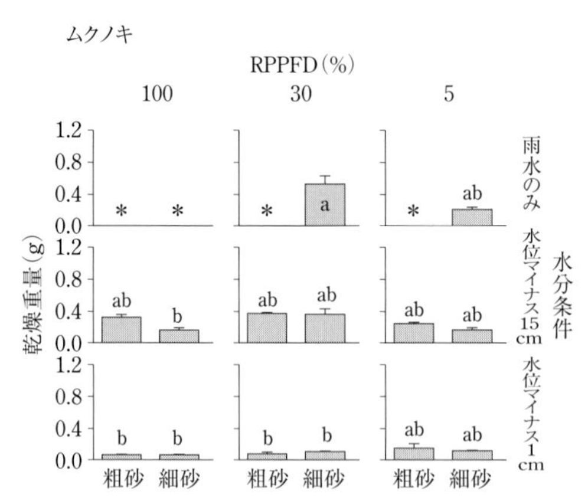

図 2.39　異なる光・水分・土壌環境で育てたエノキとムクノキの成長量の違い（比嘉ら，2006 より）．

止まり木効果によって種子が散布されたと考えられる．

埼玉県の荒川中流域の河畔林の構造を調べた結果では，堤防に近い河川敷は樹高 20 m を超える林分が形成されており，エノキ・ムクノキ・ケヤキが林冠木を形成していた（崎尾ら，2006）．しかし，流路に近い疎林ではムクノキやケヤキはなくなり，エノキがクヌギ（*Quercus acutissima*）と混交していた．エノキが河川攪乱の頻度の高い流路側に分布している理由は，流路側は日当たりがよく，土壌水分が欠乏しているのでムクノキよりエノキの実生の生存に適しているからと考えられる（比嘉ら，2006；図 2.39）．

河川の流路に近く明るい疎林にエノキの種子が最初に侵入した理由として鳥による散布を否定できないが，エノキの種子が 1 年間は埋土種子として休眠することや，河川域の植物の種子散布には水散布も行われていることから（Kohri *et al.*, 2002；崎尾，2015），エノキの種子が洪水の際に土砂とともに流下してきて下流で発芽・定着する可能性も否定できない．

2.3　湿地林

（1）ハンノキ

ハンノキ（*Alnus japonica*）は，カバノキ科ハンノキ属の落葉広葉樹である．日本の冷温帯域の湿地林を構成する樹種で，樹高 10–20 m，胸高直径 60 cm に達する高木である．花は風媒花で暖地では 11 月，寒いところでは 4 月に葉の展開する前に開花する．雌雄同株で雄花序は枝先に垂れ下がって咲き，雌花序は雄花序の下につく．果実は 10 月ごろ熟し，翌年の春先まで風散布される．

ハンノキは北海道から沖縄まで日本全土に分布するとともに，南千島，サハリン南部，朝鮮半島，中国東北部，ウスリー，台湾にも分布している．また，低地から山地帯まで分布する．かつては沖積平野の河川の後背湿地で普通に見られる樹種であったが，近年は，河川開発とともに生育地が失われ，東北地方以南では自然の林分はきわめて少なくなった（冨士田，2009）．現在残っている代表的なハンノキ湿地林は北海道の釧路湿原国立公園にある．そのために，ハンノキの研究は群落（新庄，1978, 1982；新庄ら，1988,

1995；長谷川ら，2003）や立地（Fujita and Kikuchi, 1984, 1986）に関するものが多く，種生態や更新機構に関しては，あまり明らかになっていない．

ハンノキ類は毎年結実し，種子生産をまったく欠く凶作年はない（公立林業試験研究機関共同研究グループ，1983）．しかし，ケヤマハンノキでは，数年ごとに訪れる豊作とほとんど結実しない大凶作のあることが知られている（渡邊，1994）．発芽実験によれば，ハンノキの種子は，土砂に浅く埋まって水分が十分にある状態，水に沈めた状態（水深2 cm），水に浮かんだ状態，ミズゴケのマットが発芽床になる場合のいずれの条件でもよく発芽した（冨士田，2001）．このことから，ハンノキの種子は河川水によって散布されている可能性も考えられる．ハンノキ林内や周辺のヤナギ林でハンノキの実生を見かけることは少ないことから，低頻度で大規模な洪水などの攪乱の際に更新している可能性も大きい．

ハンノキはケヤマハンノキやシラカンバとともに先駆的な性質をもっていることが知られている．広葉樹の稚苗を寒冷紗で覆った7% 程度の被陰条件で生育させた場合に，ハンノキはドロノキとともに8月ごろまでに枯死した（小池，1991）．シラカンバやケヤマハンノキが翌年まで生存したことと比較すると，ハンノキの光要求性は非常に高いと考えられる．このことが，ハンノキの稚樹や実生が林内で確認できない原因かもしれない．

ハンノキの成長は，苗畑での測定では，発芽当年の秋で平均5 cm（2-7 cm），2年生では27 cm（9-47 cm）と，同じ先駆樹種のシラカンバ（当年平均16 cm，2年生平均87 cm）やケヤマハンノキ（当年平均11 cm，2年生平均104 cm）と比較するとかなり遅い（久保田，1979）．被陰条件で生育させたときの結果から考えると，ハンノキの成長はケヤマハンノキよりも早いと考えられるが，ハンノキの生育立地は地下水位が高く湿潤な環境であるために苗畑のような乾燥気味の土壌では生育が遅くなったのかもしれない．

ハンノキの分布する土壌は，泥炭土・グライ土・沖積土など過湿で嫌気的であるが，好気的な弱湿性もしくは湿性の褐色森林土にも分布するなどその範囲は広い（Fujita and Kikuchi, 1986）．ハンノキは，このように幅広い立地に分布しているが，地下水位と大きな関係をもっていることが大きな特徴である．生態的に最適な立地は，河川の氾濫や融雪洪水によって定期的に冠水や滞水する過湿で地下水位が高い立地である（Fujita and Kikuchi, 1984,

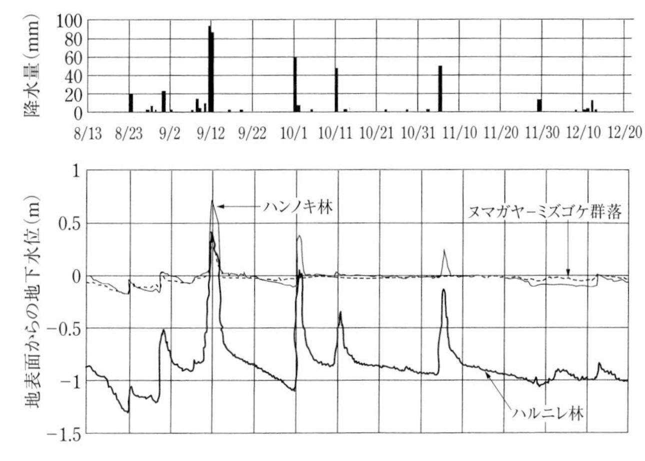

図 2.40 北海道当幌川の自然堤防上のハルニレ林，後背湿地のハンノキ林，ヌマガヤ-ミズゴケ群落における地下水位の変動（冨士田，2009 より）．各測定地点の地表面を 0 とした場合の地下水位を示す．

1986）．地下水位やその年間の変動幅が，他種との分布域の違いに影響している．宮城県の谷底平野でハンノキ林とハルニレ林の地下水位の変動を調査したところ，ハンノキ林の立地は地下水位が高く，しかも変動幅が小さいことが特徴である一方，ハルニレ林は地下水位が低く，変動幅が大きいところに分布していた（Fujita and Kikuchi, 1984）．また，北海道の当幌川の流域で行った 4 カ月間のモニタリングデータにおいても，河川の後背湿地のハンノキ林では地下水位はほぼ地表面であり，変動幅が小さいということが特徴であった（図 2.40）．それに対して，自然堤防上に分布するハルニレ林では，地下水位の平均値は約 90 cm と低く，降水前後での上昇および下降が著しかった（図 2.40）．

樹木のなかにはフサザクラやカツラなどのように萌芽によって個体を維持する戦略をとっているものもある．ハンノキでも根際から複数の萌芽を発生する個体も見られる．ハンノキの萌芽発生に関しては，地下水位などの立地環境が大きく影響している．釧路湿原において，岸から湿原に向かってベルトトランセクトを設定し，ハンノキの土壌の酸化還元電位，樹高，胸高直径，萌芽数を調査した結果，湿原の中心に向かうにしたがって土壌の酸化還元電

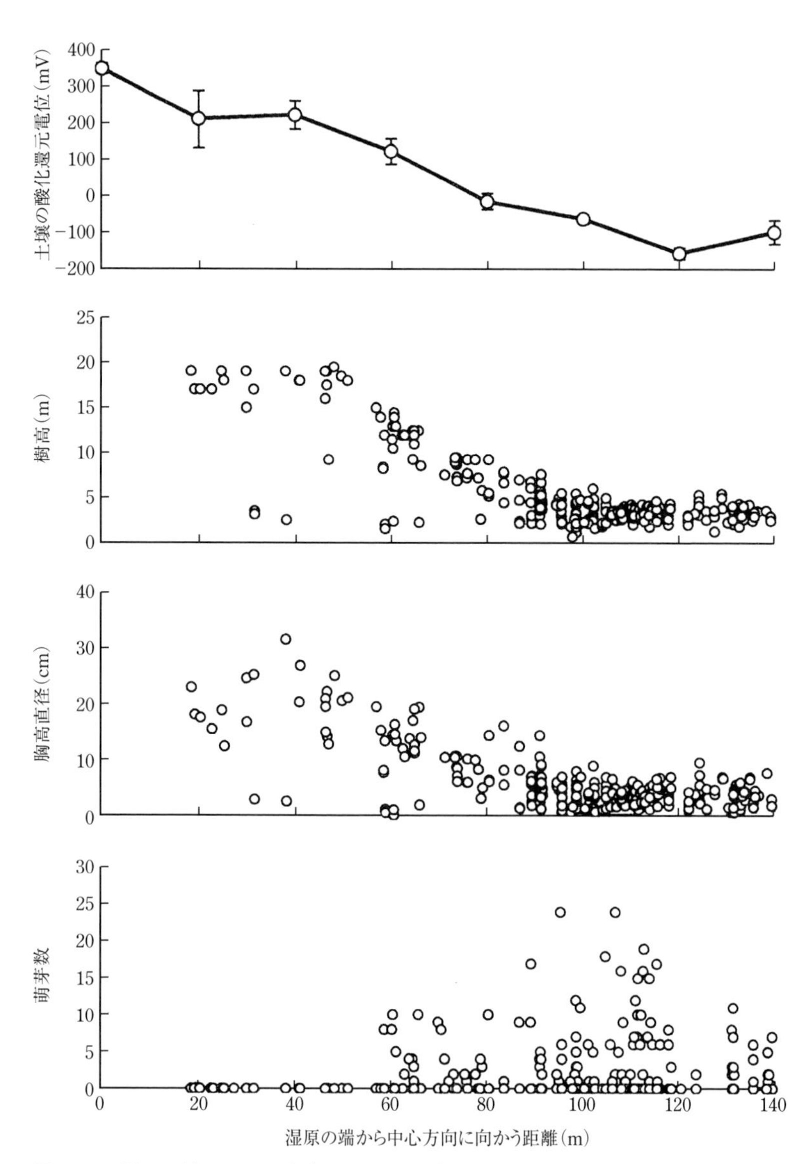

図 2.41　湿原の端から中心方向にかけての酸化還元電位の低下とハンノキの樹高，直径，および萌芽数の変化（山本，2002 より）．

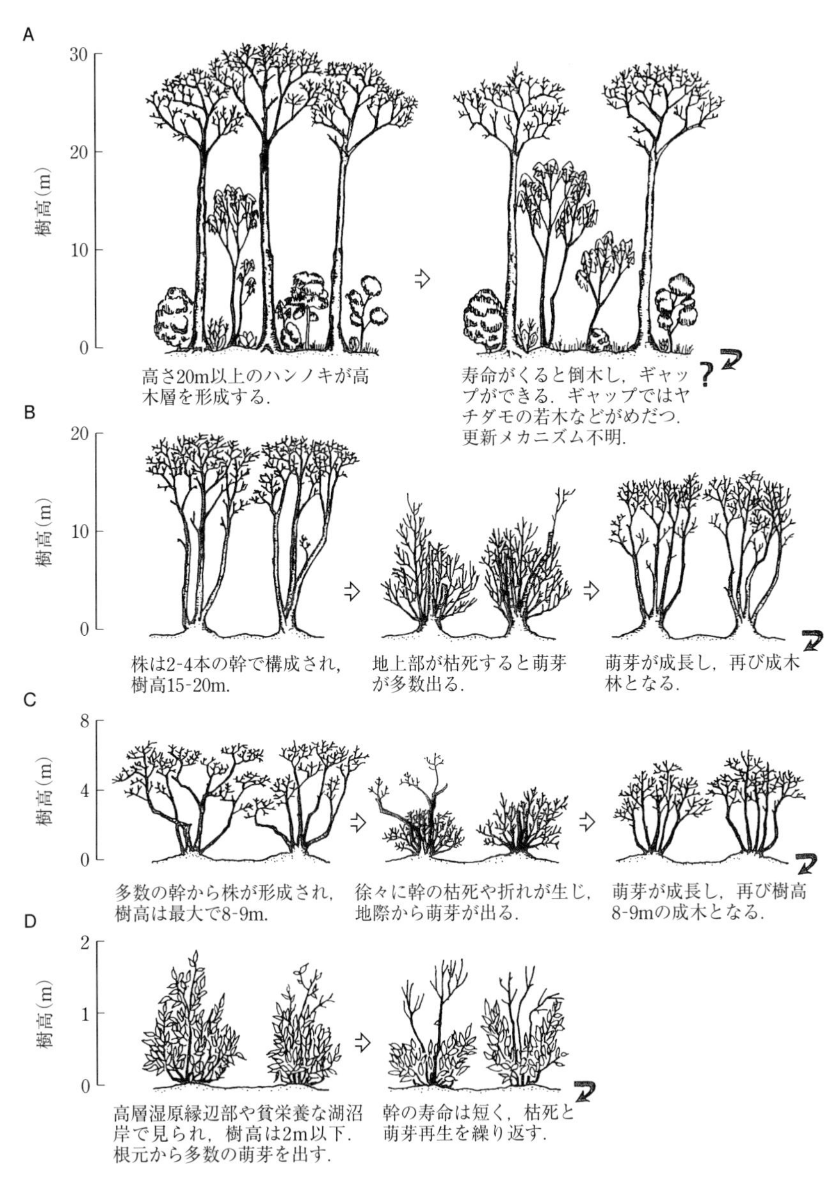

図 2.42　ハンノキ林の更新パターン（冨士田，2002 より）．A：高木型，B：根上がり萌芽型，C：萌芽低木型，D：萌芽わい性型.

位が低下し酸欠となるにつれて，ハンノキの樹高と胸高直径は著しく減少した（山本，2002；図2.41）．しかし，個体が枯死するわけではなく，基部からの萌芽の発生を繰り返すことによって個体の維持を図っている（冨士田，2002；図2.42）．実際に水位の上昇によってハンノキの成長がどのような影響を受けるかということが実験的に確かめられている．ポットに植栽したハンノキの苗木を土壌表面まで滞水させると，地際部が肥大し，地際付近で皮目の拡大が見られ，地際付近から萌芽の発生が見られた（寺澤ら，1989；Yamamoto *et al*., 1995a）．また，樹高成長には滞水の影響はなく，滞水前に展開していた葉はコントロールと比べて生存期間が延び，滞水後に展開した葉の寿命はコントロールと変わらなかった．このように，ハンノキは葉の寿命を延ばすことによって滞水による貧栄養ストレスでの生育を可能にしていることが指摘されている（長坂，2001）．一方で，シラカンバは，樹高成長や葉の寿命が著しく減少した（Terazawa and Kikuzawa, 1994）．ハンノキが滞水環境で生育できる生理的なメカニズムとして，還元的な根系に酸素を供給するシステムが確認されている（Grosse *et al*., 1993）．

（2）ヤチダモ

ヤチダモ（*Fraxinus mandshurica*）は，モクセイ科トネリコ属の落葉広葉樹である．樹高30 m，直径2 mに達する高木である．ヤチダモは，日本では岐阜県から北海道にかけて分布し，分布域は中国北部，朝鮮半島，シベリアに広がっている．タモ材として利用されて，造林も行われてきたが，更新や種生態に関する研究はそれほど進んでいない．雌雄異株で花は葉の展開前に開花し，円錐花序を形成する．花は風媒花で，花弁がなく雄花は2個の雄しべから，両性花は1個の雌しべと2個の短い雄しべからなる．

ヤチダモは，9-10月に翼果をつける．結実には2-3年の豊凶周期がある（渡邊，1994；長坂，2004）．翼果は風散布されるが，飛散時間は翼果の形状，面積，重量によって影響される（Goto *et al*., 2005）．種子は母樹周辺に散布された後に，二次散布されることが母樹と実生の遺伝子解析の結果から明らかになっている（齊藤ら，2011）．また，ヤチダモは河川周辺や湿地に分布していることから，流水による遠距離散布の可能性も十分にある．

種子の発芽特性については，著しい発芽遅延（後熟性）を示すことが知られている．ヤチダモの種子は結実したときに，胚が十分に成長していない．種子の保存状態を変えてヤチダモの種子の前発芽（胚の成長）を比較した結果，湿り気を与えて変温状態に保つことによって，胚が成長することが明らかになった（浅川，1956）．一方，乾燥状態で室温に置かれた場合は，ほとんど成長しなかった．自然状態ではヤチダモの種子が9月から10月にかけて成熟した後，冬季にかけて散布される（齊藤ら，2011）．樹上に着生していた種子は乾燥状態にあったために，前発芽（胚の成長）することなく休眠し，翌年の春にも発芽せず，発芽は翌々年以降になると考えられる．

自然状態でも，発芽は翌々年以降になることが知られている（真鍋・大窪，1973）．自然状態での発芽率は高いが，ササ地においては光不足で発芽後2年目では70%が枯死する（真鍋・大窪，1973）．3年生の稚樹を2年間，被陰格子で成長させたところ，乾燥重量や稚樹高は照度60%においてもっとも高く，次いで100%，15%，5%となった（中江・辰巳，1961）．しかし，3年目には，100%以外の稚樹高は減少に転じている．ヤチダモの光合成特性は，稚樹では弱光を利用しているのに対して，成木は強光を利用していた（小池，1988b）．また，異なる光環境のもとで，約80日間順化した稚樹の光合成特性を調べた結果，強光で育てた稚樹は強光を，弱光で育てた稚樹は弱光を利用していた（Koike, 1986）．これらのことから，ヤチダモの稚樹は，ある程度の耐陰性はもっているものの，長期間の強い被陰では成長が困難なことが予想される．

ハンノキとヤチダモはどちらも湿地林を形成しているので，同じ立地に分布するように考えられるが，滞水や冠水に対する適応性は，少し異なっている．ヤチダモ天然林の多くは，沖積土壌・グライ土壌・泥炭土が優占する自然堤防上・後背湿地・谷底平野に分布する．ヤチダモは，湿潤土壌であってもハンノキが優占している滞水した場所ではなく，流水があり排水性のある比較的肥沃なところに分布している．釧路湿原の達古武湖周辺の調査から，ヤチダモとハンノキの分布と土壌の酸化還元電位を比較したところ，酸化還元電位が0 mV以下ではヤチダモは分布できず，ハンノキだけが分布する（Iwanaga and Yamamoto, 2008；図2.43）．ハンノキと同様にポットに植栽したヤチダモの苗木を冠水させると，エチレンの生成とともに地際部が肥大し，地際付近で皮目の拡大が見られ，不定根が発生する（Yamamoto *et al.*,

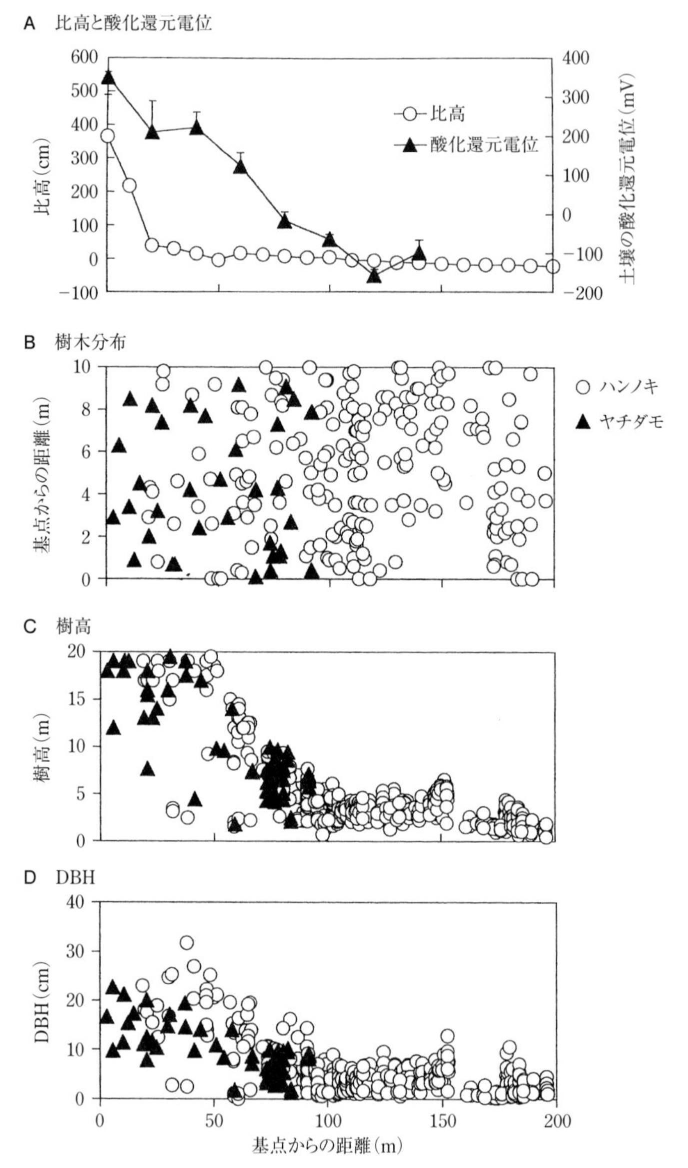

図 2.43　湿原の端から中心方向にかけての酸化還元電位の低下とハンノキおよびヤチダモの分布，樹高，胸高直径（DBH）の変化（Iwanaga and Yamamoto, 2008 より）．

図 2.44　滞水で発生したヤチダモの萌芽枝.

1995b）とともに，萌芽の発生も見られた（図 2.44）．ヤチダモの場合は，夏や秋の冠水では木部の肥大や木部繊維細胞の増加はそれほど著しくない．このような滞水に対する反応の違いが，ハンノキとヤチダモの分布の違いの原因になっているのかもしれない．

（3）ヌマスギ

ヌマスギ（*Taxodium distichum*）（別名ラクウショウ）は，ヒノキ科の落葉針葉樹である．北アメリカ東南部のミシシッピ川下流域の湿地林に広く分布している．樹高は 20 m，直径は 1 m を超える．葉は 1-2 cm の扁平な線形で柔らかく，側枝に羽状に互生する．秋には，赤褐色に紅葉して側枝ごと落下する．

雌雄同株で，花期は 4 月ごろで雄花は長さ 10-20 cm の花序に多数つき，雌花は枝の先端に数個つく．秋に褐色に熟し，果鱗が開き 9 月から翌年の 3 月にかけて種子が落下し，落下した種子は，ほぼ 1 年を通じて水散布される

図 2. 45　ヌマスギの地際の肥大と膝根.

(Schneider and Sharitz, 1988).

ヌマスギの成長は，冠水によってそれほど影響を受けない．ヌマスギの若木の成長を継続的な冠水と周期的な冠水で比較したところ，最初の2年間では周期的な冠水を行ったほうが，地上部，地下部のバイオマスが増加したが，3年目にはその差はなくなった (Megonigal and Day, 1992)．また，ヌマスギを恒常的，部分的，周期的に冠水させた場合，気孔コンダクタンスと純同化率はいずれも無冠水区と大きな違いは見られなかったのに対して，*Quercus falcata* var. *pagodaefolia* の場合は，周期的冠水区でも無冠水区の 20% 程度にまで減少した (Pezeshki and Anderson, 1997)．ヌマスギの1年生の実生がミシシッピ川下流の湿地林で植栽された実験では，周期的もしくは恒常的に冠水する立地に植栽された苗木の樹高成長が無冠水の立地より明らかに大きく，3年目の生存率も 70% を保っていた (Conner and Flynn, 1989)．このように，ヌマスギの実生や稚樹は冠水に対して，非常に高い耐冠水性を

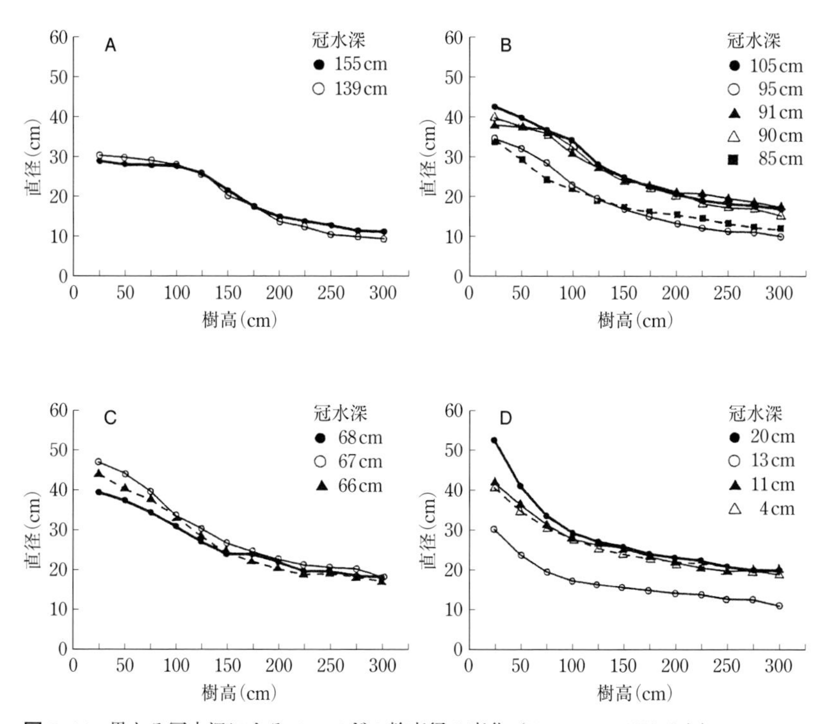

図 2.46 異なる冠水深によるヌマスギの幹直径の変化（Yamamoto, 1992 より）.

もっている.

ヌマスギの幹は滞水環境下では過剰に肥大し，地際付近では三角フラスコのような形状となることが知られている（図 2.45）．このような過剰肥大現象は排水や通気性のよい土壌に生育するヌマスギでは認められないことから，根圏が酸素欠乏となった場合にのみ現れる形成層活動の昂進によって生じるものと考えられる（山本，2002）．ヌマスギのポット苗の水位を変えて冠水させたところ，過剰肥大は水際の部位で生じていた（Yamamoto, 1992；図 2.46）.

ヌマスギの膝根は水平に伸びている根の上側の形成層が局所的に細胞分裂を行うことで形成され，この形成には冠水や滞水時の水深が影響をおよぼしている（Yamamoto, 1992）．膝根がもっとも多く形成されるのは，地表面ぐらいまでの冠水で，水深が 150 cm を超えるとその発達は見られなくなる.

膝根は根の通気システムの機能として考えられているが，明確な証拠は得られていない．

ヌマスギは，歴史的に1890年から1925年にかけて木材資源として大量に伐採されてきた．伐採後，1年目には，多い場合には80%の切株から多数の萌芽枝が発生するが，4年後には20%の切株しか萌芽は残っていない．これらの萌芽は，切株の上部や切断面からのものが61%を占めており，しっかりした幹が成長することは期待できない（Conner *et al*. 1986）．

2.4　その他

水辺域には，これまで紹介した森林を形成する林冠木だけでなく，岩場や砂州を生息地とする低木類も河川に沿って分布している．

アキグミ（*Elaeagnus umbellata* var. *umbellata*）は，グミ科の落葉低木で樹高は2–3 mである．ヒマラヤ山脈から日本にかけての東アジアに分布し，日本では，北海道道央以南，本州，四国，九州などに分布する．日当たりのよい河川の砂礫地や林道脇が生育立地である．徳島県吉野川流域に分布するアキグミ群落を数km間隔で調査し，年輪解析を行った結果，調査区間全域にわたって，1986, 1988, 1993, 1994年に定着していることが明らかになり（図2.47），いずれの年代においても前年の秋に大きな出水のあったことが確認された（郡ら，2000；図2.48）．果肉を除去したアキグミの種子は，6日間で90%の発芽率を，最終的には99%の高い発芽率を示し（Kohri *et al*., 2002），アキグミの種子は埋土種子とならないことが示唆された．以上のことから，秋に散布されたアキグミの種子は，洪水によって下流に広く散布され，新たに形成された砂州で翌春に発芽したと考えられる．散布されたアキグミの種子は，サイズの大きな礫で構成されている砂州で定着する傾向にあった．このような砂州では河床を構成する礫が移動しにくく，礫が発芽直後の実生を流水から保護する効果をもつので生存の可能性が高くなる．1985年以降にアキグミ群落が顕著に拡大したが，これは1970年代まで大規模に行われていた砂利採取が終息したことにより，樹木の消長を左右する大規模な攪乱がなくなったことと，貯水ダムや砂防事業によって砂礫の供給が激減し，河床の砂礫化が生じたことが原因と考えられている（郡ら，2000）．

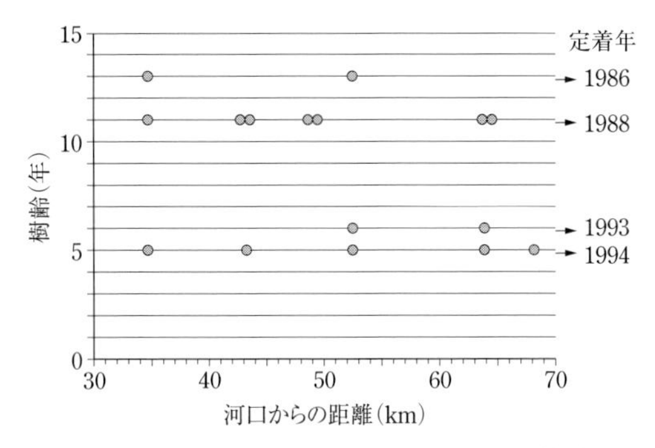

図 2.47 吉野川における代表的なアキグミの樹齢（郡ら，2000 より）．

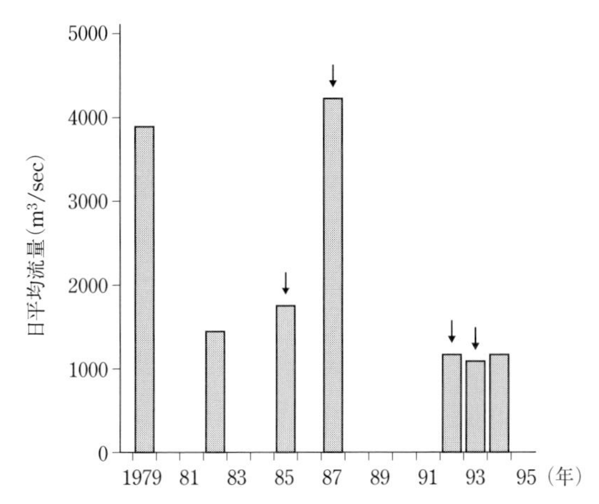

図 2.48 吉野川において 10 月 1 日から 12 月 31 日までの間に発生した日平均流量が 1000 m^3 以上の出水（郡ら，2000 より）．

ユキヤナギ（*Spiraea thunbergii*）は，バラ科の低木で，本州，四国，九州や中国に分布する．河川沿いの岸壁の割れ目や岩礫地などの増水すると水没して濁流に洗われるようなところに生える．多摩川に自生するユキヤナギは，増水時に攪乱の影響を受けやすい水面から 0–2 m に約 70% の個体が分布していた（芦澤・倉本，2008）．また，90% 以上の個体が岩の隙間や岩肌に張りつくように分布しており，リターで覆われた土壌に分布する個体はわずかで，砂礫地にはまったく見られなかった．70% のユキヤナギの個体の根元には蘚苔類が存在していた．ユキヤナギの種子発芽には 6 日間以上連続して給水する必要があることや，自生地において実生が降雨の多い 5-6 月に岩場のコケ上に多く確認されていることから，コケなどの水分を保持しやすい微生育環境がユキヤナギの発芽には重要であることが示唆されている（芦澤・倉本，2007）．河川では数年ごとに大きな増水があるが，ユキヤナギは増水によって損傷や折損を被り，一時的には開花数が減少する．一方，萌芽の発生が促され新しい幹が再生される（芦澤・倉本，2011）．以上のことから，ユキヤナギは河川の増水によって個体群の破壊と再生が繰り返され，その際に種子が水散布され，水分が保持されているコケの付着した岩場で発芽して定着すると考えられる．

キシツツジ（*Rhododendron ripense*）は，ツツジ科ツツジ属の低木で，四国，中国，および九州地方の一部の渓流沿いに分布する．ユキヤナギと同じように，岩場や岩礫地を生息環境としている．水位の変動の違いで分布パターンに差があり，増水で水位が上がる上流域では水面からの比高が高い場所に分布し，下流の水位の上昇が少ない河岸では水面に近い場所に分布する傾向にあった（Hikasa *et al.*, 2003）．このようにキシツツジは水際の明るい場所を好む．発芽実験では，99% の遮光では著しい生育不良が見られたが，90% の遮光では発芽後 2 カ月以内では初期生育に影響は見られなかった（山口ら，1998）．また，キシツツジの種子の耐水性は高く，30 日間浸水しても発芽率は低下することはなかった（Hikasa *et al.*, 2003）．

サツキ（*Rhododendron indicum*）は，ツツジ科ツツジ属の低木で，河川沿いの岩礫の間に分布する（図 2.49）．光が十分にあたる川岸に分布し，洪水の際には水中に没している．水際の岩の割れ目などに生育する個体では，増水によって幹が下流方向に倒れていることが多い．

ユキヤナギ，キシツツジ，サツキは他種が侵入できない増水による攪乱の頻度が高く明るい水際の岩場に分布することで，頻繁に個体に損傷を受けるものの，他種との競争を避けて生存する戦略をとっていると考えられる．また，耐水性の高い種子を水散布することで，個体群を維持している．

図 2.49　屋久島宮之浦川の河畔に列状に分布するサツキ群落.

2.5　水辺林の樹木の生活史 ――河川攪乱と多様な環境に適応する

この章では，代表的な水辺林である渓畔林・河畔林・湿地林を構成する樹木の生活史について，これまでの研究から解説してきた．水辺の樹木の更新にとって河川攪乱の果たす役割は非常に大きい．さまざまな河川攪乱によって，光・水・土壌・温度環境が入り混じった立地が形成され，異なる樹種が発芽定着する．発芽定着後も，変化し続ける水辺環境の影響を受け続けながら，ときには定着した樹木が洪水で流されることを繰り返し，生活史のサイクルを回し続けていく（図 2.50）.

これらの樹木は，水辺という独特の環境に適応した生活史戦略を進化させてきた．上流域の物理的な地形変動が優占する渓畔林では土石流や山腹崩壊によって更新が促進され，ヤナギ類が多く分布する中流域の河畔林では流路

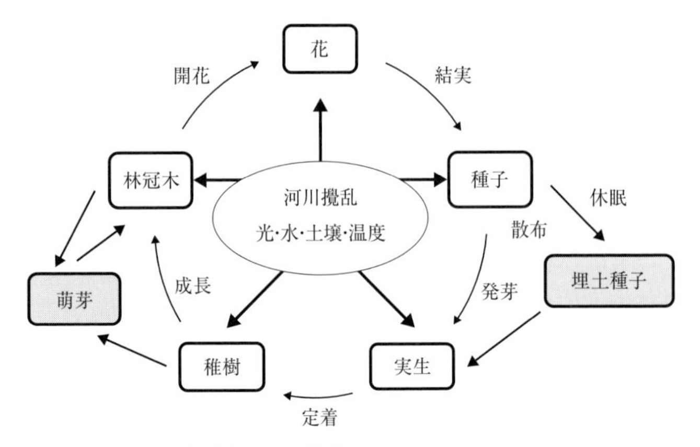

図 2. 50　樹木の生活史と河川攪乱.

変動や洪水が更新の原動力となっている．氾濫した水が滞水する下流域の湿地林では，ハンノキやヌマスギなど多くの樹木は冠水耐性を獲得してきた．

水辺に分布する樹木の生活史パターンはさまざまである（表 2.1）．生活史のステージの順に眺めてみると，開花後の花粉の流動に関しては風媒花が多いが，トチノキやヤナギ類のように虫媒花も含まれている．種子散布に関しては，風散布種子が多いが，トチノキやオニグルミのように重力散布された後に，動物により二次散布される樹種もある．また，水辺林の特徴として多くの樹種が水散布によって個体の分布拡大を行っている．表 2.1 において，風散布に分類されている樹種でも，いくらかは水散布を行っている可能性はある．サワグルミやオニグルミ，シオジも一部の種子は水散布される．ヤナギ類は風散布として知られているが，河川の水面に落下した種子が，岸辺に流れ着き，そこで発芽することも多い．アキグミ・ユキヤナギ・キシツツジ・サツキなどの低木は洪水によって種子が散布される．ムクノキやエノキは鳥散布である．散布された種子は，フサザクラなど一部の樹種を除いては埋土種子にはならず，翌年には発芽するものが大部分である．ヤチダモは翌々年に発芽するものも多い．

シュートの伸長と葉の展開に関しては，先駆樹種であるケヤマハンノキなどのように，光環境がよければ 8 月ごろまでシュートを伸長しながら葉を展開し続ける順次開葉型もあれば，遷移後期樹種のトチノキのように，春先に

表 2.1　渓畔林樹種の生活史特性.

樹種	生活型	常緑・落葉	萌芽力	分布	性表現	花冠	送粉方法	種子重量	種子散布型	埋土種子	発芽時期	葉の展開様式	成長	最高樹齢（年）
シオジ	高木	落葉	弱	林分	雄性両性異株	無	風	大	風・水	無	翌年	一斉	遅い	300
サワグルミ	高木	落葉	強	林分	雄花・雌花	無	風	大	風・水	無	翌年	中間	中	150
カツラ	高木	落葉	強	単木	雌雄異株	無	風	極小	風	有	ほぼ翌年	中間	中	500<
トチノキ	高木	落葉	弱	単木	雄花・両性花	有	虫	特大	重力・動物	無	翌年	一斉	遅い	450
ケヤキ	高木	落葉	弱	林分	雄花・雌花	花被	風	中	風	有	翌年	中間	中	300
ケヤマハンノキ	高木	落葉	弱	林分	雄花・雌花	無	風	極小	風・水	—	翌年	順次	速い	100
オヒョウ	高木	落葉	弱	単木	両性花	花被	風	小	風	—	一部当年	中間	中	300
ヤシャブシ	高木	落葉	弱	林分	雄花・雌花	無	風	極小	風	—	翌年	中間	速い	50
フサザクラ	高木	落葉	強	林分	両性花	無	風	小	風	有	翌年	順次	速い	50
オニグルミ	高木	落葉	弱	単木	雄花・雌花	無	風	特大	重力・動物・水	有	翌年	中間	中	130
カラマツ	高木	落葉	弱	林分	雄花・雌花	無	風	小	風	—	翌年	中間	速い	300
スギ	高木	常緑	弱	林分	雄花・雌花	無	風	小	風	—	翌年	中間	中	3000
サワラ	高木	常緑	弱	林分	雄花・雌花	無	風	小	風	—	翌年	中間	遅い	300
ヤクシマサルスベリ	高木	落葉	強	単木	両性花	有	虫	極小	風	—	翌年	中間	中	—
ハルニレ	高木	落葉	弱	林分	両性花	花被	風	小	風	有	一部当年	中間	中	350
ヤナギ類	高木・低木	落葉	一部強	林分	雌雄異株	無	風・虫	極小	風・水	無	散布直後	中間	速い	30–120
ムクノキ	高木	落葉	弱	単木	雄花・雌花	花被	風	大	鳥	—	翌年	中間	中	100
エノキ	高木	落葉	弱	単木	雄花・両性花	花被	風	中	鳥	有	翌年	中間	中	100
ハンノキ	高木	落葉	強	林分	雄花・雌花	無	風	小	風・水	—	翌年	順次	速い	100
ヤチダモ	高木	落葉	弱	林分	雌雄異株	無	風	中	風・水	有	翌年以降	中間	遅い	200
ヌマスギ	高木	落葉	強	林分	雄花・雌花	無	風	大	水	—	翌年	—	中	1000
ハリエンジュ	高木	落葉	強	林分	両性花	有	虫	中	風・水	有	当年・翌年以降	中間	速い	50
ナンキンハゼ	高木	落葉	強	林分	雄花・雌花	無	虫	中	鳥	有	翌年以降	中間	速い	—
アキグミ	低木	落葉	強	群落	両性花	有	虫	中	鳥・水	—	翌年	—	—	—
ユキヤナギ	低木	落葉	強	群落	両性花	有	虫	極小	風・水	—	翌年	—	—	—
キシツツジ	低木	半常緑	強	群落	両性花	有	虫	極小	風・水	—	翌年	—	—	—
サツキ	低木	半常緑	強	群落	両性花	有	虫	極小	風・水	—	翌年	—	—	—

浅川ら（1981），勝田ら（1998），渡邊（1994），茂木ら（2000a, 2000b, 2001），渓畔林研究会（2001）をおもに参考にした．分布で低木に関して個体が密集している場合は群落とした．種子重量は，概ね 1 g 以上を特大，50 mg 以上を大，10 mg 以上を中，1 mg 以上を小，1 mg 未満を極小とした．葉の展開様式の中間タイプは，一斉＋順次なども含む．—は不明を示す．

一気にシュートを伸長，葉を展開させて，その後はこれらの葉で生育期間が終了するまで光合成を続ける一斉開葉型もある（菊沢，1986）．これらの樹種は時間的，空間的に共存している．先駆樹種は大規模攪乱の後に侵入し，遷移が進行するにつれて遷移後期樹種に取って代わられることもある．また，河川攪乱の頻度の高い川岸には先駆樹種が，河川から離れた安定した立地には遷移後期樹種が分布するなど（Kikuchi, 1968），攪乱の頻度や強度の勾配に沿って空間的に異なる立地に分布することもある．

更新は基本的には種子による有性繁殖であるが，ヤナギ類では枝や幹による栄養繁殖を行っている（佐藤・中島，2009）．積雪地のスギは，枝や幹による伏条更新を行っている．カツラやフサザクラでは，幹のまわりに萌芽を発生させて個体を長期間維持する生存戦略をとっている．

以上のように，水辺に分布する樹木の生活史特性は，河川攪乱やそれによって形成されるさまざまな立地や環境に適応して，多様なものとなっている．

第3章　樹木の共存
——時空の狭間に生きる

水辺に分布する植物群落は，多様性の高いことが知られている．その原因としては水辺の多様な攪乱によって，複雑な立地環境が創出され，光・土壌・水分・栄養塩類の異なるモザイク状のマイクロハビタットが形成されることがあげられる．熱帯降雨林では1haのなかに同じ樹種が出現しないなど種の多様性が指摘されているが，水辺では比較的種数の少ないハビタットがモザイク状に組み合わさって，生育地間の種組成の多様性を表すβ多様性を高めている．本章では，日本で研究が行われている代表的な水辺林における樹木の共存メカニズムについて，樹木の生活史と攪乱の関係から解説する．とくに，私が長年，研究を続けている秩父山地の渓畔林を中心に扱う．

3.1　渓畔林

（1）大山沢渓畔林（シオジ・サワグルミ・カツラ）

大山沢渓畔林は埼玉県秩父市中津川の埼玉県県有林内にある．この森林は私が埼玉県庁の林業職員として埼玉県県有林の管理を担当したときから30年以上の付き合いである．天を見上げるような天然林に出会って，その大きさに感動して以来，現在でも私の研究テーマとして扱っている森林である．この渓畔林は，JaLTER（日本長期生態学研究ネットワーク）に登録された森林であるとともに，2008年からは環境省のモニタリングサイト1000の調査地として毎年，樹木，地上徘徊性昆虫，鳥類などのモニタリング調査が，NPO法人「もりと水の源流文化塾」によって行われている．

関東以西の太平洋側の冷温帯の渓流沿いには，シオジを優占種としサワグ

図 3.1　シオジ・サワグルミ・カツラが共存する奥秩父の渓畔林.

ルミ・カツラなどを混交する渓畔林が見られる（図 3.1）. そのなかでも, 関東山地の奥秩父には比較的人為の影響の少ない渓畔林が残存している. 大山沢渓畔林は荒川上流の中津川支流に位置し, 伐採履歴など人為的な影響のほとんどない天然林である. 私が県有林を管理していた 1983 年の秋に, この天然林のなかの比較的シオジが優占している平坦な谷底に長さ 90 m, 幅 60 m の 0.54 ha の調査地を設定して森林構造の調査を行った. 調査地の構成樹種（胸高直径 4 cm 以上）は 22 種で, 林冠木ではシオジが圧倒的な優占種であった. このシオジに焦点をあてて, 実生から林冠木までの分布パターンや樹齢構成などを明らかにした（Sakio, 1997）. この研究において, シオジの個体群構造を立地環境との関係から明らかにすることはできたが, この渓畔林に共存しているサワグルミやカツラとの関係はわからないままであった. この 0.54 ha のプロットには, サワグルミやカツラが分布していたが, 渓流域全体を眺めてみると, 明らかに数カ所のサワグルミの大きなパッチの存在が確認できた. この時点で, もっと広い範囲での森林構造の分布の把握の必要性を感じていた.

1987年に森林総合研究所のグループが，茨城県の小川に6haの大規模プロットを設定し，長期研究を開始した（Nakashizuka and Matsumoto, 2002；種生物学会，2006）．それに触発されて，私もこれまで継続して研究してきた大山沢渓畔林の調査プロットを，1990年から1998年にかけて渓流に沿って長さ1170m，面積4.71haの調査地に拡大し，広域的な渓畔林の構造や更新機構の研究を始めた（Sakio *et al.*, 2002）．

大山沢渓畔林の4.71haの調査地の構成樹種（胸高直径4cm以上）は47種で，林冠層はシオジ・サワグルミ・カツラ・オヒョウなど樹高30mを超える樹木で構成されており，胸高直径1mを超える巨木も含まれている．亜高木層はイタヤカエデ・オオイタヤメイゲツ（*Acer shirasawanum*）・サワシバ（*Carpinus cordata*）など樹高20m前後の樹木，低木層はチドリノキ（*Acer carpinifolium*）・アサノハカエデ（*Acer argutum*）を優占種とした樹高5m前後の樹木で構成されている．この渓畔林の林冠層の優占種はシオジ（62%），次いでサワグルミ（16%），カツラ（9%）で，この3種で87%を占めていた．そこで，これらの渓畔林の樹木の共存機構を明らかにする手始めとして，この3種の林冠木を研究対象として，樹木の生活史，樹木の環境への適応，渓流周辺の自然攪乱の視点から調査を行った．シオジが62%という高い優占率をもつからにはそれなりの理由があるはずである．研究は，調査地でのフィールド調査と苗畑での成長実験の2つの手法を用いて行った．

まず，この3種の樹木のサイズ構成を明らかにしてみた．樹木のサイズには胸高直径DBH（地上1.3mでの直径）と樹高が考えられるが，計測が簡単でしかも正確な値の出る胸高直径（樹高は測定誤差が大きく，短期間の再測定には利用できない）を利用することにした．調査はDBH 4cm以上の樹木の個体を対象とした．図3.2に見られるように，シオジとサワグルミのDBHの頻度分布はよく似ており，DBH 10cm以下の小さな個体が多いことが特徴である．また，両樹種はDBH 50cm前後にピークをもっていた．それに対してカツラは明瞭なピークが見られずに，DBH 10cm以下の小さな個体が非常に少ないのが特徴であった．この結果は，シオジとサワグルミは更新木である前生稚樹個体が多く存在していることを示している．実際に，全数の調査は行っていないが，この2種の胸高直径が4cm未満の実生は調

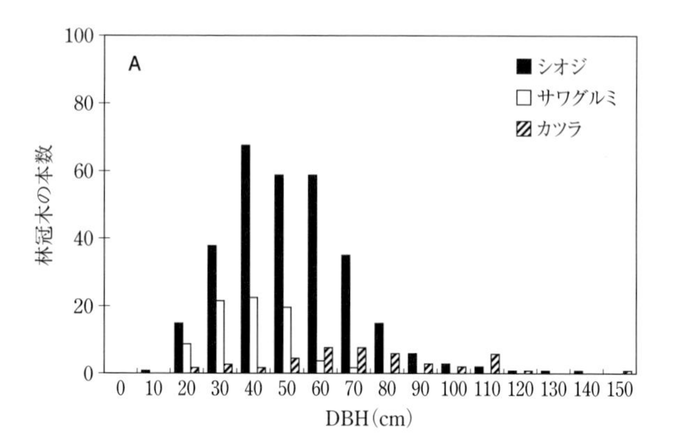

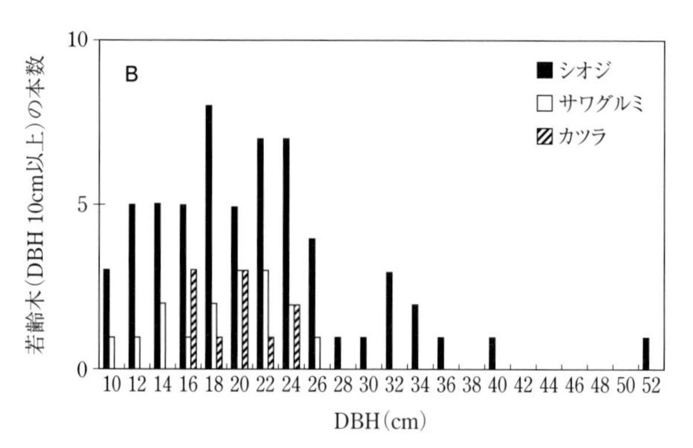

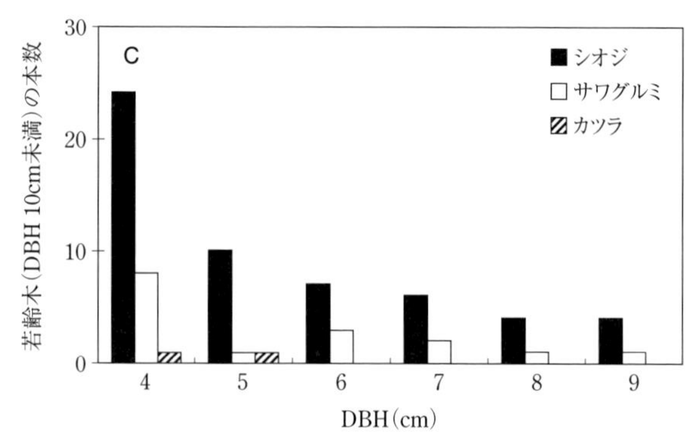

図 3.2 4.71 ha のプロット内に分布するシオジ・サワグルミ・カツラの DBH の頻度分布（DBH 4 cm≦）（Sakio *et al.*, 2002 より）．B は林冠木を除いた DBH 10 cm 以上の本数．

査区内に数えきれないくらい分布していた．0.54 ha の調査地内だけでもシオジの稚樹（樹高＞1 m，胸高直径＜4 cm）は 268 個体が分布していた（Sakio, 1997）．樹高 1 m 以下の小さな実生は，このプロット内の調査を行った 120 m^2 のなかに 673 個体が分布していた．サワグルミの稚樹はシオジほどは多く見られなかったが，ギャップを中心に分布していた．それに対して，カツラの稚樹は，4.71 ha の調査地のなかにわずか 2 個体が分布していただけであった．このようにシオジとサワグルミは前生稚樹が大量に存在し，ギャップが形成されて光環境が改善されるのを待って更新するタイミングをうかがっていると考えられる．胸高直径 50 cm 前後のピークは，過去に一斉に更新した可能性を示している．シオジにおいては，0.54 ha 内のすべての個体を成長錐によって樹齢を測定した結果，200 年前後に大きなピークが現れた．これは大地震による山腹崩壊後に，一斉に更新したと考えられている（Sakio, 1997）．4.71 ha の調査地内に見られる 3 カ所のサワグルミの大きなパッチ内の樹齢を調べた結果，どのパッチの樹齢もほぼ 90 年であった．このサワグルミのパッチは，地形的に山腹崩壊や土石流跡に分布していたので，これらの大規模攪乱の後に一斉に更新したと考えられる（Sakio *et al.*, 2002；図 2.9 参照）．

次にこの 3 種の空間分布を明らかにした．コンパスとメジャーによる測量によって 4.71 ha の調査地内の樹木の分布図を作成した．図 3.3 は林冠木（DBH 20 cm≦）の空間分布を示している．シオジは上流から下流まで優占しているのに対し，サワグルミはいくつかのパッチに分かれている．大きなパッチは直径 50 m にもおよぶ．また，カツラは個体数が少なく全域にランダムに点在している．1983 年にこの場所で渓畔林の研究を始めたころは，60 m×90 m の小さな調査地で行っていたので，このような樹木の空間分布をとらえることができなかった．そのために，これまでの植生学でいわれているように，シオジとサワグルミは異なる立地環境ですみわけて更新していると考えていた．しかし，広域的に分布や樹齢を調べた結果，双方の樹種がおのおの決まった同じ立地で更新しているのではなく，数十年から数百年規模での大きな攪乱によって流域内での分布が入れ替わっていることが見えてきた．

これまでの多くの森林動態の研究は，実生から林冠木までの個体群を調査

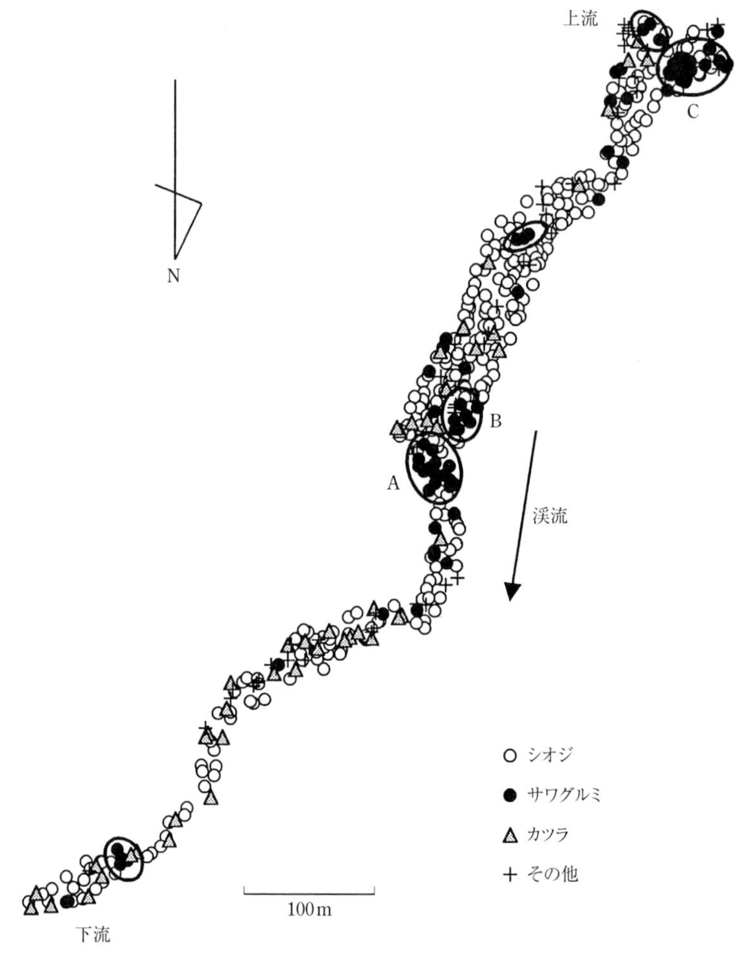

図 3.3　4.71 ha のプロット内に分布するシオジ・サワグルミ・カツラの林冠木の空間分布（DBH 20 cm≦）（Sakio *et al.*, 2002 より）.

したものが大部分であって，開花や結実，種子散布に関するデータはごく限られていた．1987 年に森林総合研究所のグループが開始した長期大規模調査地の研究では，樹木の開花から種子生産，発芽まで一連の生活史を量的に追跡している（種生物学会，2006）．そこで，大山沢渓畔林でも生活史に沿って樹木の一生をたどってみることにした．樹木の生活史は開花から始まって，結実，種子散布，発芽，実生の定着，実生の成長から林冠木へと移り変わっていく．樹木の開花や結実周期など繁殖特性に関しては，いまだにわかっていないことが多い．近年，ブナの種子の結実とツキノワグマ（*Ursus thibetanus japonicus*）の出没の関係がニュースで報じられている．ブナの開花や結実周期に関しては，多くの研究の蓄積があり，数年間隔の周期性があるということがわかっているが，その周期の原因に関してはさまざまな説があり，まだ研究中である（Yasaka *et al*., 2003；Suzuki *et al*., 2005）．本調査地でも，これらの樹木の種子生産の豊凶を明らかにするために，調査地にシードトラップを設置して種子の生産量調査を行った．シオジに関しては，1987年から種子生産量の計測を行っていたが，これらの3種を同時に計測し始めたのは，1995年からである．3種の果実と種子についてその形態やサイズを示す（図3.4）．シオジの果実は長さが約4 cmほどの紡錘形の翼果で，そのなかに長さ2 cmほどの種子が入っている．サワグルミは3 cmほどの果実で，翼の部分が大きい．カツラはシラカンバのように3-4 mmの小さな翼の

図3.4　シオジ・サワグルミの果実とカツラの種子．

ある種子で，種子の部分は2 mm程度である．図3.4において，シオジとサワグルミは果実，カツラは種子であるが，実際の散布はこの写真のような形態で行われるので，これ以降，これらを種子として扱う．シオジ，サワグルミの果実，カツラの種子の乾燥重量はそれぞれ144±24 mg，90±11 mg，0.82±0.15 mgとシオジとサワグルミがカツラに比べて圧倒的に重い（Sakio *et al.*, 2002）．

この3種の1995年から2000年まで6年間の種子落下数の年変動を図3.5に示す．この結果から，シオジには数年周期の豊凶が見られ，サワグルミも同様の傾向が見て取れる．そして数年に1回はまったく種子を結実させない年が訪れる．それに対してカツラは年変動があるものの，毎年一定の量の種子生産を行っている．このようにシオジとサワグルミはサイズの大きな種子を豊作年にまとめて生産するのに対して，カツラは小さな種子を毎年大量に生産している．渓畔林において同じような林冠木を形成する3種であるが，シオジとサワグルミは遷移後期樹種のブナと同じように結実に豊凶があるのに対して，カツラは，先駆樹種のヤナギ類のように毎年種子生産を行っている．

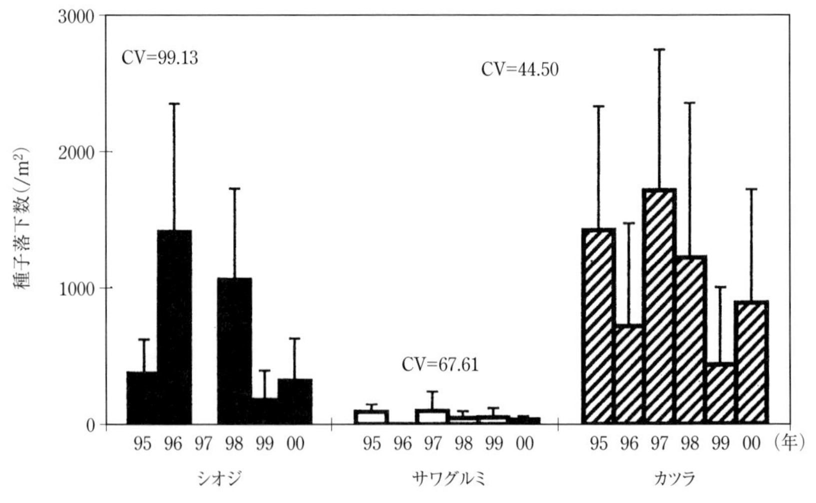

図3.5　シオジ・サワグルミ・カツラの結実周期（Sakio *et al.*, 2002より）．CVは変動係数を示す．

種子散布距離に関してはそれほどはっきりしたデータはないが，シオジとサワグルミの種子は重力散布で比較的母樹の近くに散布され，渓流内に落下した種子は水流によって下流域まで運搬されることが示唆されている（図1.19参照）．一方，カツラの種子は，発芽した当年生の実生と親木の関係を遺伝子解析で調べた結果，風散布によって300 m ぐらいは飛散することが報告されている（Sato *et al*., 2006）．

つぎに散布された種子がどのようなところで発芽できるかについて，3種の発芽サイトを比較したところ，シオジの実生は砂礫地に多く，急傾斜地では見られなかった（久保ら，2000）．サワグルミの実生も砂礫地やリターの堆積した緩やかな林床に多く，急傾斜地にはほとんど見られなかった．シオジとサワグルミは種子サイズが大きいために，砂礫の間や落葉に混ざっても発芽が可能と考えられる．一方，カツラは無機質の細かな土壌や倒木上に分布していた．しかも，急傾斜地で多く見られた．カツラの種子は非常に小さいので，発芽するためには細かな基質（土壌）を必要としていると考えられる．秋に大量の落葉があるために，平坦地ではカツラの種子は落葉に埋まってしまい発芽できない．野外実験（Seiwa and Kikuzawa, 1996）や苗畑実験（Kubo *et al*., 2004）においてもカツラは種子サイズが小さいために，実生の発生にリターの存在が抑制的に働くことが示されている．ところが，急傾斜地では落葉が斜面下方に滑り落ちるために地表が剝き出しになることが多い．また，斜面では表層土の崩落によって新しい無機質の細かな土壌が現れることもカツラの発芽にとって好都合であるかもしれない．

天然林の林床では，これらの発芽サイトの光環境はそれほど差がないと考えられるが，山腹崩壊など大きな攪乱サイトが出現した場合には，強い光が発芽に影響を与えると考えられる．実際に，これらの3種を光環境を変えて苗畑で発芽試験を行ってみると，シオジとサワグルミは直射日光のあたる土壌でも発芽可能であったが（崎尾，未発表），カツラはこのような土壌では，土壌の表面が乾燥して固まったために発芽はごくわずかであった（Kubo *et al*., 2004）．

発芽した実生が定着できる環境は，3種で大きな違いが見られた．シオジは草本が繁茂している比較的暗い環境や基質が落葉であっても，数年は生存することができる．しかし，サワグルミはこのような環境では発芽後，その年の夏には大部分が枯死してしまう．砂礫地で草本がほとんどない比較的明るいサイトでのみ生存し続けることができる．この2種に対してカツラは，夏までにほぼ100% の実生が消失した．倒木上の実生は，たぶん乾燥によって枯死し，斜面上の無機質の細かな土壌に発芽した実生は，梅雨などの雨滴による土壌の移動によって流出してしまった．

定着した実生が成長できるかどうかは，ギャップの形成，つまり光環境に制限されている．林冠下で定着した実生にとって，数年以内にギャップが形成されなければ成長が低下して枯死してしまう．一方，ギャップ下に定着した個体であっても，ギャップサイズが小さければ周囲の林冠木の枝の伸長によってギャップが閉鎖してしまい，最終的には生存できない．ある程度の大きなサイズのギャップが成長には必要である．そこで，苗畑で光環境が当年生の実生の成長にどのような影響を与えるのか，異なる光環境のもとで3種を比較してみた．発芽した当年生実生の成長において，100% の光環境のもとではサワグルミが3種のなかでもっとも早い成長速度を示す．初めの1年で 30 cm ぐらいの実生に成長する能力をもっているが，シオジとカツラは 10 cm 程度であった．しかし，カツラの種子サイズはシオジと比較して非常に小さいので，その相対的な成長速度はたいへん早いと考えられる．野外でシオジとサワグルミの枝の伸長を比較した場合でも，ギャップではサワグルミの成長が圧倒的に早いことがわかる（崎尾，1993）．一方で，サワグルミは屋外の太陽光の 20% 以下の光環境では急激に成長が減少し，1% では生存することもできなかった．カツラも同様に 1% では生存できなかった．それに対して，シオジはわずか 1% 程度の光環境でも，実生は1年間は枯死することなく生存している（Sakio *et al.*, 2008）．サワグルミが林冠木を形成している大きなパッチ内でほかの樹木の分布を調べたところ，亜高木のカツラはサワグルミとほぼ等しい樹齢であったことから，攪乱の跡地に，同時に侵入したと考えられた（Sakio *et al.*, 2002）．また，亜高木のシオジもほぼ等しい樹齢であった．このように，実際の更新サイトでも，苗畑の実験で示された3種の成長速度の違いが確認できた．

樹木の寿命はその種の更新にとって重要な要素である．若い個体から繁殖を開始し，自転車操業的に個体群を維持していく寿命の短いヤナギ類のような樹種もあれば，スギなどのように個体が数千年の寿命をもっているものもある．大山沢渓畔林でこの3種の最高樹齢を測定した結果，シオジは254年（Sakio, 1997），サワグルミは100年程度であることが判明した．しかし，カツラは，シオジやサワグルミよりも大量の萌芽を発生させて（図3.6），個体を長期間維持していくために，幹1本の寿命は300年程度であるが，個体としては数百年から1000年近い寿命をもっていると考えられる．

以上のように，3種の生活史は各ステージによって大きく異なっていた．シオジはいわゆるブナなどの遷移後期樹種と同じように，豊凶をもった種子生産を行い，大きなサイズの種子を生産する．発芽した実生は耐陰性が強く，暗いところでもゆっくりと成長を続ける．一方，サワグルミは生活史の初期は，種子サイズや種子生産のパターンなどシオジと同様の生活史特性を示すが，実生から稚樹段階では先駆樹種であるヤナギ類のように明るいところでなければ成長できずに，個体の寿命も短い．カツラは生活史の初期は，先駆樹種の生活史特性を示し，小さな種子を毎年大量に生産し，実生も明るいところでなければ成長できないが，いったん林冠木に成長すると，萌芽によって長期間の個体維持を行うといった遷移後期樹種の生活史特性を示す．このように同じ渓畔林の林冠木でも，3種は生活史特性においてまったく異なったふるまいを示す．

これまで光環境・土壌環境と林冠を構成する樹木との関係について示してきたが，渓畔林においては水環境を避けて通ることはできない．日本のような降水量の多い地域では，広域的な樹木の分布を制限するのは温度であることが知られている．湿原や湿地に分布するような樹木では地下水位や冠水などの影響が研究されているが（山本，2002），普通の山地の樹木に対する影響はほとんど研究されていない．渓畔域に分布する樹木は，つねに水際での過湿な環境にさらされている．渓流際の砂礫地で発芽した実生は，梅雨や台風時期には滞水や冠水の影響を被る．同じ渓畔林の構成種である3種の水に対する耐性は，まったく異なっている．1年生の実生を1年間滞水させた実験（Sakio, 2005）や，当年生実生を異なる期間冠水させた実験（Sakio *et al.*, 2008）において，シオジはほかの2種と比較して非常に強い耐水性を示した．1年生の実生実験では，シオジの地上部の乾燥重量は滞水個体とコントロール個体でほとんど差が見られなかったが，サワグルミとカツラの滞水個体は明らかにコントロール個体より地上部乾燥重量が小さかった（図3.7）．シ

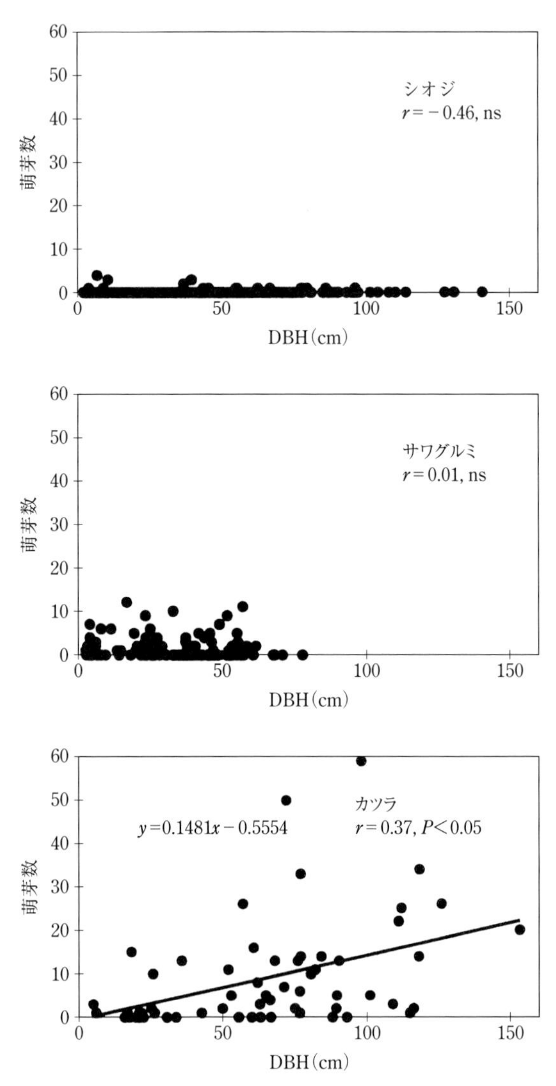

図 3.6 シオジ・サワグルミ・カツラの萌芽発生数とDBHの関係（Sakio *et al.*, 2002 より）.

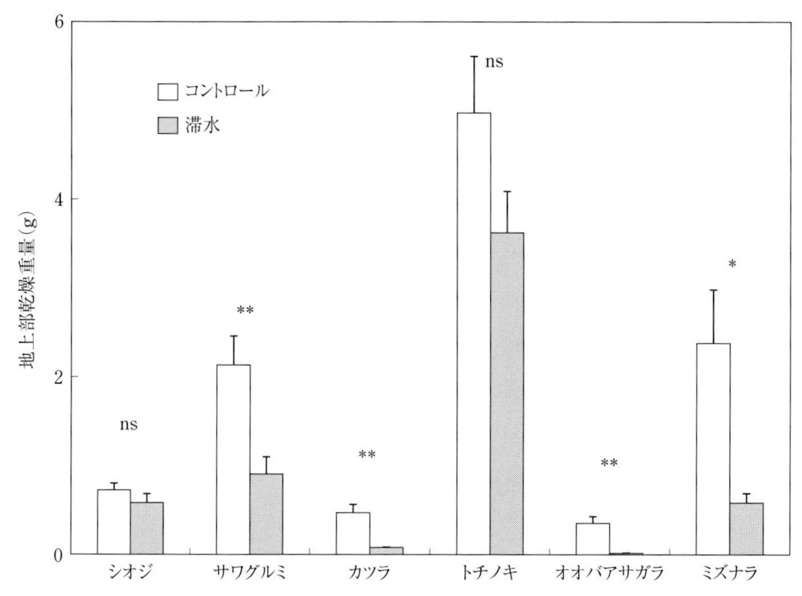

図 3.7 滞水が樹木の成長におよぼす影響（Sakio, 2005 より）．1 年生苗木を葉の展開前から落葉するまで，土壌の表面の水位で生育させ，コントロール個体と比較した．

オジの当年生の実生は 20 日間の冠水にも 80% が生存していたが，サワグルミは 20%，カツラではすべての個体が枯死した．このように，シオジの強い耐水性が渓流域の優占種となれる理由のひとつかもしれない．

以上のように樹木の生活史特性と光・水・土壌などの環境への対応の視点から，大山沢渓畔林における 3 種の共存機構はつぎのように考えることができる．シオジは山腹崩壊や土石流などの大規模な攪乱跡地に侵入するだけではなく，小さなギャップが形成された場合でも，林床に存在する前生稚樹が育ち林冠木に成長することができる（図 3.8）．また，シオジは他樹種と比較して滞水や冠水に対しても強く，水際での発芽や成長にも適応している．

調査地内には約 100 年前に発生した大規模な攪乱跡地に成立した胸高直径 50 cm ほどのサワグルミの大きなパッチが数カ所見られる．サワグルミの更新は，大規模な土石流や崩壊跡地で大きなギャップが形成された場合に限られる．このような攪乱跡地にはサワグルミだけでなくシオジやカツラなどの種子も散布され実生が定着できるが，大きなギャップの下の強光条件下では

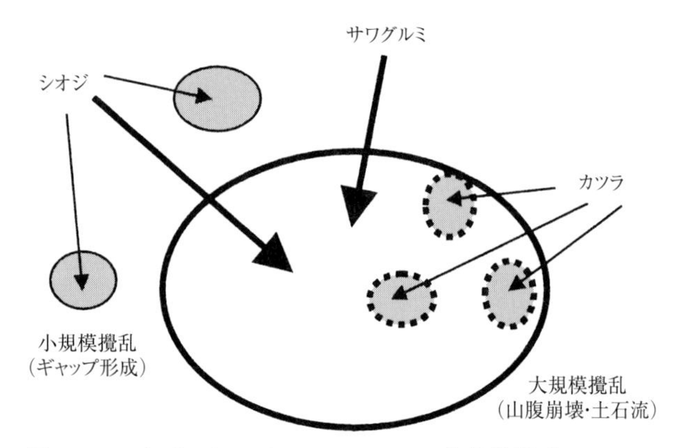

図 3.8　シオジ・サワグルミ・カツラの共存機構（Sakio *et al.*, 2002 より）.

サワグルミの成長がもっとも早く，ほかの樹種を抑えて林冠木になり，単一樹種のパッチを形成する．一方，カツラは林床にほとんど前生稚樹を形成することはない．

カツラの更新もサワグルミと同様に大規模攪乱跡地で行われると考えられている．大規模攪乱では巨礫，土砂，倒木などの有機物が複雑に混ざり合い，多様なハビタットを形成する．このなかに，カツラの種子発芽，実生の定着，成長を保障するような特別なハビタットが形成されると思われる．私が考えるところでは，巨礫や倒木の割れ目に形成された，無機質の細かな土壌がカツラの発芽・定着場所となる．このような場所は降雨による浸食を受けることも少なく，実生が安定して成長することができる．また，ギャップ際で直射光もそれほど強くない場所に定着した場合は強光による土壌の乾燥を避けることができるために，カツラが成長し続けることができるかもしれない．数十年，数百年単位でしか出現しないまれな更新機会を待ち続けるカツラは個体の寿命を長期化することでそれに対応している．カツラは主幹のまわりに多くの萌芽幹を発生させる．いったん主幹が枯死すると，まわりの萌芽が成長し主幹となることを繰り返している．そして更新サイトが出現したなら，確実にその場所を占有できるように，毎年大量の種子を生産し，遠距離まで散布し続けている．しかし，自然林のなかで，その初期の更新過程をとらえた研究はまだ行われていない．

このように渓畔林の3種の共存は，それぞれの種が異なる生活史特性をもって，環境に対して異なる反応を行い，多様な自然攪乱に適応してきた結果，獲得してきたものである．以上のような，同所的な共存のほかに，シオジとサワグルミは異なる地質にすみわけているという報告もある．シオジの稚樹は乾燥に弱く，水分の滞留する状態でも生育できるが，サワグルミは通気性のよい土壌を好む．東京都の奥多摩の渓畔林では河床堆積物の保水力の違いが稚樹の生存に影響を与えるために，マサ土起源の砂質土壌である石英閃緑岩地帯にはサワグルミが，シルト質土壌の硬砂岩・砂岩地帯にはシオジが分布している（赤松・青木，1994）．また，植栽実験では，古生層土壌と花崗岩土壌でシオジの2年生苗木を用い，保水能の小さい花崗岩土壌はシオジの苗木の成長にとって水ストレスを受けやすいことが明らかになった（カダールら，1989）．この結果は，上記の地質の違いによる自然分布を支持する結果となっている．

生物の共存に関してはニッチ分割や大規模攪乱などの仮説がある．大山沢渓畔林に関しては，サワグルミやカツラの初期の発芽，定着過程には大規模攪乱が大きく影響し，初期の発芽，定着過程には攪乱によって形成されたモザイク状のさまざまなニッチの出現によって，これらの樹木の共存が可能になっていると考えられる．

（2）カヌマ沢渓畔林

岩手県胆沢川流域のカヌマ沢において，冷温帯の渓畔林とそれに隣接する森林で，地形と種群構造の関係が研究された（Suzuki *et al.*, 2002）．4.71 ha の調査区が渓畔域・テラス・崩積斜面・浸食斜面の4つの地形要素に区分された（図3.9）．渓畔域は氾濫・土石流・倒木などの多様な自然攪乱によって，さらに現流路・低位堆積面・高位堆積面などに分けられた．自然攪乱のうち倒木によって形成されるギャップはすべての地形区分で生じるが，豪雨による土石流や洪水は渓畔域のみで発生する．

渓畔域とテラスを比較すると，樹木の胸高断面積合計はそれぞれ 32.86 m^2/ha，32.50 m^2/ha とほとんど違いがなかった．渓畔域ではカツラ，トチノキ，ブナの3種で58%を占めていたのに対して，テラスではブナ1種で54%を占めていた．立木密度では，渓畔域においては林冠を形成する高木

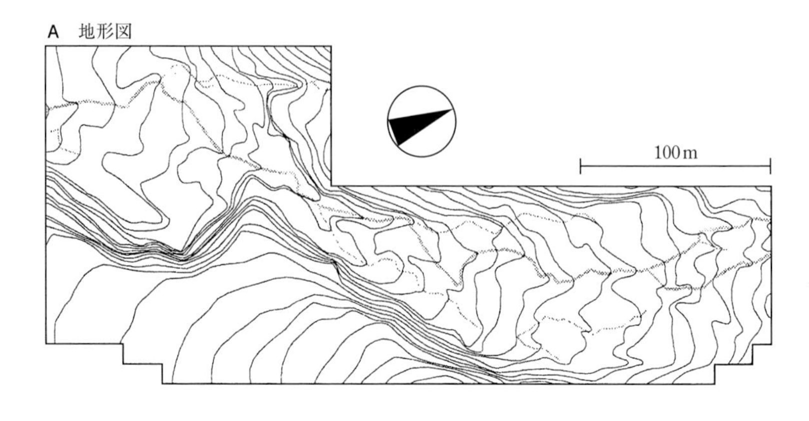

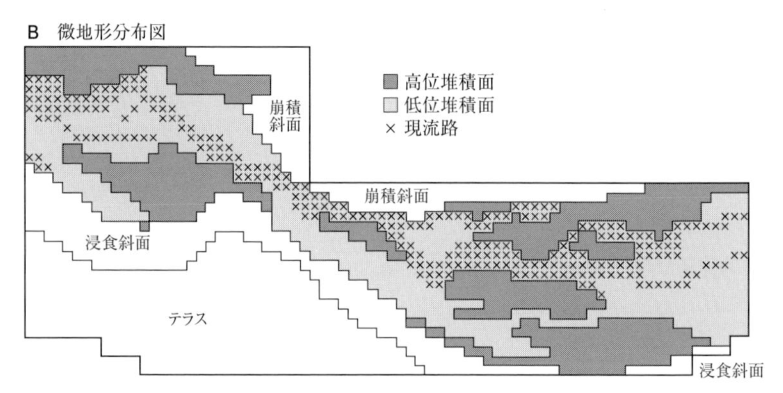

図 3.9　カヌマ沢渓畔林試験地の地形図（Suzuki *et al.*, 2002 より）．等高線は 2 m 間隔．

のサワグルミが 22% ともっとも多いのに対して，テラスでは，亜高木のリョウブ（*Clethra barbinervis*）が 20% を占め，もっとも高密度であった．

渓畔域では種数，多様度指数（フィッシャーのシャノン-ウィナー指数や均衡度指数など）の高い林分が分布したのに対して，テラスではそれらは低い値を示した．また，渓畔域，テラス，浸食斜面の地形要素に依存した樹種が確認され，そのほかに特定の地形に偏らないジェネラリストも認められた．渓畔域ではサワグルミ，オヒョウ，トチノキが，テラスではリョウブやタムシバ（*Magnolia salicifolia*）が，浸食斜面ではアズキナシ（*Aria alnifolia*）

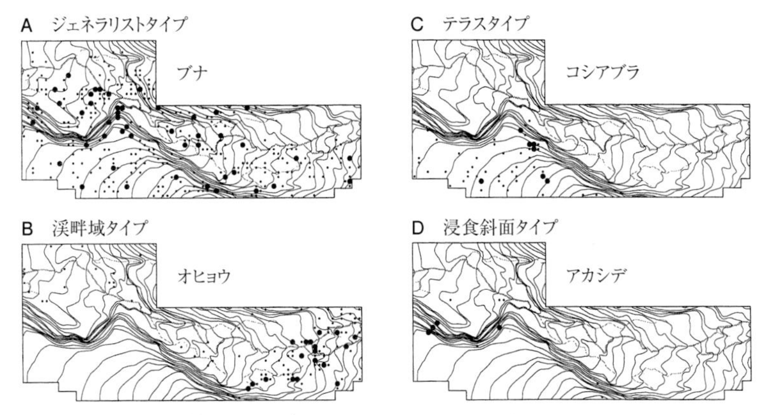

図 3.10　代表的樹種の空間分布（Suzuki *et al.*, 2002 より）.

やアオダモ（*Fraxinus lanuginose* f. *serrata*）がもっとも地形と強い関係を示し，ブナはジェネラリストとしてさまざまな地形に分布していた（図 3.10）．渓畔域で種数が多かった原因は，サワグルミ，オヒョウ，トチノキ，カツラなどの渓畔域に依存した樹種のほかに，浸食斜面やテラスに依存した種に加えて，ジェネラリストや低頻度種が分布していたためであった．一方，テラスではテラスに依存した種が 60% を占めており，それに数種のジェネラリストが分布するだけであった．

これらの結果から，渓畔域では，ギャップ形成だけではなく洪水や土石流などの河川攪乱によって不均質な立地条件が形成され，そこに渓畔域に依存した樹種だけではなく，テラスに依存した種やジェネラリストなど異なる生態的地位の樹種が共存していた．また，渓畔域にはシナノキ，ウリハダカエデ（*Acer rufinerve*），クサギ（*Clerodendrum trichotomum*）などの明るいところに分布する低頻度出現樹種や，ヤマハンノキやシロヤナギなどのように洪水や土石流など大規模攪乱によって形成された広い氾濫原に分布する樹種も見られた．このように渓畔域は，低頻度種の避難場所としての役割も果たしている．これらのことは，渓畔域における種の共存が非平衡状態で維持されていることを示している．

（3）芦生モンドリ谷（トチノキ・サワグルミ）

京都大学芦生演習林のモンドリ谷には，サワグルミやトチノキを林冠木の優占種とする山地渓畔林が広がっている．ここでは，この2種の個体群動態が詳細に研究されてきた（大嶋ら，1990）．この2種の個体をそれぞれ地際直径10 cm未満の幼木段階と10 cm以上の成木段階に分けて分布を解析した結果，トチノキ，サワグルミともに地際直径の頻度分布はL型分布であり，このことは後継個体が加入して，個体群が更新していることを示していた．トチノキは流域全体に分布していたが，幼木は渓流勾配が急であり，流路が直線状，岩盤で形成されているV字谷において優占度が高かった．一方，サワグルミは，V字谷には成木も幼木もほとんど分布せず，比較的緩やかな勾配で，流路変動の生じる谷底に優占していた．また，渓流勾配がもっとも緩やかで流路が蛇行し，渓流幅がもっとも広い平坦部では，両種が混合して分布していた．2種とも幼木から成木に成長する過程で，集中分布から一様分布に変化していくことが予想された．

渓畔域の地形が山腹崩壊など斜面から生産される崩積土の作用と，土石流など渓流の流水によって運搬される土砂の2要因によって形成されていることから，モンドリ谷流域を河川部，段丘部，斜面部に3区分し，地形と2種の分布の対応を調べた（大嶋ら，1990）．その結果，トチノキの成木は斜面部に多く，段丘部から河川部にかけて急激に減少した．幼木は斜面部と段丘部に多く，河川部ではわずかであった．一方，サワグルミの成木は，95%ほどが河川部に分布し，斜面部にはまったく見られなかった．幼木も90%が河川部に分布していた（図3.11）．これらの結果から，トチノキは，比較的長期間安定する斜面部から段丘部にかけて分布するのに対して，サワグルミは，渓流攪乱の頻度の高い河川部の空間を幅広く占有していた．以上のように，トチノキとサワグルミの個体群の動態や関係についてかなりのことが明らかになったが，それを具体的に検証するために，個体群統計学的手法によってさらに詳細な研究が続けられた．

2.8 haの調査区のなかのトチノキとサワグルミの当年生実生を含む全個体のサイズと空間分布が調べられ，リタートラップによる種子生産量の測定が行われた．当年生実生は1週間間隔で，それ以外の個体は毎年秋に生存が調

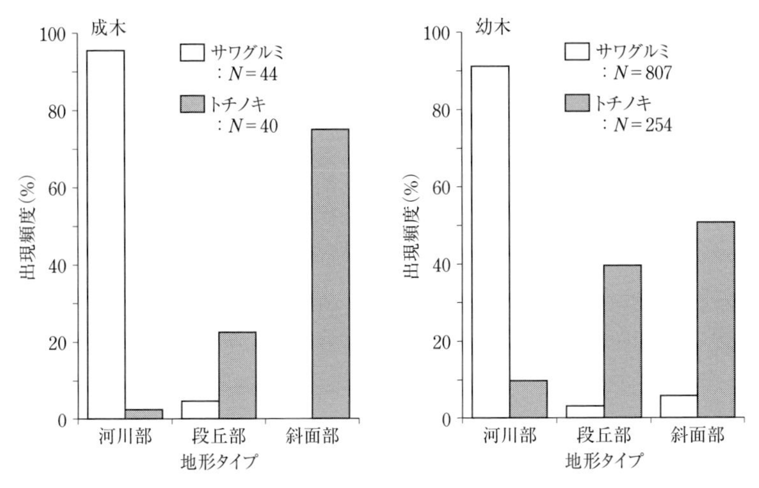

図 3.11　3つの地形タイプにおけるサワグルミとトチノキの成木と幼木の出現頻度（大嶋ら，1990 より）.

べられた．生育場所の地形区分は，氾濫原部（河川部），段丘部，斜面部の3つのカテゴリーに，生活史段階は樹幹長と分枝パターンから，当年生実生・単軸型稚樹・分枝型稚樹・成熟個体など7つのカテゴリーに，死亡損傷は，その要因から3つに分けられ，損傷なしで生存した場合を含めて4つに分類された．1989 年から 1996 年のデータから，推移行列モデルを使って2種の個体群動態が解析された（Kaneko *et al*., 1999；Kaneko and Kawano, 2002）．その結果，トチノキ，サワグルミともに1以上の個体群成長率を示し，比較的高頻度で規模の大きな攪乱が生じる渓畔域において安定して更新していくことが示された．また，トチノキは，ソース集団である斜面部の集団が個体群の存続や適応度に高い重要性を示した（図 3.12）．一方，サワグルミは，台風攪乱による影響が大きい氾濫原部にソース集団があるものの，そのダメージは小さな個体に影響を与えるので，成熟個体が生存していれば，新たに出現した林床の裸地で実生による更新を行うために，氾濫原部で優占種となることができる（金子，1995）.

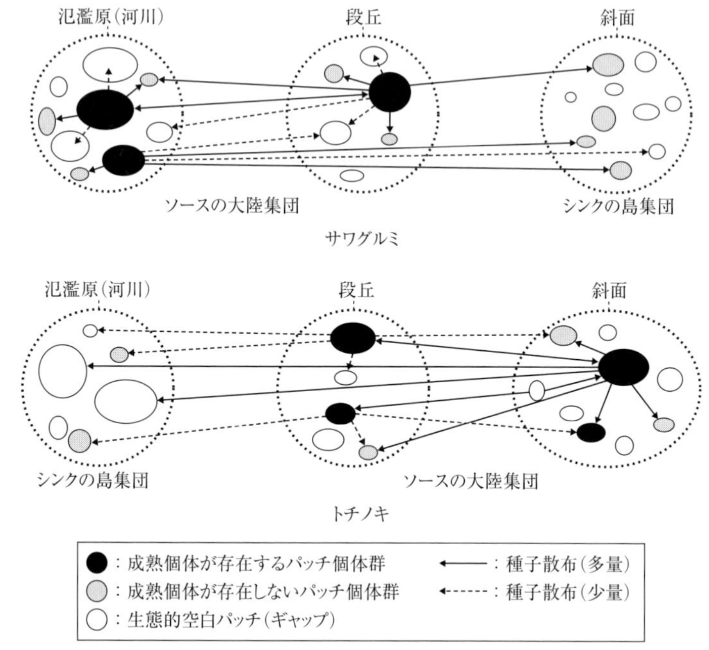

図 3.12　サワグルミとトチノキのメタ個体群構造（Kaneko *et al.*, 1999；Kaneko and Kawano, 2002 より）．上：サワグルミ，下：トチノキ．

3.2　山地河畔林

山地河畔林は高標高の河川において，土砂がV字谷に堆積してできた広い谷底氾濫原や扇状地に成立する森林群集である．主として北海道や東日本に分布する渓畔林では，大小さまざまな攪乱を高頻度に受けているのに対し，広い谷地形が発達する山地河畔林の氾濫原では攪乱体制が異なっているために，2つの水辺林の間には林分構造に違いが見られる．渓畔林では攪乱が生じた後で，その場所で時間をかけて遷移が進行していく．渓流幅が狭いので，流域を眺めて初めていろいろな遷移段階の森林が分布していることがわかる．つまり，線的にまた時間的な視点で眺めてみると共存しているのに対して，山地河畔林では河床の面積が広いために，各種の遷移段階の森林が同じ時期に面的に空間的に共存している．

（1）千手ヶ原

栃木県日光市の中禅寺湖畔には，ハルニレとミズナラを林冠木の優占種とする山地河畔林が広がっている．森林総合研究所の研究チームは，この山地河畔林に調査地を設定し，森林の構造と動態に関する研究を開始した（Sakai *et al*., 1999）．分布密度のもっとも高い樹種はオノエヤナギで 84 本/ha であった．胸高断面積合計はハルニレとミズナラが圧倒的に大きく，両種で 74% を占めていた．この 2 種の胸高直径の頻度分布は 2 山型で，10-20 cm と 100 cm 付近にピークをもっていた．オオバヤナギも 2 山型であったが，ピークは 10-20 cm と 60 cm 付近であった．また，個体密度のもっとも高かったオノエヤナギは 10-20 cm のひとつのピークで，40 cm 以上の個体は見られなかった．これらの結果から，過去に大規模攪乱によってこの河畔林は一斉更新したことが予想された．

樹種の空間分布から，群落は大きく以下の 3 つに分けられた．

①オノエヤナギ，オオバヤナギ，ケヤマハンノキの先駆樹種からなる群落で，胸高直径 30 cm 以下の小さなサイズのドロノキを含んでいた．これらは流路沿いの低いテラスに分布していた．

②シラカンバ，ダケカンバ（*Betula ermanii*）に胸高直径 60 cm 以下のハルニレとミズナラを含んだ群落と，イタヤカエデと胸高直径 60 cm 以下のミズナラで形成された群落で，中程度もしくは比較的高いテラスに位置していた．前者は平坦地や凹地形に分布していたが，後者は凸地形の比高の高い場所に分布していた．

③大きなサイズのドロノキとハルニレは，高いテラスの平地か凹地形に，大きなサイズのミズナラは凸地形に分布していた．キハダは高いテラスに小さなパッチを形成して分布していた．

これらの樹木の樹齢解析を行った結果，20-30，70-90，280-320 年の明確な 3 つのピークが見られ，河川からの距離および比高と対応していた（図 3.13）．つまり，ヤナギ類やケヤマハンノキによって構成される若い個体は流路に沿った比高の低い段丘に，高樹齢のハルニレの個体は比高の高い段丘に分布し，上の 3 つの群落に対応していた．そして，過去の大規模な洪水の履歴から，河川攪乱によって形成された段丘にこれらの群落が更新したこと

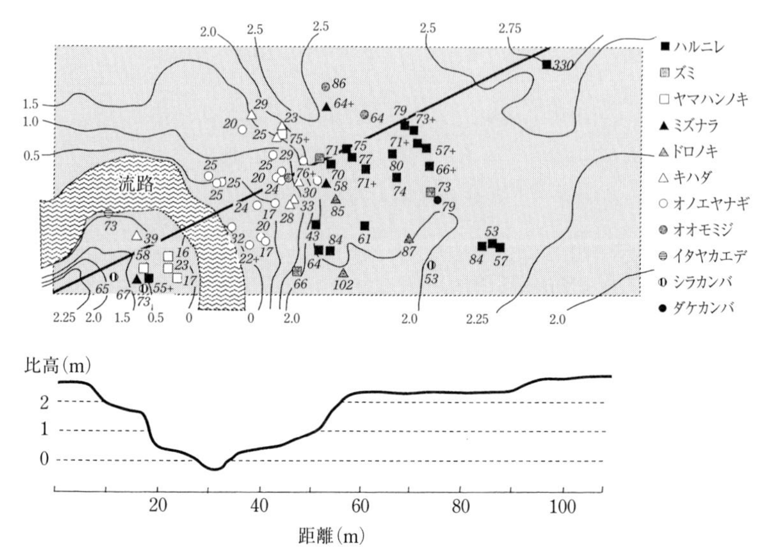

図 3.13　水辺域の地形とそこに分布する樹種と樹齢（Sakai *et al.*, 1999 より）．数字は樹齢を示す．＋のついた樹齢は，成長錐が樹木の中心部にあたらなかった個体を示す．

が明らかになった．寿命の短い先駆樹種であるヤナギ類やケヤマハンノキは，強度は小さいが攪乱頻度の高い水際の低い段丘において短いサイクルで更新しているのに対して，寿命の長いハルニレやドロノキなどは，数百年に一度の洪水によって強度に攪乱される高い段丘が更新サイトとなっている．

（2）十勝川

北海道十勝岳の東側を流れる十勝川の山地上流域における河畔林で，河床と斜面の林分構造が，基質を含む立地環境の観点から解析された（有賀ら，1996）．斜面から河床に向かって横断方向に調査区を設定し，林分構造と立地環境を比較した（図 3.14）．もっとも流路に近い調査区 A と G ではオオバヤナギが，調査区 H はケヤマハンノキが優占する一斉林であった．調査区 B では上層にケヤマハンノキ・ドロノキ・オオバヤナギが優占し，下層にイタヤカエデやトドマツ（*Abies sachalinensis*）が混交していた．調査区 C・I は，上層にトドマツ・エゾマツ（*Picea jezoensis*）などの大径木が優占していた．一方，斜面には調査区 D・E・F ではイタヤカエデ・ヤチダモ・

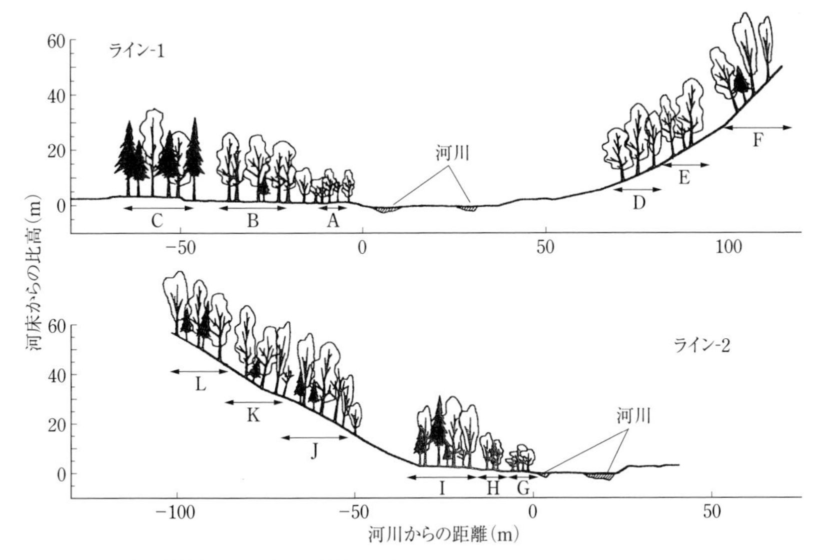

図 3.14　十勝川源流の河畔林の相観（有賀ら，1996 より）．

ハルニレ・オヒョウが，調査区 J・K・L ではシナノキ・オヒョウ・トドマツ・ケヤマハンノキ・ウダイカンバ（*Betula maximowicziana*）・エゾマツ・ミズナラなどが上層を形成していた．種組成をもとに 12 林分のクラスター分析を行った結果，河床で流路に近い調査区 A・B・G・H からなるグループ 1，流路から離れた調査区 C・I のグループ 2，および斜面の調査区 D・E・F と J・K・L からなるグループ 3 に分けることができた（図 3.15）．

これらのグループの林分構造の分類は立地環境とよく対応している．流路に近いグループ 1 では，林分の消失と裸地の出現頻度の高い立地で，侵入できる樹種は先駆樹種に限られ一斉林を形成する．ここでは頻繁に冠水の影響を受け，かぶり堆積物が認められる．このような環境のもとで適応した樹種は，長期の冠水や埋没に耐性をもつオオバヤナギやケヤマハンノキに限られている．流路から離れたグループ 2 の立地は，河床変動攪乱の強度は小さく，林分が完全に破壊されることは少ない．ここでは，河川攪乱の強度が小さく，林床植生を剝ぎ取るような攪乱によって，サイズの小さな砂礫が堆積して，先駆樹種だけではなく，遷移後期樹種を含めた多様な種が侵入し，種多様性が高まっている．また，土壌中の水分含水率や有機物含有量が高いうえに，

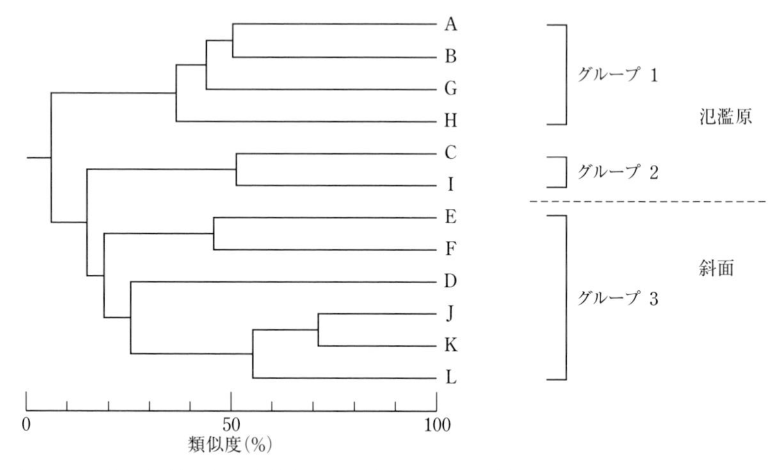

図 3.15　調査区間の類似度をもとにしたクラスター分析（有賀ら，1996 より）．A から L は，図 3.14 の林分の位置を示す．

長期間，立地が安定していることから，トドマツやエゾマツなどの針葉樹が優占することができる．

このような上流域での段丘が形成される河畔林では，河川からの距離や河床からの比高によって，撹乱の頻度・強度，基質が異なるために，遷移段階の異なる森林が山腹斜面に向かって階段状に配列されている．

（3）上高地

長野県梓川流域の上高地では，河床幅が広いところでは 600 m 以上あり，河床は山地河畔林で覆われている部分と水が流れている河原とに分けられる．山地河畔林内にはところどころに流路の痕跡（旧流路）が見られ，繰り返された大小の洪水による流路変動などの動的地形要因によって，植生の破壊と再生が繰り返されている（上高地自然史研究会，1995）．しかし，過去 50 年間に，山地河畔林の全域が一度に破壊されたことはなく，部分的な破壊にとどまっている．

この幅広い河床の群落は，①先駆樹種低木林，②先駆樹種若齢林，③エゾヤナギ-ケヤマハンノキ林，④ケヤマハンノキ林，⑤先駆樹種成熟林，⑥ハルニレ-ウラジロモミ林，⑦カラマツ林，の 7 つに分けられた（進ら，

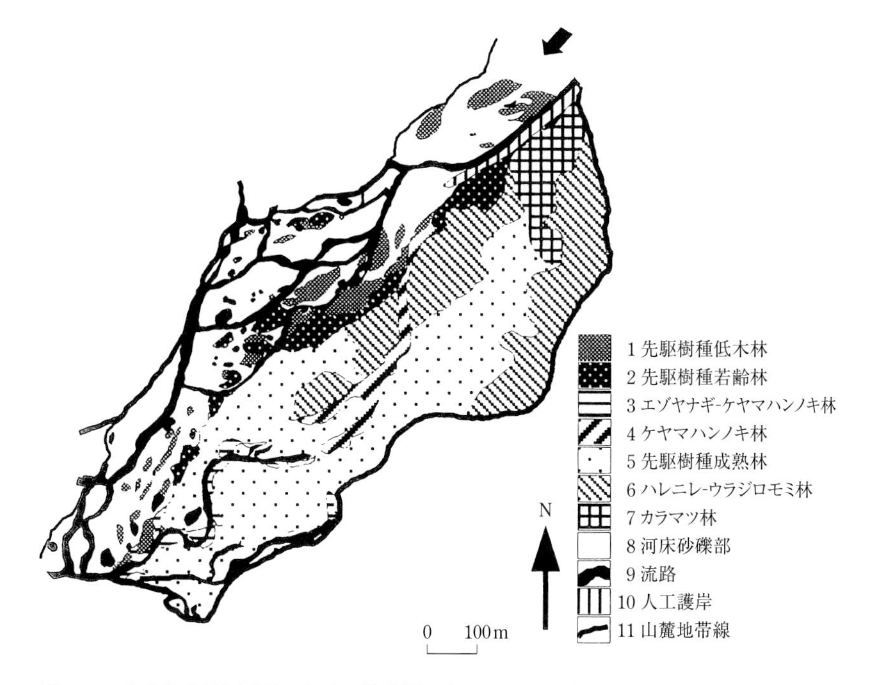

図 3.16　上高地山地河畔林における植生図（進ら，1999 より）．

1999；図 3.16）．先駆樹種低木林は，河床砂礫部にパッチ上に分布するケショウヤナギ・エゾヤナギ・ケヤマハンノキ・ドロノキなどの個体サイズが均一な群落高 5 m 以下の群落である．先駆樹種若齢林は，河床砂礫部にパッチ上に分布したり，氾濫原の河原沿いに帯状に分布し群落高が平均 12 m で，優占種は低木林と同様であるが，ヤチダモ・ウラジロモミなど遷移後期樹種もわずかに侵入していた．エゾヤナギ-ケヤマハンノキ林の群落高は 15 m で，分派流路沿いに分布し，ヤチダモ・サワグルミなどの稚樹も侵入していた．ケヤマハンノキ林は河畔林内の旧流路に沿って，群落高 15 m の群落が成立しており，林床にはヤチダモの稚樹が密生していた．先駆樹種成熟林は氾濫原全体に分布し，もっとも広い面積を占めていた．ケショウヤナギ・ドロノキ・オオバヤナギ・カラマツ・エゾヤナギが林冠木の優占種で群落高は 30 m に至っており，樹齢は 100 年前後の個体が多かった．カラマツ林は氾濫原上流部のみに分布し，群落高は約 30 m であった．

7つの群落は，植生の遷移段階を代表しており，氾濫による植生破壊後の植生回復は，河川攪乱によって新しく形成された河床砂礫部にケショウヤナギ・エゾヤナギ・ケヤマハンノキ・ドロノキなどの先駆樹種が侵入し，低木林をつくるところから始まる．このときにも土壌環境によって種独特の分布が見られ，ケショウヤナギは無機的な通気性のよい土壌に，ドロノキは有機質が豊富な土壌に定着している（岩船ら，1995）．この低木林が成長した後には，ハルニレ・ウラジロモミ・ヤチダモなどの遷移後期樹種が侵入し，高齢林を形成する．実際には，先駆樹種の低木から遷移後期樹種の高齢林に遷移する中間段階の植生が，地形に対応してモザイク状に形成されている．この幅広い河床は段丘化されていないうえに，主流路から各群落までの距離と群落の成熟度は比例していなかった．

一般に，上流域の渓畔林では，流路幅が狭いために，林冠層が連続していることが多く，林床に直射日光の照射が少ないので，ヤナギ類やケヤマハンノキなどの先駆樹種が出現しないことが多いが，河床幅が広い山地河畔林においては，広い砂礫の裸地が出現し，先駆樹種から遷移後期樹種への段階的な植生がモザイク状に共存している状態が見られる．

3.3　河畔林

ヤナギ林は日本のなかでも，北海道から東北地方の河畔によく発達している．その理由としては，大きく3つがあげられる（新山，1995）．第一の理由は，日本列島において北にいくほど春の融雪による水位上昇と，梅雨や台風の影響が少ないために夏季にかけての安定した低水位がはっきりしていることである（新山，1995；図3.17）．多くのヤナギ科植物は，この水位低下時期に種子散布を行い，融雪洪水でできた堆積地が絶好の更新サイトとなっている．一方，西日本では梅雨と台風シーズンに水位の上昇があり，春先に発芽したヤナギ類の実生が定着できない．第二の理由は，ヤナギ科植物の分布自体が北方域に偏っていることである．第三の理由は，北海道は開発の歴史が浅く，本州や九州の河川や河畔植生への人為攪乱の歴史に比べれば，攪乱の程度が低いことである．

ヤナギ類の共存を考えるときには，流域レベルでの共存と局所的な共存が

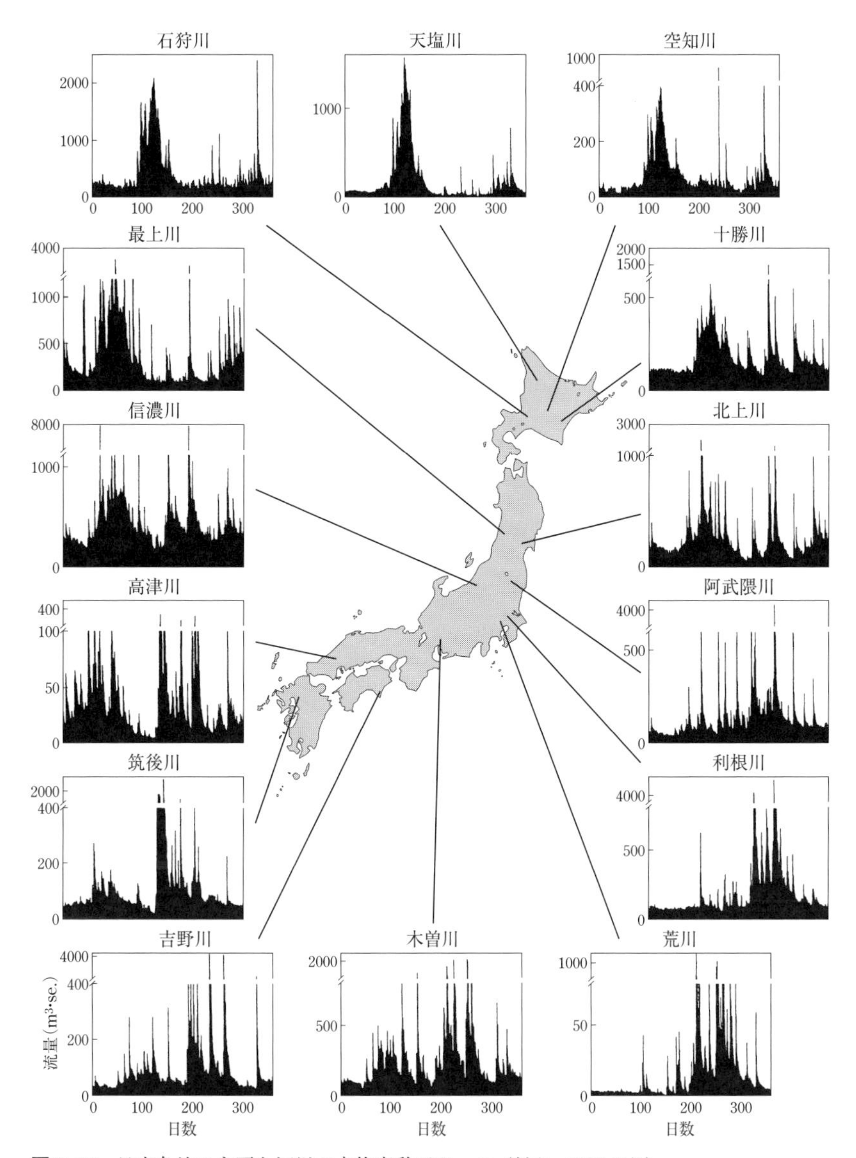

図 3.17 日本各地の主要な河川の水位変動パターン（新山，1995 より）．

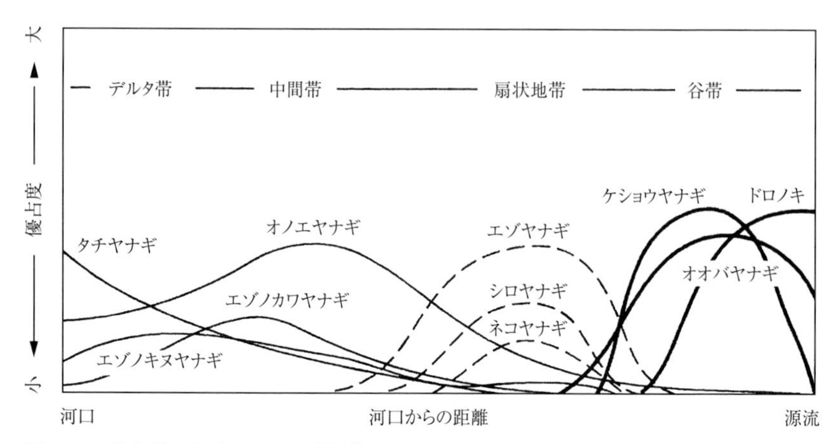

図 3.18　北海道におけるヤナギ科植物の河川に沿った分布パターンの模式図（新山，1995より）．石狩川水系にはケショウヤナギは分布していないが，札内川での調査結果をもとに書き加えてある．

考えられる．流域レベルでの河川に沿ったヤナギ類の分布パターン（新山，1995；図 3.18）は，大型で高木性のドロノキ・ケショウヤナギ・オオバヤナギは上流域（谷帯）に分布し，礫や砂の割合が多い山地河畔林で優占している．エゾヤナギ・シロヤナギ（高木性），ネコヤナギ（*Salix gracilistyla*）（低木性）は扇状地帯に，タチヤナギ（低木性）は下流のデルタ帯に優占して分布している．このように上流から下流に向かって，ヤナギ類は高木性から低木性の樹種に分布が移り変わっている．これらの流域でのヤナギ類の分布は，流域における土性の違いを反映していた（新山，1987；図 3.19）．上流域（谷帯）では礫や砂の割合が多く，下流のデルタ帯のタチヤナギは礫質の土壌ではほとんど出現しないで，微砂と粘土が合わせて 100% の土壌でのみ分布していた．扇状地帯に分布するシロヤナギとネコヤナギ，上流域（谷帯）に分布するドロノキ・オオバヤナギ・ケヤマハンノキは，いずれも礫質の土壌にのみ分布していた．一方で，扇状地帯とデルタ帯の間の中間帯を中心に分布するオノエヤナギ・エゾノカワヤナギ・エゾノキヌヤナギは礫質の土壌から微砂と粘土が合わせて 100% の土壌まで広く分布していた．このように，流域レベルでは土壌の違いによってすみわけることで，ひとつの河川流域で共存していた．

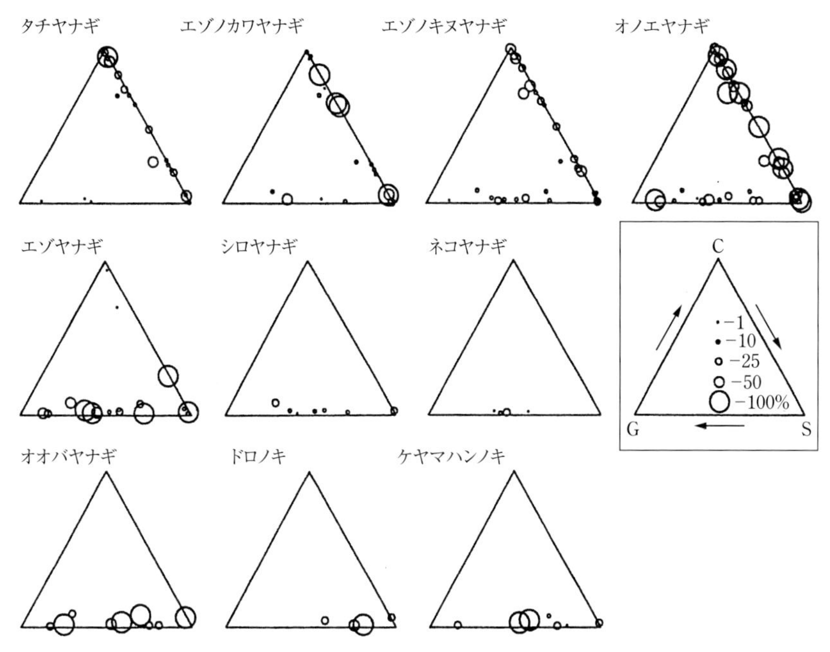

図 3.19　石狩川でのヤナギ科植物の優占度と土性との関係（新山，1987 より）．C：シルトとクレイ（<0.05 mm），S：砂（0.05-2 mm），G：礫（>2 mm）．

一方，ひとつの群落で局所的に共存しているヤナギ類も見られる．空知川の河畔林では，エゾヤナギ・エゾノキヌヤナギ・エゾノカワヤナギ・オノエヤナギ・タチヤナギ・シロヤナギの 6 種が多くの群落で共存している．ここでは土壌の粒径など物理的性質の異なる土壌が一定の傾度をもたずに，モザイク状に分布している．これらのなかで，礫質土壌に多いエゾヤナギやシロヤナギと，微砂と粘土に多いタチヤナギは土壌の違いによってすみわける傾向にあった．また，エゾヤナギはシロヤナギと種子の散布時期が異なっている．これらの 3 種の共存は，発芽・定着する土壌や種子散布時期などの生活史特性が違うことから，更新ニッチの違いによって説明できる（Niiyama, 1990）．しかし，エゾノキヌヤナギとエゾノカワヤナギは，オノエヤナギとともに，生育地の土壌環境は多様であり（新山，1987），種子サイズや種子散布時期という生活史特性も似通っている（Niiyama, 1990）．このように，たがいによく似た生態的特性をもつヤナギ類の共存は，たがいに相手の種を排除できないという説や排除に長い時間がかかるという説でしか説明できない（新山，1995）．

さらに，小さなスケールでは水際の河畔斜面においては水位変動に対応して比高との関係から異なるヤナギ類が列状に共存している．ここでは土壌環境の違いではなく，融雪洪水の水位低下とヤナギ類の種子散布時期のズレが組み合わさって，ほぼ同じ土壌環境で列状に共存していた．しかし，このような立地では，毎年定期的に繰り返される融雪洪水によって実生の定着と破壊が行われており，厳密な意味での種の共存とはいえない（新山，1995）．

3.4　流域における樹木の共存機構

河川流域における樹木の共存機構は，河川やその周辺の地形の動態に大きく関わっている．図3.20は，渓流から扇状地に至る河川の水辺林の樹木の共存を示している．山腹方向からの攪乱が卓越する河川幅の狭い渓流では，これらの立地に縦方向に異なる樹種が分布し，時間の経過とともに同じ場所で樹種が入れ替わっていく（図3.20（A））．

段丘が形成されている渓流においては，河川からの距離にしたがって樹木の分布が変化していく．芦生モンドリ谷ではサワグルミが河川部に，トチノキが段丘部に分布している．十勝川では，ヤナギ類やケヤマハンノキが河川側に分布し，斜面の上部にいくにしたがってイタヤカエデ，ミズナラ，エゾマツ，トドマツなどに変化していた（有賀ら，1996；図3.20（B））．

上高地の山地河畔林のように河川幅が広いところでは，網状流路が発達し，形成年代の異なる中州が存在している．これらの中州に発達段階の異なる多様な林分が形成され，樹齢，樹種の異なるモザイク状の植生が分布している（進ら，1999；図3.20（C））．

以上のように，河川の流域によって時間的に，また空間的に異なる地形が形成され，そこにこれらの立地に適応した樹種が侵入することによって，流域全体としては樹種の多様性が保たれている．

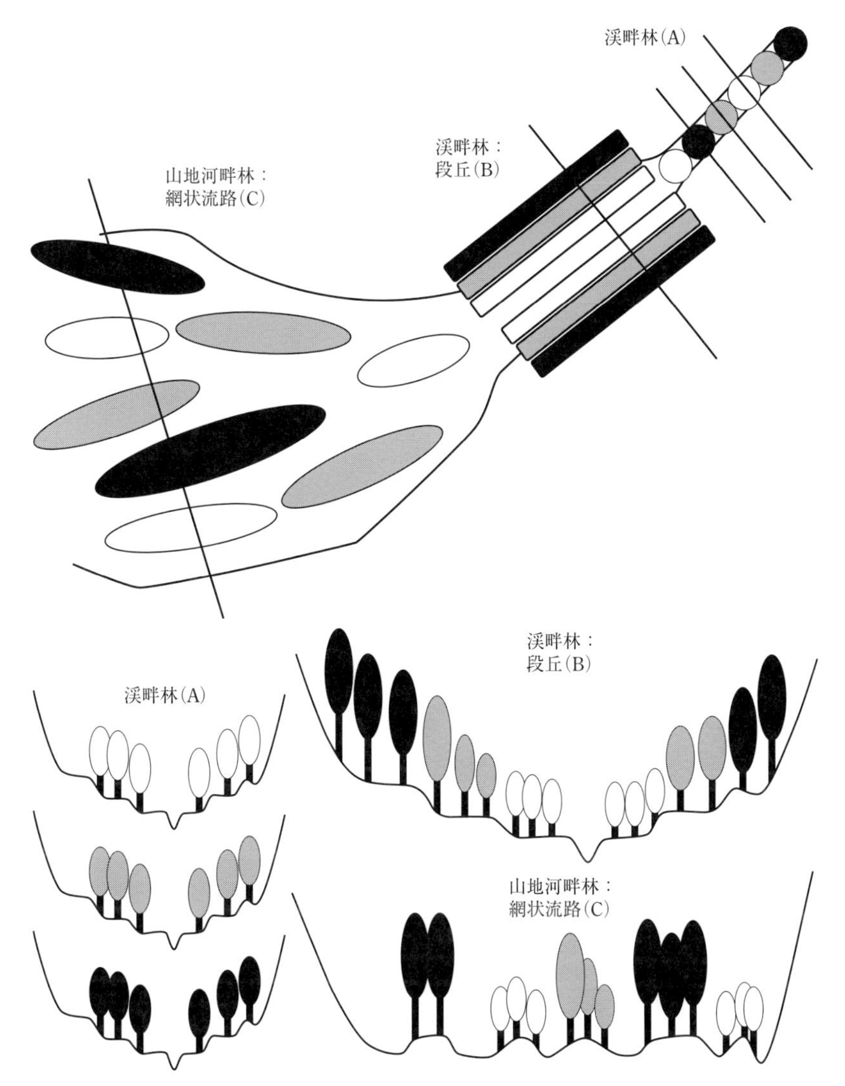

図 3. 20 上流域の渓畔林から山地河畔林における地形と樹種分布のパターン．A：渓流幅の狭い渓畔林における樹種の分布，B：段丘が形成される渓畔林における樹種の分布，C：網状流路の発達する山地河畔林における樹種の分布．

第4章　水辺の攪乱
――ストレスに耐える

水辺は私たちに憩いと安らぎを与えてくれる．精神的な面だけではなく，体のリフレッシュや魚，山菜などの食物も供給してくれる．このように，普段の水辺は，美しさや優しさを見せているが，その反面，大雨や台風のときには，まったく想像もつかないような災害を引き起こしている．

近年，気候変動が原因と考えられている大規模な自然攪乱が世界中で発生している．ハリケーンや台風の大型化，局所的な集中豪雨，これらの現象に伴う地滑りや河川の洪水など枚挙にいとまがない．2005年には巨大ハリケーン「カトリーナ」がアメリカのニューオーリンズに，2011年にはタイで長期間にわたる洪水が発生し，2013年には大型の台風がフィリピンに到来し，高潮による被害をもたらした．国内でも，各地でゲリラ豪雨と呼ばれる集中豪雨が発生している．2011年7月には新潟と福島の県境に停滞した低気圧によって，総雨量700 mmを超える豪雨が発生し，流域に洪水をもたらした．これらの大規模な攪乱が水辺の生態系にどのような影響を与えたかは，意外と明らかになっていない．ここでは，私が学生たちや共同研究者と行ってきた研究に関して，上流域の渓畔林における土石流，中流域における洪水，下流域の高潮による大規模攪乱で破壊された水辺林がどのような更新過程をたどっているのか，新たに発見された水辺林の更新機構について解説する．

4.1　渓畔林――土石流跡の更新

これまで渓畔林を構成する多くの樹種の生活史特性や更新機構，またこれらの樹種の共存機構が明らかにされてきた（第2章，第3章参照）．大規模攪乱によって更新すると考えられている渓畔林樹種としてはカツラ（崎尾，1995；久保ら，2000, 2001a, 2001b ; Sakio *et al.*, 2002 ; Kubo *et al.*, 2007；正木，2008），サワグルミ（大嶋ら，1990；佐藤，1992, 1995；金子，1995；崎尾，1995 ; Kaneko and Kawano, 2002 ; Sakio *et al.*, 2002），山地河畔林の遷移後期樹種であり，カツラやサワグルミと同様に大規模攪乱が更新に不可欠と考えられているハルニレ（Sakai *et al.*, 1999；和田・菊池，2004 ; Nomiya, 2010），太平洋側の渓畔林構成種であり，ギャップ更新だけでなく，大規模攪乱後に更新するシオジ（崎尾，1995 ; Sakio, 1997, Sakio *et al.*, 2002）など多くの研究例がある．これらの研究において，渓畔林構成種の生活史と大規模攪乱は深く関わっていると考えられており，渓畔林の更新は連続的ではなく，数百年に一度の頻度で発生するような大規模攪乱によって生じている可能性が指摘されている（佐藤，1992, 1995；金子，1995；崎尾，1995 ; Sakio *et al.*, 2002；正木，2008）．

しかしながら，これまで渓畔林の更新に関する研究の多くは，中規模的な攪乱はありつつも，成熟した高齢林で行われてきたため，カタストロフィックな大規模攪乱後まもない環境下における更新プロセスはほとんど明らかになっていない．更新機構を解析する場合にも，成熟林の段階で存在する遷移後期樹種で生活史や光・土壌・水分環境への反応を比較してきた．数百年を経た森林において，その初期の状態を再現するのは，ほとんど不可能と考えられる．これを明らかにするには，大規模攪乱後の樹木の更新状態を直接に研究するのがもっとも効果的であるが，そのような攪乱に遭遇することは非常にまれである．

種子から発芽，実生段階である樹木の初期定着過程は，樹木の生活史においてもっとも死亡率が高い段階であり，更新に大きな影響をおよぼしている（木佐貫ら，1995 ; Nadia, 2002）．また，樹種によっては実生の定着基質と母樹の分布が一致しておらず（Masaki *et al.*, 2007；正木，2008），水辺林では実生加入・定着後の成長段階が重要であるという指摘もある（金子，1995；崎尾，1995 ; Masaki *et al.*, 2007，正木，2008）．これまでの成熟林分において，小中規模なギャップや季節的な河川攪乱後の実生の定着過程に関しては多くの研究があるが，長期的視野での渓畔林成立メカニズムを解明するためには，大規模攪乱後の樹木実生の初期定着過程を明らかにすることが不可欠と考えられる．

これまで水辺林構成種の共存を扱った研究は，ヤナギ類やケヤマハンノキなど非常に先駆樹種か，カツラ，サワグルミ，トチノキ，シオジなど遷移後期樹種のどちらかのグループを対象にしたものが多く（第3章参照），先駆樹種と遷移後期樹種の両者の共存を扱った研究は，水域に近く攪乱がつねに存在する河畔域から攪乱頻度の低い陸域への環境傾度の存在するハビタットで行われてきた（Kikuchi, 1968；佐藤，1992, 1995）．大規模攪乱後の更新初期における先駆樹種と遷移後期樹種の競争・共存関係は，その後の渓畔林の種組成に大きく影響すると考えられ，水辺林の多様性の高さ（Suzuki *et al.*, 2002；Masaki *et al.*, 2008）を説明するうえで重要である．また，破壊的な大規模攪乱後の樹木の更新には先駆性が重要な種特性と考えられ，これらの樹木の加入定着過程，初期成長過程が重要（金子，1995）になってくる．このように攪乱直後の，遷移初期段階の更新状況を明らかにすることは，渓畔林の更新メカニズムを知るうえで重要である．

新潟県佐渡島の大佐渡北部に位置する大河内川付近の地層は真更川層と呼ばれ，大部分が淡緑色の酸性凝灰岩-凝灰角礫岩からなり，脆弱な地質となっている（島津・吉田，1969）．そのために，地滑りや土石流の発生頻度が高く，地形にもこれらの痕跡が残されている．この周辺の天然の渓畔林は，サワグルミやカツラを林冠木の優占種としてイタヤカエデやミズナラが混交している．

1995年8月，新潟県下越・佐渡地方を中心とした集中豪雨が発生し，各地に多くの被害をもたらした．佐渡市相川では2日午後3時から3日午後6時までに171 mmの記録的雨量を観測している（気象庁，2011）．この大河内川の上流域の流路際には土石流によって形成されたと見られる比高1-2 mの小高い段丘（テラス）があり，その上に多数の若齢木と，以前から生育する少数の大径木が分布している．この上流域には大規模な山腹崩壊の跡があることから（図4.1），このテラスはその豪雨の際に上流部で山腹崩壊が生じ，崩落土が土石流化した際に形成されたものと考えられた．地元の住民の証言や若齢木の樹幹解析の結果からも，この土石流は1995年8月3日前後に発生したと考えられた．

新潟大学大学院生であった川上祐佳さんは，このようなまれな大規模攪乱

図 4.1　佐渡島大河内川上流域の土石流の発生源となった山腹崩壊地.

直後の更新過程を明らかにするために，この理想的な調査地において 3 年間研究に取り組んだ．この土石流の発生した渓流の横には分岐した支流が流れている．この支流域は最近の数十年は大きな攪乱が発生せずに，成熟した天然の渓畔林が分布している．樹高 20 m を超えるサワグルミやカツラにイタヤカエデやオニグルミが混交している．山腹から尾根にかけてはヒノキアスナロ（*Thujopsis dolabrata* var. *hondae*）が優占種となっている．このことから，土石流で破壊された渓畔林も将来はこのような樹種構成の渓畔林に遷移していくことが予想される．このような大規模な攪乱直後に生じている樹木の競争や共存機構を明らかにすることは，これまで知られていなかった長期的な更新機構を知るうえで重要である．

まず，1995 年の土石流によって形成されたテラス上に長さ 240 m，幅 2-20 m のベルト状の調査区を設置し，林分構造を解析した．この林分ではケヤマハンノキとオノエヤナギが優占しており，この 2 種で胸高断面積合計の約 57% を占めていた．この研究では，この 2 種の優占種のほかに渓畔林の遷移後期樹種であるサワグルミ，カツラの合計 4 種を調査対象樹種とした．

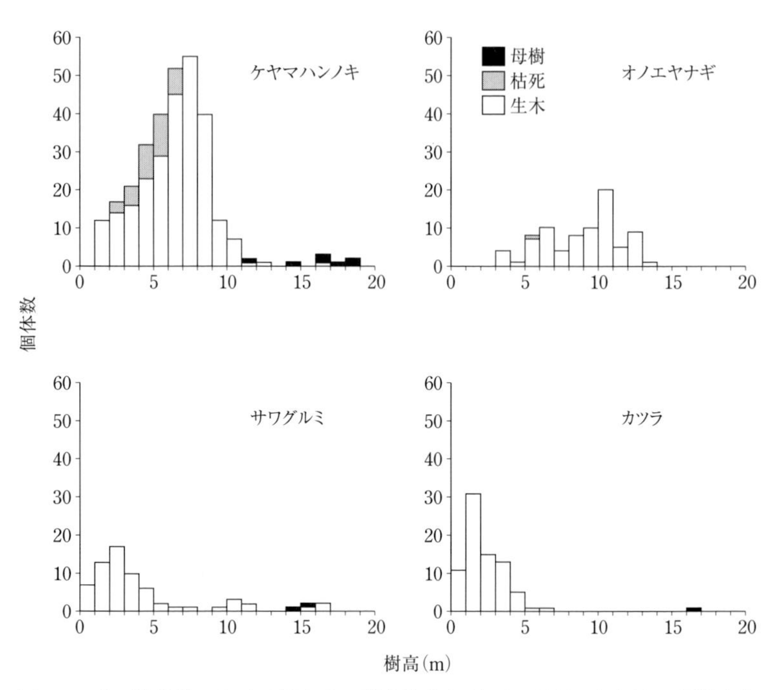

図 4.2　土石流跡地における優占木の樹高階分布（川上・崎尾，未発表）．母樹は土石流以前から分布していた個体を示す．

4種の樹高階分布を図4.2に示す．ケヤマハンノキとオノエヤナギは，よりはっきりした1山型分布を示し，樹高2m未満の個体が多いカツラはL字型，サワグルミはわずかに樹高2–3mの個体が多かった．ケヤマハンノキとオノエヤナギが林冠構成種で，それぞれ樹高6–8m，10–11mの個体が多かった．枯死木はケヤマハンノキ40個体（全個体数の約13%），オノエヤナギで2個体が確認され，とくにケヤマハンノキでは，すでに競争による個体数の減少が始まっていた．樹高1.3m未満の個体は，サワグルミ16個体，カツラ25個体が確認されたが，ケヤマハンノキでは1個体，オノエヤナギではまったく見られなかった．このことは，ケヤマハンノキとオノエヤナギは土石流で一斉更新した後に，新たに侵入していないことを示している．土石流が発生した後に定着した個体の樹高はオノエヤナギ>ケヤマハンノキ>サワグルミ・カツラの順に大きかった．

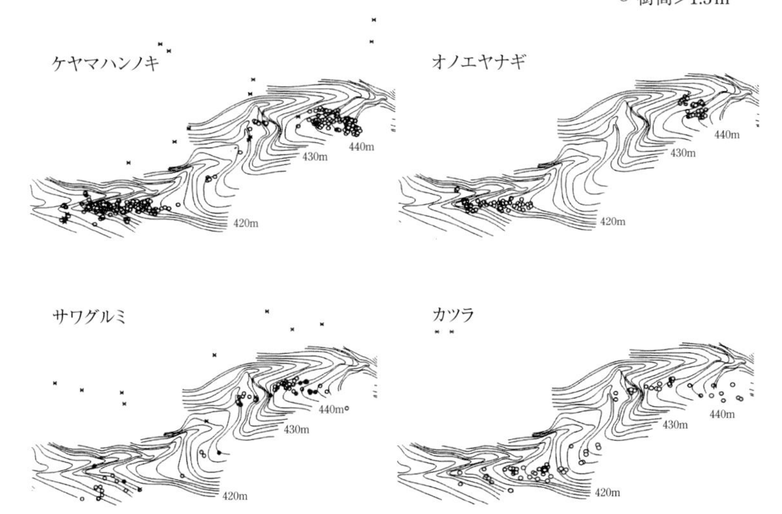

図 4.3　土石流跡地における優占木の空間分布（川上・崎尾，未発表）．母樹は土石流以前から分布していた個体を示す．

図 4.3 は，これら 4 種の優占種の空間分布を示している．ケヤマハンノキとオノエヤナギは上流と下流の 2 カ所に大きなパッチをつくっていた．オノエヤナギはそのパッチ以外にはほとんど出現しなかった．樹高 1.3 m 以上のカツラとサワグルミは，数本ずつのパッチや単木で分布し，サワグルミは上流の 1 カ所に集中していた．土石流が発生する以前から生育していた母樹は，調査区外を含めてケヤマハンノキ 16 個体，サワグルミ 14 個体，カツラ 2 個体が分布していたが，オノエヤナギはまったく見当たらなかった．

4 種の種子散布時期は大きく異なっていた．オノエヤナギの種子散布期間は 5 月中旬から 6 月中旬の約 1 カ月であり，そのピークは散布開始後約 2 週間であった．ケヤマハンノキの種子は 9 月から翌年の 2 月にかけて散布されており，12 月からの散布量が多かった．サワグルミの種子散布期間は 9 月から 12 月で，ピークは 8 月下旬から 10 月下旬だった．カツラの種子は 12 月から翌年 2 月に散布されていた．

4 種の種子散布量とその空間分布を図 4.4 に示す．ケヤマハンノキとオノ

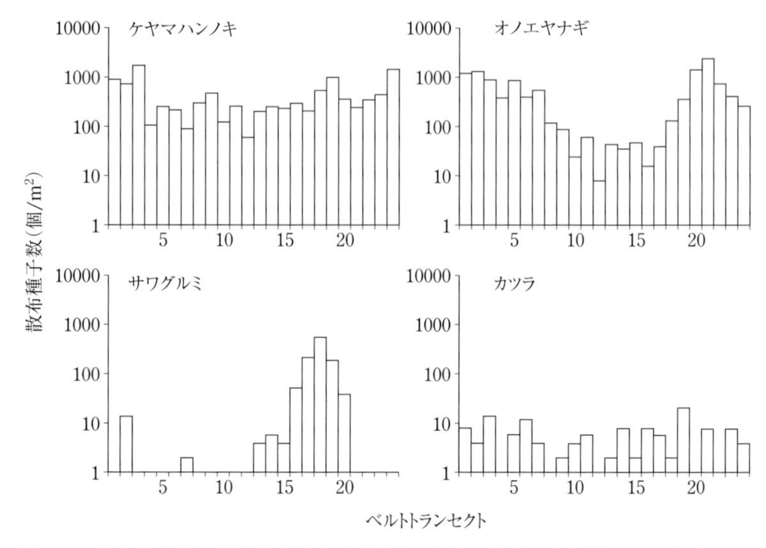

図 4.4　優占木4種の種子散布量と空間分布（川上・崎尾，未発表）．シードトラップは下流から上流に向かって10mおきに設置した．オノエヤナギは粘着性のシードトラップで種子を採取した．

エヤナギは土石流跡地に定着した個体がすでに種子生産および種子散布を開始しており，この2種の種子は，個体が分布していない立地も含めて，調査地全体にほぼ均一に散布されていた．このことから，両樹種は種子をかなり遠距離まで散布していることがわかる．一方，サワグルミの種子の散布範囲は母樹林冠下あるいはその付近のみであった．カツラは発見できた母樹が2個体と少なかったが，風による遠距離散布が可能なために（Sato *et al.*, 2006），調査区内にほぼ均一に散布されていた．

これらの種子が定着した当時の土壌環境を把握するために，土壌断面から発芽当時の土壌の礫サイズを測定した．4種が定着した立地の土壌の粒径組成を図4.5に示す．曲線の立ち上がりの勾配が大きいほど，小さな粒径の土壌の割合が大きいことを示している．その結果，サワグルミ，カツラ，オノエヤナギ，ケヤマハンノキの順に，定着していた立地に粗い礫が現れる傾向があった．

現在では林分が成長しているために種子が定着した当時の光環境を正確に

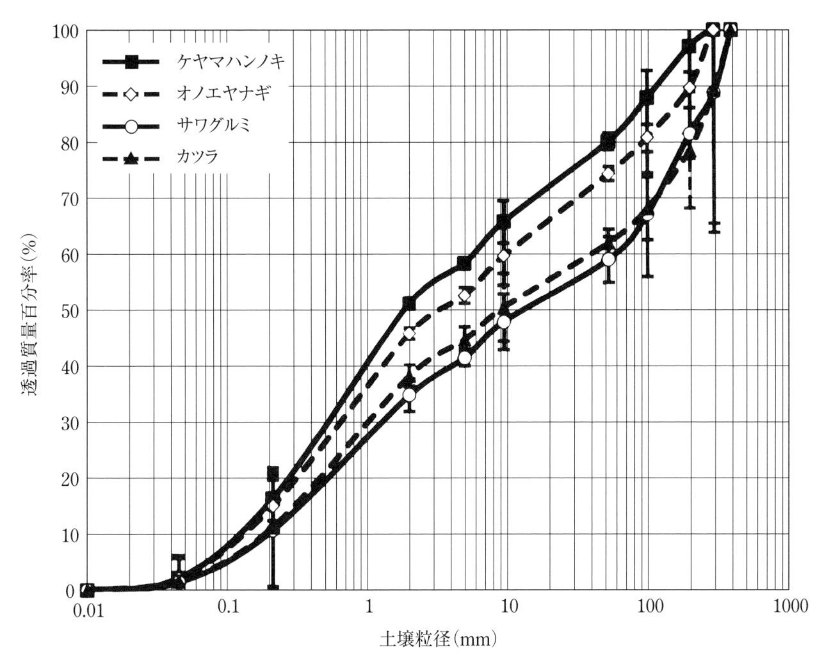

図 4.5 定着立地の土壌粒径加積曲線（川上・崎尾，未発表）．曲線の立ち上がりの勾配が大きいほど小さな粒径の土壌の割合が大きいことを示す．

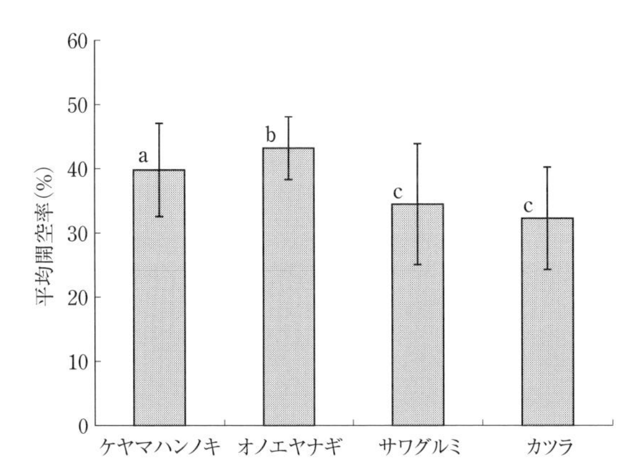

図 4.6 平均開空率（川上・崎尾，未発表）．土石流当時の光環境に近似させるために，落葉が完了した 2009 年 12 月 3 日に全天空写真を撮影した．異なるアルファベットは有意差のあることを示す（Tukey, $p<0.01$）．

再現することは不可能であるが，落葉期に周辺の地形によって光がどれだけ制限されているかを把握してみた．図 4.6 は 4 樹種が分布する場所の平均開空率を示している．各樹種の平均開空率はオノエヤナギ：約 43%，ケヤマハンノキ：約 40%，サワグルミ：約 34%，カツラ：約 32% となり，オノエヤナギ＞ケヤマハンノキ＞サワグルミ・カツラの順に有意に高かった．このことは先駆樹種のオノエヤナギとケヤマハンノキは，遷移後期樹種のサワグルミやカツラより明るい環境に定着したことを示している．

以上の結果から，4 種の初期定着過程は以下のように推定される．土石流によってもとの植生が破壊され，地形が改変されてテラス地形が形成されると，テラスの幅や対岸の地形，残存木の有無などによって明るさの異なる多様な光環境が生まれるとともに，さまざまな粒径の土砂が供給される．テラスは流路からの比高が高くて距離が遠く，傾斜が緩いため安定しており，実生の定着に有利な環境である．ケヤマハンノキとオノエヤナギは，毎年大量に種子生産を行うこと，および高い種子散布能力，強光利用型の早い成長といった，高い先駆性によって，土石流直後の裸地に定着し，テラス上の明るい環境のもとで優占種となり，若齢林の林冠を構成したと考えられる．一方，サワグルミの分布には母樹の位置による空間的な種子散布制限も影響したと思われた．つまり，大規模攪乱後のサワグルミの更新は，近くに母樹が存在しているか否かに大きく左右されたと考えられる．カツラは，サワグルミのような種子散布制限はないものの，強い乾燥状態では発芽できない生態的特性から，大規模攪乱後すぐには定着できないと考えられた．カツラは，オノエヤナギとケヤマハンノキなどの先駆樹種の成長に伴う強光の緩和によって定着が可能になるのかもしれない．

以上のように，大規模攪乱直後では先駆樹種であるケヤマハンノキとオノエヤナギに加えて，遷移後期樹種であるサワグルミとカツラも定着し成長を開始していた．しかし，先駆樹種の成長速度は早く，攪乱後の数十年はこれらの樹種が優占種として林冠木を形成していくであろうと考えられるが，耐陰性の強いサワグルミやカツラは下層木として緩やかながらも確実な成長を続け，これらの先駆樹種に取って代わるであろう．近くの支流に見られるサワグルミやカツラから構成される高齢の渓畔林はこのような姿を示していると考えられる．

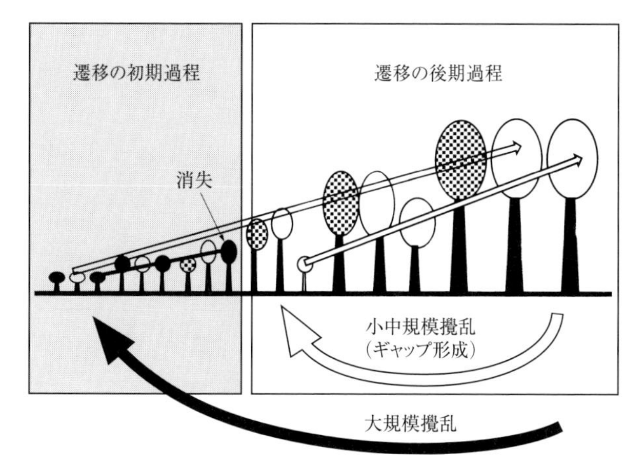

図 4.7　高齢林における森林の遷移過程（ギャップダイナミクス）と大規模攪乱後の初期の森林遷移過程．遷移の初期過程に侵入して，後期過程になるまでに消失する樹種が見られる．

この研究によって，これまで行われてきた高樹齢の渓畔林においても，森林が完全に破壊されるような大規模攪乱の際には，先駆樹種が優占種として林分を形成すること，そしてほぼ同時に遷移後期樹種も侵入して，将来，先駆樹種に取って代わることが予想された（図 4.7）．今後は，これらのモニタリングを行っていくことでこの事実を確認していくことが必要と考えられる．

4.2　山地河畔林——集中豪雨による洪水後のヤナギ林の更新

大規模な洪水が山地河畔林の更新に大きな影響を与えていることは，上高地梓川の山地河畔林における研究でも指摘されてきた（進ら，1999）．過去の空中写真を利用して，河畔植生がどのような変遷をたどってきたかという研究はこれまで多くあるものの，大規模攪乱の直後に河畔林の更新がどのようなメカニズムで行われているかという点については，推測の域を出ていない．一般的には，洪水によって成立していた河畔林が破壊されて流路変動が生じ，新たな砂礫堆積地が出現し，そこにヤナギ類の種子が定着して河畔林の再生が生じると説明されている．

このようにヤナギ類の更新に関しては，融雪などの洪水によって形成された立地において散布された種子から実生で更新することが知られている一方で，ヤナギ類は萌芽性が高く，上流から流されてきた枝などから発根して栄養繁殖することも知られている．*Populus* 属のなかには，地下茎から根萌芽を出して，栄養繁殖することが知られているが（Farmer, 1962），ヤナギ属の樹木の栄養繁殖に関しては，挿し木が行われているものの（林業科学技術振興所，1985），河川生態系のなかでどのようなメカニズムのもとで栄養繁殖が行われているのかはあまり知られていない．

2011 年 7 月 27 日から 30 日にかけて，前線が朝鮮半島から北陸地方を通って関東の東に停滞し，新潟県と福島県会津地方を中心に記録的な大雨となった．この期間の雨量は，福島県南会津郡只見町只見で 711.5 mm となり，7 月の平年の月降水量の 2 倍以上となった．1 時間降水量では，只見町只見では 29 日 19 時 00 分までに 69.5 mm の観測史上 1 位を更新するなど，これまでにない非常に激しい雨が降った．この大雨により，新潟県・福島県では各地で堤防の決壊や河川の氾濫による住家や農地の浸水が発生し，土砂災害による住家や道路の被害も多数発生したほか，停電，断水が発生し交通機関にも大きな影響が出た（気象研究所，2011）．

新潟大学大学院生であった松澤可奈子さんは，この大規模な洪水直後のヤナギ林の更新過程を明らかにするために，福島県の只見町で 3 年間研究に取り組んだ．この洪水が発生した 2011 年の秋に，河畔林の被害が大きかった伊南川流域全体にわたって踏査を行い調査区の選定を行った．2011 年 10 月にヤナギ科樹木の更新を調査するため，伊南川杉沢の中州をはさんだ左岸側に 1 ha の調査プロットを設置した．この洪水の水深は，上流からのデブリの堆積状況や樹木に絡みついたゴミの状況から，調査地点の中州においては，最小でも水深は 1.5 m を超えていた．

まず，河畔林の樹木がどのような影響を被ったかを明らかにするために，調査プロット内において，洪水によって物理的被害（倒伏・剝皮・幹折れなど）を受けなかった胸高直径（以下 DBH）5 cm 以上の樹木を「立木」，洪水によって物理的被害を受けた DBH 5 cm 以上の樹木を「被害木」と定義した．これらの樹木の個体識別を行い，樹種，DBH，樹高，樹木位置を計測した．被害木も個体識別を行い，樹種，DBH，樹木位置，剝皮率，萌芽率を計測した．また，1 ha の調査地内に分布している長さ 1 m 以上かつ中

図 4.8　2011 年 7 月の洪水によって倒伏した伊南川のヤナギ林.

表 4.1　洪水後の調査地内の樹木の状況.

	個体数	平均直径（cm）	断面積合計（m^2）
立木	147	17.3±10.0	4.5
被害木	110	11.1± 5.6	1.3
流木	542	17.0± 8.0	14.8

*立木と被害木の直径は，地上 1.3 m での胸高直径，流木は中央部の直径を示す.

央直径 10 cm 以上の流木（折れた枝を含む）を調査対象とし，樹種，中央直径，幹長を計測した（崎尾・松澤，2016）.

「平成 23 年 7 月新潟・福島豪雨」による洪水は，ヤナギ類を優占種とする伊南川の河畔林に大きな影響を与えた（図 4.8）. 1 ha の調査地内には，DBH 5 cm 以上の立木は 147 個体見られ，オニグルミ・オノエヤナギ・キハダ・サワグルミ・シロヤナギ・ヤマグワ（*Morus australis*）・ユビソヤナギの 7 樹種が分布していた. 林冠層は 18 m に達し，シロヤナギとユビソヤナギの 2 種が優占種であった. 一方，幹が傾斜したり，地面に倒伏したりして，枝は水流によって削ぎ取られ，樹皮も大部分が剝ぎ取られていた被害木が110本見られた（表4.1）．

樹木の空間分布を見ると，立木は主流路と副流路にはさまれた比高が高い中州周辺に集中分布していたが，被害木は中州の主流路側の低比高の部分に集中していた（図4.9）．これらの樹木の空間分布から，倒伏した多くの被害木は流木化せずに，もとの分布場所にとどまっていることが示された．

洪水は河畔林の林床を大きく変化させた．林床のリター層（落葉落枝）はまったくなく，多くの林床植生が流失したり土砂に埋まったりした．洪水後の調査地内の基質は，砂質がもっとも多く45%を占め，続いて大礫，小礫，草本植生が残存しているところが，おのおの13%，そしてデブリが10%を占めていた（図4.10）．

この洪水後にヤナギ科樹木がどのように更新するかを明らかにするために，種子散布，発芽，実生の定着過程を追跡した．1 haの調査地内に20 m間隔で1 m四方の実生コドラートを25個設置，そのすぐ横にシードトラップを設置した．このコドラートにおいて，開空率・土壌水分・表層基質・リターおよび草本被度を測定した．実生コドラートは，その後10個追加し，総計35個設置した．

一般に種子の生産量調査には，ナイロンネットで作成した円錐形のシードトラップを使用するが，ヤナギ科樹木の種子は少しの風でも飛散してしまうために，ベニヤ板をビニール袋で包み，表面に粘着剤を塗ったシードトラップで種子を捕獲した．ヤナギ科植物の種子は5月下旬をピークとして7月初旬まで散布されており，種子は調査地全体にわたり散布されていた．

2012，2013年における6月中旬のコドラートの平均当年生実生数はそれぞれ138.2/m^2，91.7/m^2，コドラートの最大実生数はそれぞれ1110/m^2，2438/m^2であった．その後，コドラート内の実生数は7月にかけて急激に減少した．種子散布後約1カ月を過ぎた8月初旬から11月にかけて実生数は緩やかに減少した．当年生実生が確認できたコドラート数は，2012年6月には19/29カ所，10月には16/35カ所であった．2013年では6月には7/35カ所で新たに発芽した当年生実生が確認できたが，発芽したコドラート数は2012年の半分以下と少なかった．2013年の9月に台風18号の影響で調査地が浸水し，大部分の実生が流出した．そのため，10月に実生が確認できた

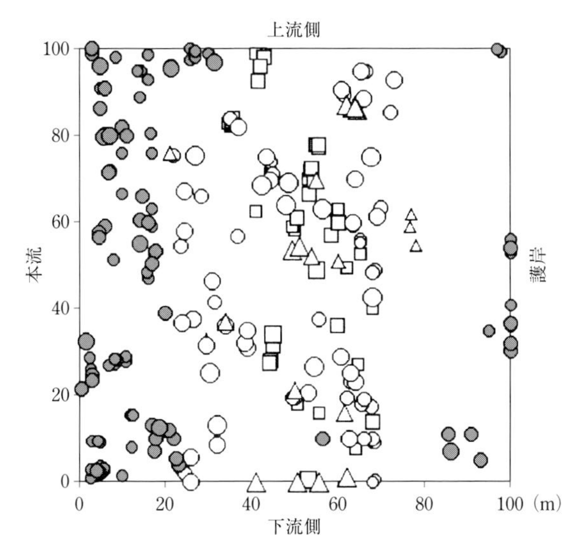

図 4.9　洪水後の立木と被害木の空間分布（崎尾・松澤，2016 より）．立木は白色，被害木は灰色で示す．○はシロヤナギ，△はユビソヤナギ，□はそのほかの樹種を示す．

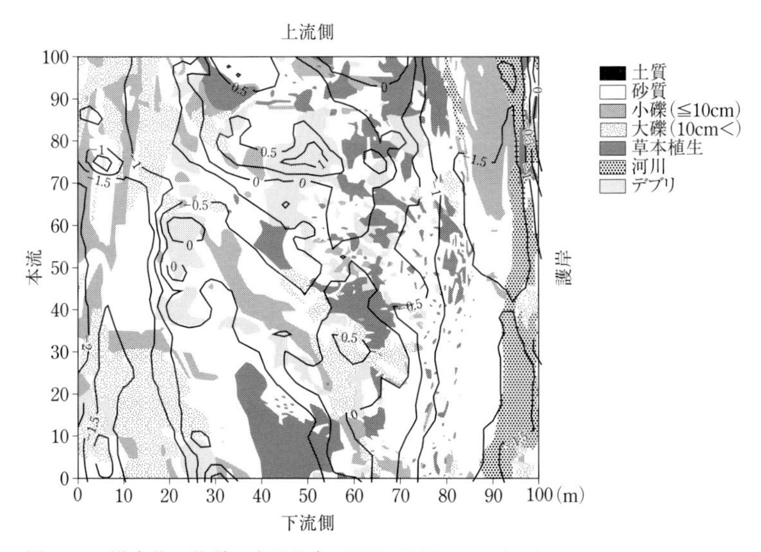

図 4.10　洪水後の基質の空間分布（崎尾・松澤，2016 より）．

のは倒木上に設置した2つのコドラートのみであった.

2012年に発芽した当年生実生の総数と環境要因の関係を解析した結果,比高がプラスに作用し,開空率と草本被度がマイナスに作用していた.散布種子数,土壌含水率,表層基質は影響していなかった.すなわち,比高が高く,開空率が低く,草本被度が低い場所をヤナギ類が発芽サイトとして選択していた.しかし,これらの実生も2013年の夏の洪水によって流失,もしくは埋土してしまい,このような環境がヤナギ類の実生の更新サイトであるとはいいきれなかった.

これまでの多くの研究で,樹木の発芽サイトと定着サイトは異なることが指摘されている.今回の中州のような,すでに林冠木が形成され安定した立地においては,発芽は見られるが,定着する可能性は少ないのかもしれない.

ヤナギ類の更新は,実生のほかに萌芽などの栄養繁殖によることも指摘されている.そのために枝の挿し木などで増殖が行われたりしている.しかし,河川生態系のなかでヤナギ類の萌芽発生や栄養繁殖がどのように行われているかはほとんど明らかになっていない(佐藤・中島,2009).この洪水によって多くの被害木が発生し,その年の秋には,これらの倒木や流木の幹や枝から多くの萌芽の発生が確認できた.また,どのような形態かは明らかではないが,土壌から発生している萌芽も見られた.倒木や流木から発生した萌芽は,幹の剝皮の程度が大きいほど萌芽発生の割合は高かった.逆に剝皮を受けていない個体の萌芽発生の割合は低かった.倒木・流木からの萌芽は2011年から2013年にかけて減少し,2011年に萌芽していた多くの個体が枯死した.

一方,倒れた幹または枝が土中に埋没し,土壌中から発生している萌芽も見られた.2012年に発生した萌芽は1 haの調査地のなかに88本で,その萌芽幹長のモードは60-80 cmであった.翌2013年には,萌芽数は減少したがモードは140 cmを示した(図4.11).このように,倒木や流木から発生した萌芽は,2年程度で枯死してしまったために,更新木としての役割は期待できなかったが,土壌中から発生した萌芽は年々成長し,今後,河畔林の構成木となることが予想される.

2013年における実生の平均高は25 cm,土中から発生した萌芽は135 cmとなり,両者の間には著しい差が生じていた(図4.12).このように萌芽の

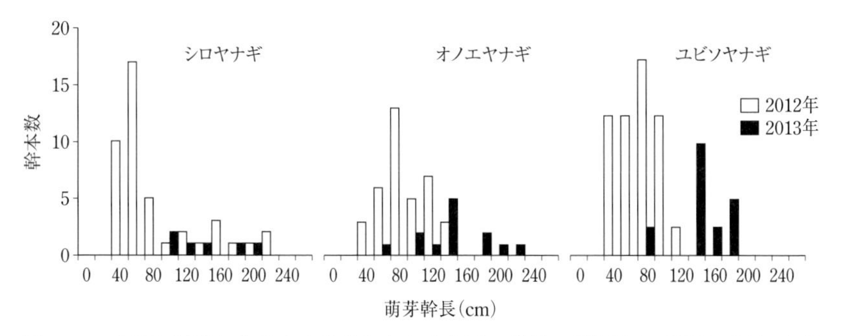

図 4.11 土砂に埋没した枝から発生したヤナギ類の幹長の頻度分布（松澤・崎尾，未発表）.

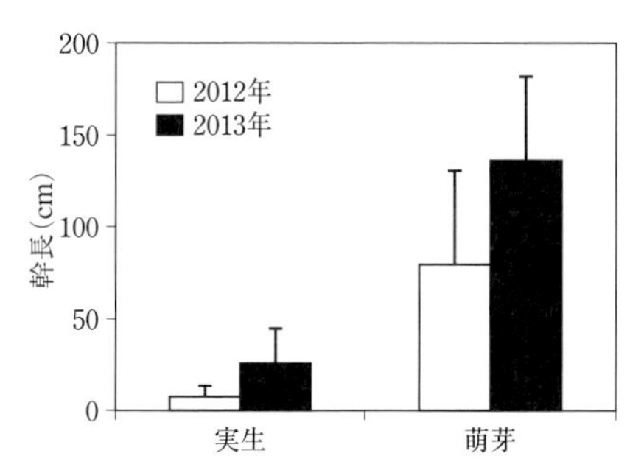

図 4.12 ヤナギ類の実生と萌芽の幹長の比較（松澤・崎尾，未発表）.

成長は著しく早く，河畔林の再生には大きな役割を果たしていることが予想された．土中から発生した萌芽は，今回のような大規模な洪水が発生しないと見られないことから，河畔林の維持機構において，重要な役割を担っていることが予想される．

これまで，ヤナギ類の更新には春先の融雪洪水の重要性が指摘されてきた（新山，2002）．この季節的で定期的な攪乱は，新たに形成された砂礫地への実生更新を促進するが，多くの実生は翌年の融雪洪水で流失してしまう．一方，すでに形成されている河畔林では，大規模な洪水の際には，実生更新と萌芽更新が生じるが，萌芽の成長が早いために萌芽が優勢となる（図 4.13）．長期的には，これらの林分も繰り返される洪水によって浸食が進み，消滅し

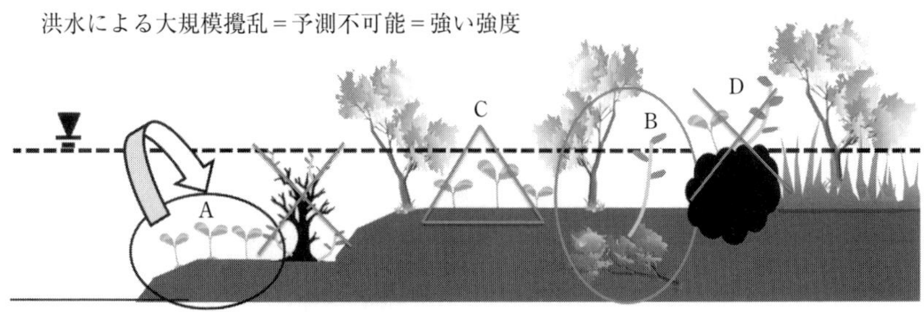

図 4. 13　融雪洪水と大規模な洪水がヤナギ類の更新に与える影響．融雪洪水によって毎年，水際で実生の定着と流出が繰り返される（A）．大規模攪乱は林冠木を破壊し，枝の萌芽による森林の更新を促す（B）．林内の大きなギャップでは実生が成長するが（C），倒木上は発芽しても乾燥のために定着することはできない（D）．

ていくと考えられる．

本調査地のように，すでに中州などに形成されている河畔林周辺では，実生による更新はそれほど期待できないが，洪水によって新たに出現した砂礫地においては，実生群落が形成されていた．伊南川が只見川に流れ込む合流地点では，洪水で新たに形成されたヤナギ類の実生群落が見られ，将来的な河畔林の形成の可能性が考えられる．河川の合流地点は，攪乱の強度が大きく，扇状地のように網状流路が形成される．同様に，河川幅が広い流域においても同様の現象が見られる．1 ha 調査地周辺の河川は，河川幅が 200 m 近くあり，流路変動が著しい．このような場所でも，新たに形成された砂礫地に実生群落が形成されている．河川生態系の管理において，河川動態そのものを維持していくことは，河畔林の更新にとって必要なことであるかもしれない．

4.3　湿地林——ハリケーン後の更新

ミシシッピ川下流域には，ヌマスギやヌマミズキから構成される広大な湿地林が広がっている（図 4.14）．2005 年 8 月にミシシッピ川下流域のニューオーリンズ市を襲った巨大ハリケーン「カトリーナ」はルイジアナ州やニューヨーク州などで 2000 余の人命を奪い，さまざまなインフラに甚大な被害をもたらした．また，高さ 9 m にも達する高潮によって引き起こされた塩水による長期間の冠水はミシシッピ湿地林に大きな影響を与えた．

このハリケーン「カトリーナ」がミシシッピ川河口付近の湿地林にどのような影響を与えたかを調べるために 2009 年から 3 年間調査を行った．この研究は，当時，鳥取大学の山本福壽教授を代表者とする科学研究費・基盤研究 B（海外学術調査）「ミシシッピ湿地林のハリケーン後遺症と回復に関する時空間的，生態学的，生理学的研究」（2009-2011 年度）の一環として行った．この調査を行っていく過程で，本来分布していた湿地林が破壊された後に，外来樹種であるナンキンハゼ（*Triadica sebifera*）が急激に分布拡大していく過程が明らかになってきた．ナンキンハゼはアメリカに 1770 年代に最初に導入された後，自然生態系のなかに分布を広めている（岩永ら，2015）．

この研究は 2009 年 9 月に現地で行われたプロジェクト打ち合わせおよび概況調査から始まったが，私はあいにく参加することができなかった．この

図 4.14　ミシシッピ川下流のニューオーリンズ周辺の湿地林．ヌマスギやヌマミズキが優占する．湿地林の相観（A）と林内の様子（B）．

図 4.15　高潮の攪乱の後に一斉に更新したナンキンハゼ．ナンキンハゼ林の相観（A）と林内の様子（B）．

ときの調査は，連日の風雨のために満足のいく成果は得られなかった．海外調査の場合は，期間の変更はほとんどできず，とにかく現地に出向き，やれるだけのことを行うという，ある意味では賭けのようなところがある．周到な準備を行っていても，まったく研究成果が得られない可能性も高い．私は，翌2010年2月にミシシッピ川湿地林の自生樹種であるヌマスギ林の被害状況および外来種ナンキンハゼ・センダン（*Melia azedarach*）の侵入状況の調査に参加した．このときは，ミシシッピ川河口の湿地林や少し上流のヤナギ類やカンバ類が分布する河川植生も調査した．このときの調査で，外来樹種のナンキンハゼがセンダンとともに広範囲に更新している状況を把握することができた．その光景を初めて見たときは圧倒された．高潮によって破壊された広大な森林の跡地は，一面がナンキンハゼによって覆われていた（図4.15）．

この年の9月に外来樹種ナンキンハゼ・センダンの侵入状況を明らかにするために本格的な調査を行った．2月の概況調査であらかじめ確認した4林分でナンキンハゼ・センダンの侵入状況を調べた．4カ所のタイプの異なる林分（20 m×20 m）ですべての樹木のDBH（胸高直径），樹高（サンプル木のみ），樹齢（サンプル木のみ）を測定した．

これらの調査地のなかで，ヌマスギ，エノキ属（*Celtis laevigata*），アメリカニレ（*Ulmus americana*）を林冠木とする天然林内の閉鎖林冠下の林床に侵入したナンキンハゼはほかの調査区と比べて個体数も少なく，サイズも

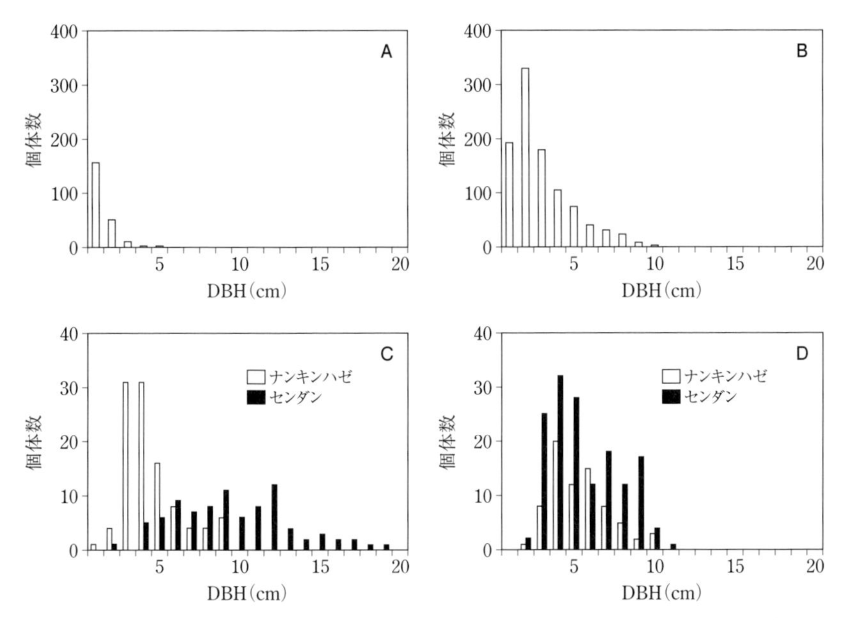

図 4.16　4 カ所の異なる立地におけるナンキンハゼとセンダンの胸高直径の頻度分布（崎尾ら，未発表）．A：天然林の閉鎖林冠下に侵入したナンキンハゼ，B：ナンキンハゼが高密度で侵入，C：ナンキンハゼとセンダンが同時に侵入（乾燥した小高い立地），D：ナンキンハゼとセンダンが同時に侵入（低湿地）．

著しく小さかったが，暗い環境であるにもかかわらず生存していた（図 4.16A）．

一方，ハリケーンによって大部分の林冠木が破壊されたほかの 3 調査区にはナンキンハゼとセンダンの 2 種が高密度で侵入しており，ほかの高木性の樹種はほとんど見られなかった．多い調査区では約 1000 個体のナンキンハゼが 400 m^2 の調査区のなかに密生していた（図 4.16B）．密度にすると ha あたり 2 万 5000 本になる．これらの 3 林分の林床にはキイチゴ属の低木（*Rubus allegheniensis*）が侵入していたが，ナンキンハゼとセンダンの成長に伴う林冠の閉鎖によって衰退傾向にあった．これら 2 種の外来樹種の成長は著しく早く，2006-2010 年のわずか 5 年間でセンダンの大きな個体では樹高 11 m，DBH 18 cm に達していた．ナンキンハゼとセンダンが同時に侵入した 2 つの調査区では，2 種の成長に大きな違いが見られた．少し小高い乾燥した立地では明らかにセンダンの成長速度が早く，DBH，樹高ともにナンキンハゼより大きく林冠を優占しつつあった（図 4.16C）．

一方，モチノキ属（*Ilex vomitoria*）が低木層を形成している低湿な立地では，これらの2種の間の成長には DBH，樹高ともにほとんど差が見られなかった（図 4.16D）．そこで湿地林の在来種であるヌマミズキ，外来樹種のナンキンハゼとセンダンの3種に関して，塩水冠水に対する耐性を比較した（山本ら，2012）．その結果，3種のなかでヌマミズキとナンキンハゼは塩水冠水に対して高い耐性を示したのに対し，センダンは耐性が低かった．また，センダンは淡水の沈水条件で生存率がナンキンハゼより顕著に低かった（岩永ら，2015）．

これら外来樹種の大部分の個体はハリケーン来襲の翌 2006 年に発芽していることが，年輪を解析した結果から明らかになった．すべての調査区に侵入していた 92 個体のナンキンハゼの 91% が，また2調査区に侵入していた 42 個体のセンダンのすべてが 2006 年に発芽し侵入していた．

2011 年9月には在来樹種であるヌマスギ林の被害と更新状況を調査した．ハリケーンによる被害程度の異なる3カ所のヌマスギ・ヌマミズキ林におのおの2カ所の調査区（20 m×20 m）を設定した．これらの調査区において樹高 1.3 m 以上のすべての樹木の樹種，DBH，樹高を測定した．低湿地は水位が 30-100 cm ぐらいで，ヌマスギとヌマミズキが優占し，アメリカハナノキ（*Acer rubrum*），アメリカトネリコ（*Fraxinus americana*），アメリカタニワタリノキ（*Cephalanthus occidentalis*），ミキナシサバル（*Sabal minor*）などが低木層として混交していた．林床にはヌマスギやヌマミズキの実生が分布していないだけでなく，外来樹種のナンキンハゼやセンダンなどの侵入もまったく見られなかった．

ハリケーンによる枯死木の 70% は幹折れで，生存木の 32% が幹折れの被害を受けていた．被害の程度の大きな調査区では，全空が見渡せるほど樹冠がなく，直射光が照射していた（図 4.17）．しかし，林内には停滞水があるため，ここ数年，樹木の発芽の機会がなかったと考えられる．

当初は，大規模攪乱によって新たなヌマスギの更新が見られると期待していたが，3年間の調査期間では，ほとんど確認することができなかった．ハリケーン後の新たな植生回復は，停滞水のない比較的乾燥した立地で生じて

図 4.17 ハリケーンにより大部分が幹折れしたヌマスギの林分.

おり，その大部分はナンキンハゼやセンダンという外来樹種によって行われたことが明らかになった．大規模攪乱は在来種の新たな更新を促進することもあるが，すでに外来樹種が侵入している地域においては，それらの爆発的な分布拡大を引き起こすことがあることを，今回の研究事例が物語っている．

第5章　外来樹種
——水辺に侵入する

河川は山間部の上流域から中流域，下流域の河口を経て海へとつながっている．河川を流れ下る水には，それに溶けているさまざまな溶存物質が含まれている．そのなかには海の生物の栄養素になる物質（松永，1993）だけではなく，ときには汚染物質も含まれている．私が子供のころには，全国で公害が注目され，あちこちの都市河川はドブ川と化しており，メタンガスの泡が発生して異臭を放っていた．熊本県の水俣市や新潟県の阿賀野川では有機水銀中毒による「水俣病」が発生し，多くの住民が現在でも苦しんでいる．富山の神通川では，カドミウムによる「イタイイタイ病」が発生した（原田，1972）．河川を流れ下るのは，このような化学物質だけではなく，固体である多くのゴミも含まれている．そのなかには，上流域や中流域の農耕地から流れてきた，植物体や種子も含まれている．現在，外来種問題が大きく注目されているが，河川周辺には多くの外来種が生息している．そのなかに，要注意外来種として，河川の生態系や河川管理上，大きな問題となっているハリエンジュ（ニセアカシア）がある．私とハリエンジュの関わりは，埼玉県林業試験場に勤務していた1996年に林業改良普及員からハリエンジュを伐採するので，その後の経過を調査してもらえないかともちかけられたことから始まった．その後，2001年から埼玉県の荒川においてハリエンジュの発芽や実生の定着の研究を東邦大学大学院生であった福田真由子さんと共同で行った．これらの研究が，ニセアカシアの分布拡大の解明や除去試験などの研究へと発展していった．本章では，この樹種がどのようにして河川周辺に分布を拡大したのかを，その生態的特性から解説し，除去を含めた管理に関する取り組みを紹介する．

また，同じく中国を原産地とする外来樹種であるナンキンハゼも分布を広げつつある．多くは森林内への侵入であるが，河川敷におけるナンキンハゼの確認数は増加傾向にあり，ハリエンジュと同様に河川流域で分布を拡大する可能性も大きいと思われる．ナンキンハゼは1930年代に奈良公園に街路樹として植栽されたが，現在では世界文化遺産に登録されている春日山原始林に分布を拡大し，将来的に景観に大きく影響することが懸念されている（Maesako *et al.*, 2007）．淡路島や広島でもこの樹種の自然生態系への逸出が認められており，生態系への影響が危惧されている（奥川・中坪，2009；石田ら，2012a）．一方，南東アメリカ沿岸部においてナンキンハゼの逸出，分布拡大が進行しており，侵略的外来種として大きな問題となっている．ナンキンハゼは2005年にアメリカのニューオーリンズを襲ったハリケーン「カトリーナ」によって破壊されたヌマスギ湿地林の跡地に更新して問題となっている（第4章参照）．

5.1 ハリエンジュ

（1）ハリエンジュとは

ハリエンジュ（*Robinia pseudoacacia*；別名はニセアカシア，こちらのほうがよく知られている名前かもしれない）は日本人にとって馴染みの深い樹木である．といっても，日本においては，それほど古い歴史のある樹木ではない．一般には，ヒット曲の「アカシアの雨にうたれて……」やアカシアの蜂蜜のように「アカシア」と呼ばれて知られている．このハリエンジュは日本の在来種ではなく外国から入ってきた外来樹種である．

ハリエンジュはマメ科の落葉高木で高さ25 mに達する先駆樹種である．葉は奇数羽状複葉で互生している．関東地方では5月ごろ，白い総状花序をたくさんつけ，遠くからでもよくめだつ（図5.1）．花は養蜂業の重要な蜜源となっている．豆果は長さが8 cm程度で10月ごろに熟す．

ハリエンジュの原産地は，アメリカ東部の南アパラチア山脈とオザーク台地（Keresztesi, 1988）で，ヨーロッパには1636年に伝わった．日本には，1873年に津田仙によって持ち込まれ（臼井，1993），街路樹（臼井，1993），砂防樹種（中越・前河，1996；秋山ら，2002）や海岸防災林（前河・中越，

図 5.1　ハリエンジュの花.

1997；八神・千木，2002；八神，2007, 2009）として日本中で広く植栽された．最初は緑化樹として植栽されたが，河川上流域の荒廃地緑化にも使われ始めた（中越・前河，1996；秋山ら，2002）．長野県松本市の牛伏川流域は日本で最初にハリエンジュが植栽された地域で，現在では流域の植生景観を構成する主要な樹種となっている（船越，1994；前河・中越，1996；中越・前河，1996）．秋田県の小坂銅山（田村ら，2007）や栃木県の足尾銅山（峰崎・斉藤，1992；谷本・金子，2004）の荒廃地緑化にも使われた．その結果，現在日本では，ほとんどの都道府県で分布が確認されている（日本野生生物研究センター，1992；国立環境研究所，2014）が，植栽によるために，その分布は偏在している．

ハリエンジュが日本に導入されてから1世紀以上経ったが，河川を通して下流域へ分布を拡大し続け，河畔林の群落構造に大きな影響を与えただけでなく（前河・中越，1997），景観や生物多様性にも大きな影響を与えている

(Maekawa and Nakagoshi, 1997)．そのために，ハリエンジュは日本の侵略的外来種ワースト100に選定され（日本生態学会，2002），外来生物法（特定外来生物による生態系等に係る被害の防止に関する法律；2004年公布）において要注意外来生物リストに掲載されている．また，「2020年までに侵略的外来種とその定着経路を特定し，優先度の高い種を制御・根絶すること」などを掲げた愛知目標にもとづいて，2015年に「我が国の生態系等に被害を及ぼすおそれのある外来種リスト（生態系被害防止外来種リスト）」が作成され，ハリエンジュは「生物多様性の保全上重要な地域で問題になっている，またはその可能性が高い」および「生態系被害のうち競合または改変の影響が大きく，かつ分布拡大・拡散の可能性も高い」という理由で「適切な管理が必要な産業上重要な外来種（産業管理外来種）」に選定された（環境省，2015）．

（2）ハリエンジュの生態的特性

種子・発芽特性

ハリエンジュの種子は種子異型性をもっており，無処理でも発芽する非休眠種子と種子への傷つけ処理で発芽する休眠種子の2種類が確認されているが，この2種類の種子には，形態的な差異が見られない（高橋ら，2005）．ハリエンジュの種子の発芽試験を行うと，非休眠種子は，1日程度で吸水して膨潤するので休眠種子と区別することができる．一方，休眠種子は土壌シードバンクの形成に貢献することが示唆されており（高橋ら，2006），実際に，散布後期には，莢果（豆果）が裂開し母樹下に落下して土壌シードバンクを形成する（小山・高橋，2009）．その結果，ハリエンジュ林の林床土壌には，埋土種子集団が形成されていることが報告されている．このようにハリエンジュは2つのタイプの種子を生産することで，発芽の時期を種子が生産された年と，翌年以降に分散することによって繁殖機会を増やす戦略をとっている．

種子散布

ハリエンジュの種子散布には，重力散布，風散布，水散布が知られている．種子は莢ごと重力および風によって散布されることが観察されている

(Morimoto *et al.*, 2010). 冬季に，莢果が地上に落下した後に，莢果ごと比較的障害物の少ない雪面上を風に乗って移動する二次散布の可能性も指摘されている（真坂ら，2010）．また，種子が河川によって運ばれることや（前河・中越，1996），散布初期には裂開しないで，莢果ごと水散布される可能性が示唆されていた（小山・高橋，2009）が，実際に渓流で莢果が流水散布されているところも確認されている（前河・中越，1996；河内，2009）．莢果が流水散布されることを支持するような実験も行われ，莢つきの種子のほうが種子単独よりも静水条件，乱流条件ともに長期間水に浮いていることも確認されている（千葉・小山，2012）．ハリエンジュの発芽が季節にかかわらず洪水後の砂礫地で生じていることも，種子の流水散布の可能性を示唆する根拠となっている（福田ら，2005）．これらの種子は，上流域で土壌シードバンク化したものが，洪水の際に土砂とともに下流域に流されてきたと考えられる．

発芽・定着

ハリエンジュの発芽・定着に関しては，東邦大学大学院生であった福田真由子さんと埼玉県の熊谷市の荒川の河川敷で2年間にわたって調査を行った．河川敷にベルトトランセクトを設置して調査を行った結果，発芽は洪水後の河川敷の砂礫地において確認された（福田ら，2005）．発芽は2001年9月10日，2002年7月10日，10月1日の台風による増水の直後に生じ，季節性は見られなかった（図5.2）．このように発芽は増水後の新たな堆積物上の粗砂に限られ，シルト質の細かな土壌や数cmの大きな礫地では見られなかった．ハリエンジュの種子には2型があり（高橋ら，2005），そのうち種皮が水を通さないで休眠状態にあると考えられている硬実種子が，洪水時に土砂と流されながら種皮に傷がつき，水の吸収が促進され休眠が解除したと考えられる．

そこで，この発芽メカニズムを確認するために発芽試験を行った．この研究は立正大学の研究員であった川西基博君と共同で行った．この実験でも物理的損傷つまり針による穴あけ処理を行うと，ハリエンジュの種子はほぼ100%の発芽率を示した．そこで，ハリエンジュの種子が洪水の際に土砂と混ざって流れてくることによって種皮に損傷が生じ，吸水が可能となって発

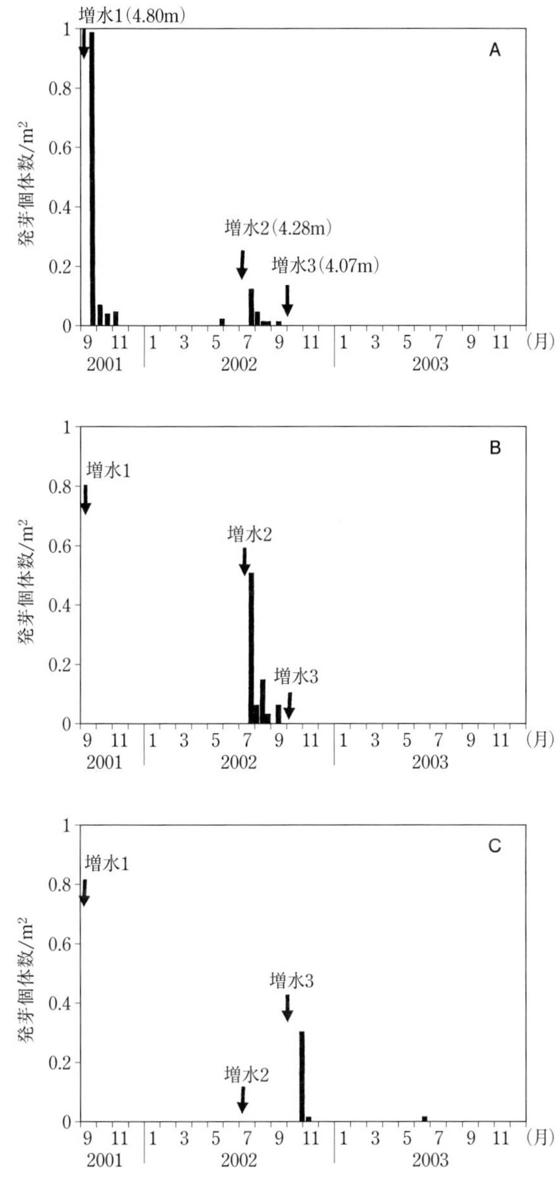

図 5. 2 荒川における 3 回の増水後のハリエンジュの発芽数（福田ら，2005 より）.

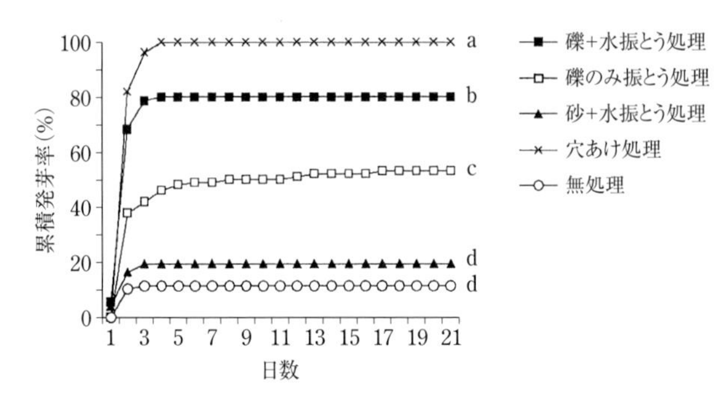

図 5.3　ハリエンジュの種子の穴あけ処理および砂礫と混合した振とう処理後の発芽率（川西ら，2010 より）．異なるアルファベットは有意差のあった組み合せを示す（Tukey, $p<0.01$）．

芽することができるという仮説のもとに実験を行った（川西ら，2010；図5.3）．種子を礫・砂（100 m*l*），水（50 m*l*）と混合して振とうした後，発芽試験を行った．荒川の河川敷で採取した土をふるいにかけ，1-2 mm のものを砂，2-4 mm のものを礫とした．振とう処理は 250 cc のポリエチレン製広口瓶に砂・礫・水とハリエンジュの種子 100 粒を混合して，1 分間に 250 回振とうさせた．礫（100 m*l*）・水（50 m*l*）を混合し 5 時間振とうした種子の発芽率は 80.0±11.2% で，砂（100 m*l*）・水（50 m*l*）を混合した発芽率 19.2±8.3% より有意に高かった．この結果は，1-2 mm の小さなサイズの砂では種子が水を吸収できるほどの傷がつかないことを示唆している．また，水を入れないで礫（100 m*l*）と混合し 5 時間振とうした種子の発芽率は，水を入れた場合と比べて低かった．種子発芽は礫＋水および砂＋水では発芽試験開始の翌日から始まり，2 日目にピークを示した．このことは，洪水直後の砂礫が湿った状態にある間に，ハリエンジュの種子は一斉に発芽することを示唆している．

ハリエンジュは，北アメリカ大陸の原産地では山火事に適応した更新機構を有するといわれている（Boring and Swank, 1984）．日本ではハリエンジュが多く分布する長野県の山林で冬季に焚き火を行ったところ，春先に大量の実生が発生したことが報告されている（小山，2009）．そこで，荒川の河川敷で火入れが行われた際に，ハリエンジュの種子の休眠解除が生じ，発芽が促進されるかどうか実験を行った（川西ら，2010）．地表と地下 3 cm に金属製のメッシュの網に入れた種子を設置し，火入れ区とコントロール区で発芽率を比較した．火入れ区の地表に設置した種子は死亡率が高かったが，残存種子の発芽率は火入れを行わなかった区と比較して有意に高かった．地下 3 cm に埋設した種子の死亡率は 0% に近く，発芽率も低いままで差がなかった．この火入れ実験によって地表に散布されている種子の休眠解除が行われることが明らかになった．日本においては恒常的な山火事などがないために，ハリエンジュの更新や分布拡大には山火事はそれほど影響はないと考えられる．

成長特性

ハリエンジュは典型的な先駆樹種である．光環境のよい場所でのハリエンジュの初期成長の早さはこれまでの研究で確かめられている．苗畑に種子を播種した 1 年生の苗木長は平均 50 cm と早い成長を示した（柳沢，1985）．広葉樹 79 種の種子を播種してその年の秋に 1 年生苗木の樹高を測定した調査では，ハリエンジュがもっとも成長が早く平均 53 cm の苗高を示した（久保田，1979）．2002 年 7 月に荒川の河川敷で自然発芽した実生の高さは秋にはわずか 8 cm 程度であったが，2003 年の秋には 140 cm に，4 年後の 2006 年の秋には樹高 550 cm となり，年平均 1 m 以上の樹高成長を示し，胸高直径も 8 cm を超えるなど初期成長の早さを示した（福田，2009）．この早い成長は，葉の光合成速度の速さに起因している．明るい林外に生育する個葉の光飽和状態でのハリエンジュの光合成速度は，北海道に自生する 30 種のなかでもっとも高い値を示したドロノキやダケカンバ（約 18 μmol m^{-2} s^{-1}）より高い値（21 μmol $m^{-2}s^{-1}$）を示した（小池，2009）．

このように明るいところでは早い成長速度を示したハリエンジュではあるが，ほかの先駆樹種と同様に，光制限のある場所での成長は抑制されることが知られている．ハリエンジュ苗木の被陰試験において，相対照度の減少とともに苗木の樹高，直径，個体重量，生存率は減少し，とくに相対照度 10% では樹高，直径成長ともに著しく小さく，2 年後の生存率は 15% と低いことから，相対照度 10% 以下の被陰で萌芽の発生や成長の抑制効果があると考えられる（岩井，1986, 1987）．また，切株から発生した萌芽の被陰試験でも，相対照度2.4%および6.2%では萌芽の発生した株数も少なく，萌芽発生の翌年にはすべて枯死してしまった（岩井，1986）．上流域の渓畔林で伐採されたハリエンジュの切株から発生した萌芽や，水平根から発生した根萌芽は，亜高木層の在来樹木の林冠の発達に伴う林床の光の減少によって急速に枯死していく（崎尾，2003）．このようにハリエンジュの実生や萌芽の生存や成長には，強光を必要とし，暗い環境では抑制されることが明らかになっているが，これらの知見はハリエンジュを管理する際に大いに参考になると考えられる．

根萌芽による栄養繁殖

多くの樹木は伐採や損傷によって，幹や切株から萌芽を発生させることが知られている．コナラ，クヌギ，エゴノキ（*Styrax japonica*），ヤマザクラ（*Cerasus jamasakura*）などで構成される里山の広葉樹林は，伐採によって切株から発生してきた萌芽によって再生することで，繰り返し利用されてきた．一方，ハリエンジュは，シウリザクラ（小川・福嶋，1996），ニワウルシ（Ingo, 1995），アメリカブナ（Kitamura and Kawano, 2001）やヌルデ（*Rhus javanica* var. *chinensis*）などの樹木と同じように広く張りめぐらされた水平根から根萌芽を発生させ栄養繁殖することが知られている（玉泉ら，1991；図5.4）．

ハリエンジュの根系は水平根が発達し，主根も細根も大半が地表近くに分布し，典型的な浅根性樹種である（浅野ら，1984）．また，ハリエンジュの実生は当年生のうちから水平根を展開し始める（千葉・小山，2012）．このハリエンジュの根系からは，多くの根萌芽が発生することが知られている．ハリエンジュの根萌芽は，ストレスによって発生する萌芽とは異なり，水平根の伸長に伴って恒常的に発生する萌芽であることが，土壌などの攪乱が少ない海岸クロマツ（*Pinus thunbergii*）林内に分布する林分の調査によって確かめられている（玉泉ら，1991）．河川沿いに見られるハリエンジュの群落では，その周囲に根萌芽が発生し外側へ群落が拡大していく様子が観察される．この群落を遠くから見ると，お椀を伏せたように群落の中心から周辺にいくにつれて樹高が減少していくのが見られる（図5.5）．このように，根萌芽が自然状態で発生していくハリエンジュにおいても，伐採など樹木に

図 5.4　根萌芽で連結しているハリエンジュの根系.

図 5.5　ハリエンジュの根萌芽による林分の拡大．1 粒の種子から発達した．林分の外側に向かって，樹高が低くなっていく.

損傷を受けた場合には大量の根萌芽を発生させることが知られており（岩井，1986），多い個体では1個体あたり100本近くの萌芽が発生している（崎尾，2003）．

ハリエンジュの根萌芽は土壌中の浅い水平根から発生する傾向があり，主幹を伐採した場合に，土壌深が3 cm以内では非常に多くの根萌芽の発生が見られるが，土壌深が11 cm以上ではまったく根萌芽は見られなかった（崎尾，2003）．幹に損傷が生じない場合でも，土壌層の表面10 cm以内の水平根から根萌芽が発生している（玉泉ら，1991）．

これらの根萌芽はいったいいつ発生するのであろうか．河川敷に分布するハリエンジュの水平根と根萌芽の年齢を比較したところ，根萌芽の60%が水平根と同じ年齢で水平根が伸長すると同時に萌芽を発生させていた（小泉・小山，2012）．残りの40%は損傷に伴い発生した萌芽と考えられ，潜伏芽を由来とするものであった．水平根と根萌芽の年輪数の差は6年が最高で，水平根が伸長してから6年間までは根萌芽を発生させていたと考えられる．

これらの水平根から発生する根萌芽の資源は親木から供給されていると考えられる．ドイツトウヒ（*Picea abies*）林内でハリエンジュの水平根の切断実験を行い，その関係が明らかにされた（真坂・山田，2005）．水平根の切断によって親木とのつながりを絶った根萌芽では葉の枚数の増加は見られなかったが，切断しない根萌芽ではつぎつぎと葉を展開させた．この結果から，ハリエンジュは根萌芽の成長の資源をほとんど親木に依存しており，根萌芽自体は光合成によって自分で資源を稼いで成長できないと結論づけている．水平根による個体間の資源のやりとりに関しては，水平根の切断試験によっても確認されている（崎尾ら，2015）．

（3）ハリエンジュの分布拡大戦略

ハリエンジュが日本に導入されておよそ140年が経つが，なぜこれほどまでに日本全国に分布を拡大したのであろうか（日本野生生物研究センター，1992；国立環境研究所，2014）．この理由を，ハリエンジュの生態学的特性と，この樹種を利用，管理してきた人間との関わりから考察してみたい．

まず，大きな原因のひとつは，多くの河川の上流域において荒廃地緑化の砂防・治山事業で植栽されてきたことがあげられる（峰崎・斉藤，1992；中

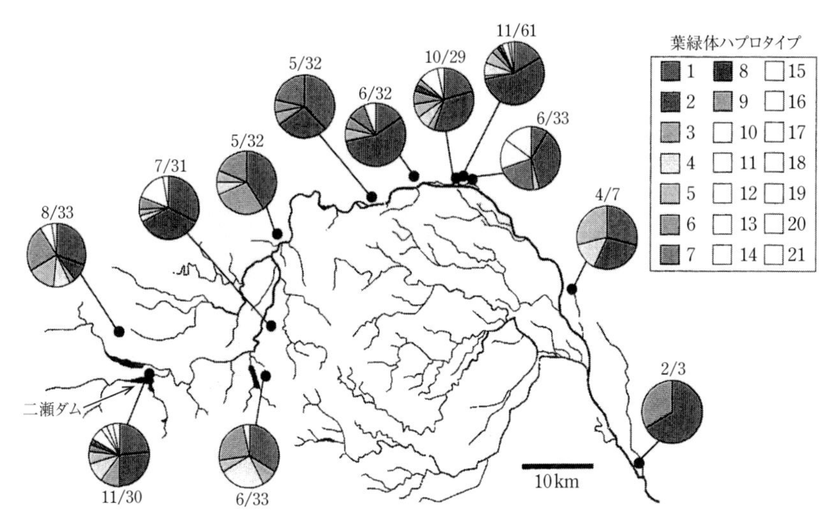

図 5.6 荒川流域の個体群で見られたハリエンジュ葉緑体ハプロタイプの組成（練ら，2009 より）.

越・前河，1996；秋山ら，2002；谷本・金子，2004；田村ら，2007）．河川生態系は上流域から海まで水や土砂の移動を通して連続している．種子散布で述べたように，ハリエンジュの莢果の水散布が実際に確認されており（前河・中越，1996；河内，2009），洪水の際に土砂に混じって下流域に散布されたことも推定されている（福田ら，2005）．そのために，ハリエンジュは，すべての河川に分布しているわけではなく，上流域に植栽された河川に限られて分布していることが特徴である．これらの河川によるハリエンジュ種子の水散布は，遺伝子解析によって確かめられている．ひとつの流域内における分布拡大の経緯を調べるために，埼玉県荒川上流域の秩父から中流域の浦和までに成立するハリエンジュ林 12 個体群 486 サンプルについて葉緑体ハプロタイプが比較された（練ら，2009；図 5.6）．最上流に位置する二瀬ダム周辺のハリエンジュは，埼玉県でもっとも古く植栽された記録が残っている．老朽化した幹は管理のために伐採されていたが，多くの萌芽を出して個体を維持しており，最初に植栽された個体のジェネットを解析することができた．荒川流域では上流域 4 個体群で見られた 17 のハプロタイプは下流の個体群でも確認され，上流からの種子散布の可能性が示された．

2つめの原因は，ハリエンジュがもっている独特な生活史特性である．種子生産，種子散布，発芽，成長，根萌芽による栄養繁殖など，分布拡大に適応した戦略をとっている．ハリエンジュは毎年開花し，一定量の種子生産を行っている（星野ら，2014）．種子には異型性があり（高橋ら，2005），秋に散布されてすぐに発芽する非休眠種子と，休眠し埋土種子形成に携わる休眠種子（高橋ら，2006）がある．これによってハリエンジュは発芽時期を分散させて，発芽の機会を増やしている．また，ハリエンジュの埋土種子は，土壌中で40年間も生存できるといわれている（Toole and Brown, 1946）．日本において，これらの埋土種子の発芽の時期は土壌の攪乱や洪水など，種子が発芽して成長できるような機会に限られている．自然分布している北アメリカ大陸においては山火事などの火が更新に重要な役割を果たしているのに対して，異国の地，日本においては，洪水など水が更新や分布拡大に一役かっていた．つまり，火だけではなく水も味方につけたわけである．いったん発芽した実生の成長は，高い光合成速度（小池，2009）によって非常に早く（福田，2009），3-4年で開花結実する．そのうえ，発芽当年から水平根を伸ばし（千葉・小山，2012），根萌芽を発生させて栄養繁殖を行い，林分を拡大していく（玉泉ら，1991）．

ハリエンジュが分布拡大したもうひとつの大きな原因は，日本の河川管理にある．本来，日本の河川には上流域から下流域まで在来種である多くのヤナギ類が分布してきた．第2章でも述べたように，ヤナギ類の更新は，河川の水位変動と大きく関わっており，積雪地帯を上流域にもつ北日本では，春先の融雪洪水によって形成される水際から緩やかな傾斜をもった砂礫の堆積地が更新サイトとなってきた．一方，ヤナギ類の種子の寿命は非常に短く（Niiyama, 1990），埋土種子を形成することはないうえに，発芽時期が春の種子散布後の短い期間に限られている．このようにヤナギ類の発芽と実生の定着は，季節的な洪水と種子散布，発芽の微妙なバランスのもとで行われている（Niiyama, 1990）．また，広い流路幅をもった網状河川はヤナギ類の重要なハビタットとなっており，たびたび繰り返される洪水による流路変動はヤナギ類が更新するうえで重要な地形変動である（進ら，1999；Shin and Nakamura, 2005）．

1997年に河川法が改定され，河川管理の目的として河川環境の保全が追加される前は，治水と利水を目的として河川管理が行われてきた（河川法令研究会，2012）．とくに，1950年代から1970年代にかけては，治水や水資源開発，水力発電への需要拡大に伴い，日本中の都市部の上流域で多くの多目的ダムが建設された．また，河道は護岸によって人工化され，多くの堰が建設された．これらの河川開発による洪水のコントロールによってピーク流量が減少し，河川流量の変動や河床の微地形変化も少なくなった（星野，2009；太田，2012）．そのために，在来種であるヤナギ類の更新に必要な水位変化，流路変動，河床の微地形変化が少なくなった．この時期は高度経済成長の時期とも重なり，建設資材として河川から大量の砂利採取が行われた．ダム建設による洪水流量の減少や砂利採取によって，河川の流路が固定され，砂州の島状化や高水敷化が進行し，河道内の樹林化を促進させた（山本，2010）．このような樹林化を加速している要因のひとつが，外来樹種のハリエンジュの分布拡大である．いったん形成された高水敷は河川水の影響を受ける機会が減少し，乾燥化が進んだためにヤナギ類の発芽定着には適さなくなった．日本の河川においては，流量を確保するために，河道内の樹木は繰り返し伐採されてきたが，この管理がハリエンジュの根萌芽の発生を誘発し，林分の拡大に拍車をかけてきた．

河川流域にハリエンジュが緑化のために植栽された流域でも，それほど分布の広がっていない河川のあることも事実である．2011年に発生した「平成23年7月新潟・福島豪雨」によって大きな被害を受けた福島県の伊南川流域には，絶滅危惧種のユビソヤナギをはじめとするヤナギ類を優占種とする河畔林が広がっている．2015年の6月初めに，GPSを使用して伊南川本流のハリエンジュの分布を調査した．この時期はハリエンジュの開花時期で，遠くからでもほかの樹種と簡単に識別することができる．また，2mぐらいの小さな個体でも開花するためにかなりの精度で分布を調べることができる．そのうえ，多くの個体が毎年開花する（星野ら，2014）．しかし，開花時期を逃すと，分布調査は著しく困難を極めることになる．そのために，短期間での集中した調査が必要であった．伊南川の上流域では，河川に面した山腹崩壊地には緑化のためにハリエンジュが導入されている．ロックシェッドやスノーシェッドなどの構造物周辺にも導入されたと思われる．そのほかに，建設資材置き場や河川本流の堤防にも見られた．しかし，堤外の中州におけ

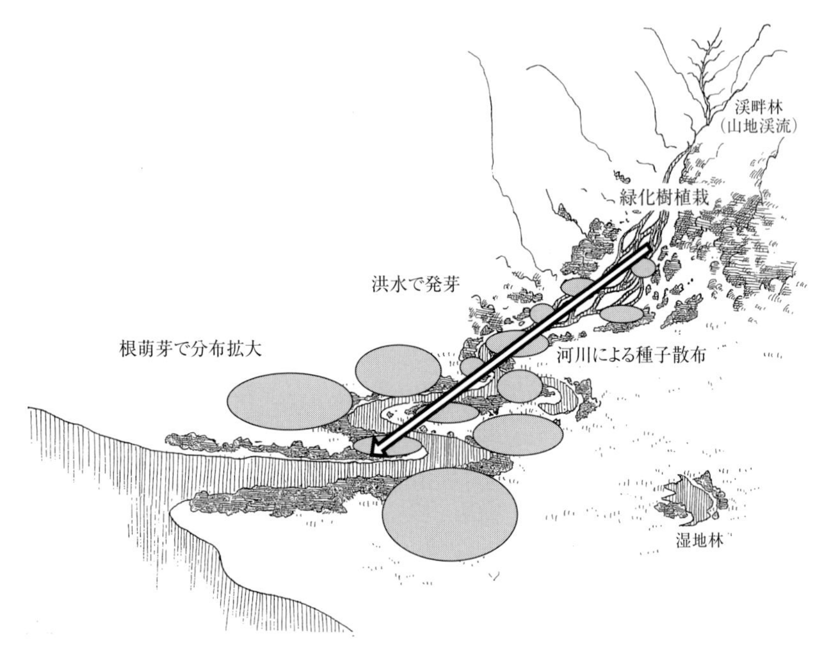

図 5.7　流域におけるハリエンジュの分布拡大機構．緑化のために上流に植栽された個体群から供給された種子が下流域まで洪水で分布し，発芽した後に根萌芽で分布を拡大した．

る本種の分布は非常に限られたものであった．とくに，伊南川の下流域の河川幅が広い中州では，ハリエンジュの分布はわずかで，林分としては確認できなかった．

この原因は，河川の土砂移動などの動態と関係していることが予想される．伊南川は近世の「手鑑」などには「荒れ川」と記されており，融雪・梅雨末・台風の3つの時期に頻繁に水害を起こしていた．近年では，河川改修などで流路の固定化や土地利用の高度化が進み氾濫原がせばめられているものの（福島県只見町教育委員会，2006），流域を通して大きなダムなどはなく，自然河川の動態が保持されていると考えられる．そのために，河川幅の広い下流域では，かなりの頻度で，土砂移動による流路変動が生じており，ヤナギ類の最適な生育環境が保たれてきたと考えられる．関東地方の荒川や多摩川で問題となっているような，流路の固定化や堤外の樹林化（山本，2010）

はそれほど進んでない．ハリエンジュはヤナギ類と同じく先駆樹種であるが，これほど頻度の高い攪乱には対応できなかったのであろうか．

以上のように，荒廃地緑化のために河川の上流域に植栽されたハリエンジュは，種子が洪水によって下流に水散布され，中・下流域で発芽・定着した実生は水平根を伸ばし，根萌芽を発生させ分布を拡大してきた．また，ダム建設や伐採などの河川管理によって改変された河川生態系もハリエンジュの分布拡大に拍車をかけたと考えられる（図 5.7）．自生地のアメリカでは，火が更新の引き金であったが，日本においては水がその役割を果たしている．

（4）ハリエンジュの管理

現在までに，ハリエンジュの除去については，①伐採，②重機による除去，③除草剤による除去，④巻き枯らしによる除去や，これらを組み合わせた方法など多くの試みがなされてきた．しかし，ハリエンジュの分布している環境は，地域によって大きく異なり，同じ方法で管理できるというものでないことは，これまで多くの管理事業や試験などから明らかになっている．これまで私が関わってきたハリエンジュの管理を中心に紹介する．

上流域での伐採によるハリエンジュの除去

この管理試験は，私が初めてハリエンジュと関わるきっかけになった研究である（崎尾，2003）．先に述べたように，1996 年に埼玉県の林業改良普及員から「ハリエンジュを伐採するので，その後の経過を調査してもらえないか」ともちかけられたことから始まった．これまでは，河川周辺の在来種の水辺林の更新についての研究は行っていたが，ハリエンジュにはそれほど興味をもっていなかった．しかし，調べてみると河川周辺で拡大が進み，河川管理に関して大きな問題を抱えている樹木であり，その防除（とくに薬剤による）や山地緑化に関する文献は見られたが，日本におけるハリエンジュの生態や更新動態に関する研究はほとんど見当たらなかった．しかも，その当時は学会のなかでもそれほど注目を集めていなかった樹木であった．

1997 年 2 月に埼玉県荒川上流の渓畔域に分布するハリエンジュの林冠木を伐採除去し，すでに中下層木として侵入している在来樹種の林分に転換できるかどうか検討した．施業の考え方としては，ハリエンジュを伐採すると切株や水平根から大量の萌芽が発生するが，ハリエンジュ林冠木の伐採によって光条件が好転するために，在来の渓畔林樹種から構成される中下層木が成長することで大量に発生したハリエンジュの萌芽が被陰され枯死するというものである（図5.8）．伐採前の1996年9月に調査地内の樹木の樹種同定を行い，胸高直径と樹高を測定した．また，林内の光環境を把握するために林内の相対照度を測定するとともに，魚眼レンズによる全天空撮影を行った．

本研究の調査地において，伐採前は幹の地際や林床には根萌芽はまったく見られなかったが，これは林分が閉鎖しており，たとえ萌芽が発生したとしても光不足ですぐに枯死していたためと思われた．伐採後は，切株や水平根から大量の萌芽が発生した（崎尾，2003）．根萌芽は土壌深3 cmまでの浅い水平根から多く発生していた．伐採した10個体すべてから，切株から発生した萌芽と根萌芽を合わせて平均49.5（±29.2）本が発生し，もっとも多い個体では97本の萌芽が見られた．しかし，これらの萌芽は，発生翌年の1998年から急激に枯死し始め，1999年には1個体あたり20本以下に減少し，2003年にはすべての個体が枯死した．これらの萌芽の減少や株の枯死は中下層木の樹冠の発達に伴う光環境の変化に対応していた（図5.9）．

本施業試験において，上流域の山間地のようにハリエンジュ林のなかに在来樹種が中下層木として混交している渓畔域の閉鎖林分では，伐採によって比較的短期間でハリエンジュを除去できることが示された．また，萌芽発生後，根萌芽の除伐を行えばより効果的にハリエンジュの除去を行うことが可能と思われる．しかし，土中には多くの埋土種子が存在している可能性があり，山腹崩壊や土石流などの大きな攪乱が生じた際には，これらの種子が一斉に発芽し，新たなハリエンジュ林を形成する可能性は残されている．

刈り取りによるハリエンジュの除去

刈り取りによるハリエンジュの管理はこれまで行われてきたが，場当たり的な伐採が繰り返されてきただけで，根萌芽の発生によってかえって分布域を拡大してきた．そのため，どれだけの作業を行えばハリエンジュを除去できるかを明らかにするために，刈り取り作業の頻度・期間と本種の萌芽再生

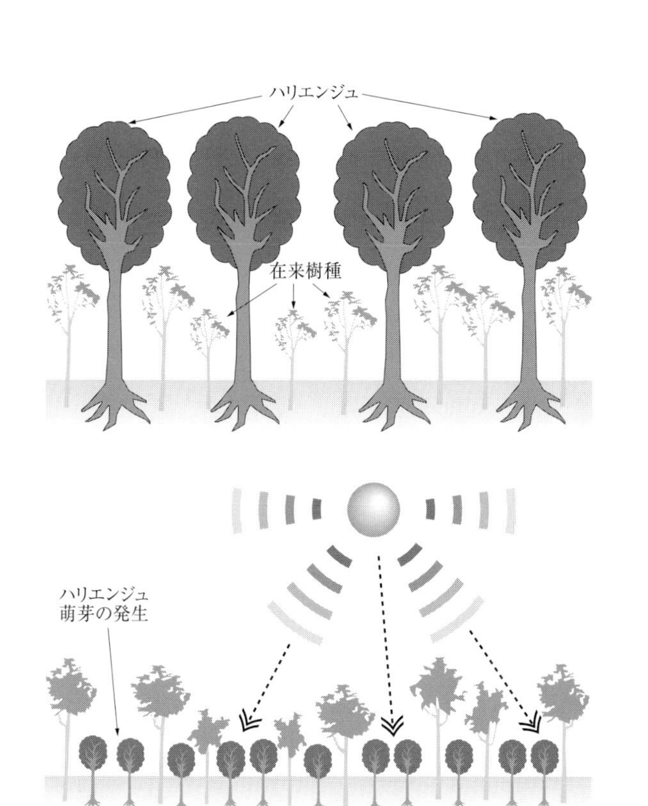

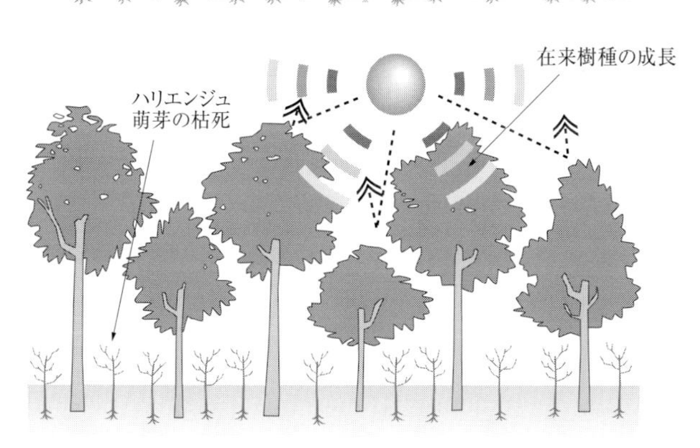

図 5.8　伐採によるハリエンジュ枯死仮説の模式図（崎尾，2009b より）．

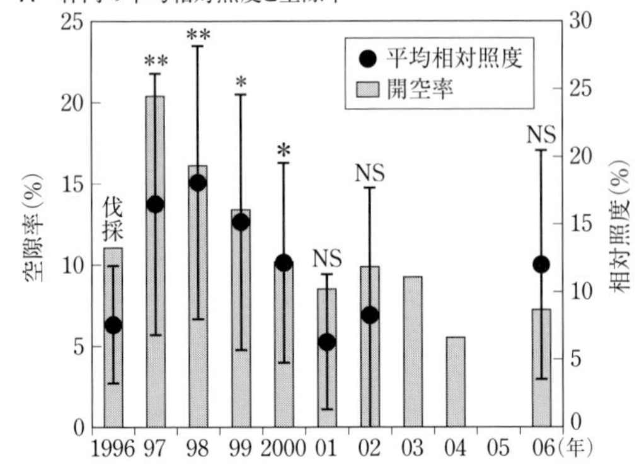

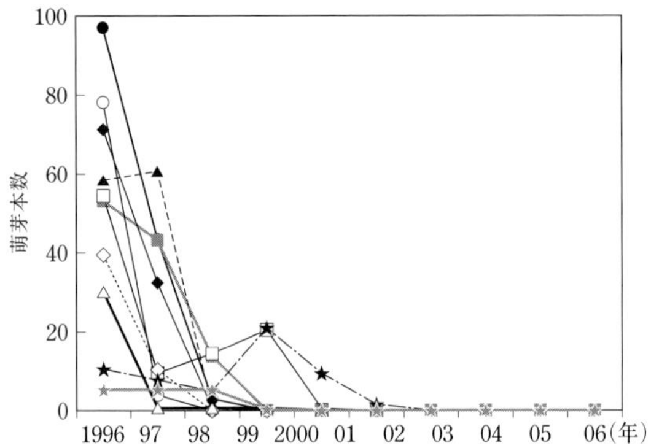

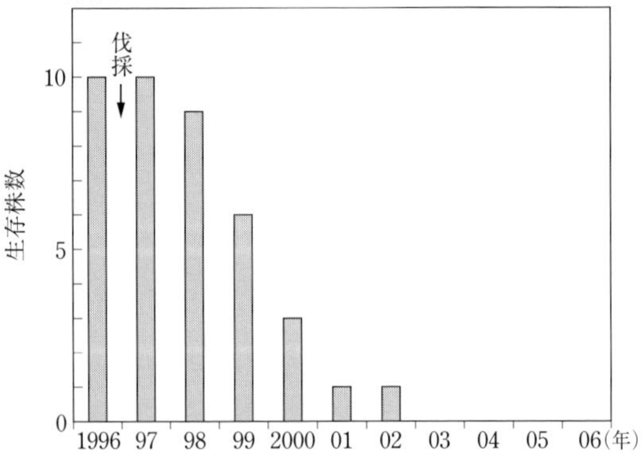

図 5.9　林内の光環境の変化，発生萌芽数および生存株数の変化（崎尾，2009b より）.

量の関係を明らかにする必要がある．ハリエンジュの刈り取りについては，急傾斜地の山火事跡地（小山，2009）で試験が行われているが，実施例は少なく知見は十分ではない．

埼玉県荒川中流域の河川敷内で，2007年1月にハリエンジュ若齢林が伐採された．そこで，この伐採跡地に刈り取り頻度の異なる試験区（年1-3回）を10個設置して，ハリエンジュ萌芽幹の刈り取り試験を4年間（2007-2011年）実施した（比嘉ら，2015）．

刈り取り回数は年に1，2，3回の3通りを設定し，1回刈り取り区は4区設置し，それぞれ6，8，10，12月に，2回刈り取り区は3区設置し，すべて6，8月に，3回刈り取り区も3区設置し，すべて6，8，10月に刈り取り作業を行った．各調査区に発生した萌芽は，鉈や鋸などを用いて地際から刈り取り，ただちに萌芽長および湿重量をバネ秤で測定した．

2007年1月の伐採後，5月初旬ごろより切株や水平根から萌芽が出始め，

図5.10 伐採後，大量に発生したハリエンジュの根萌芽．

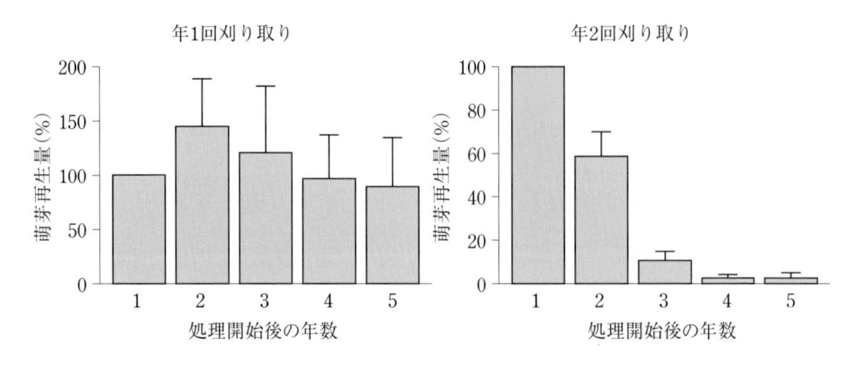

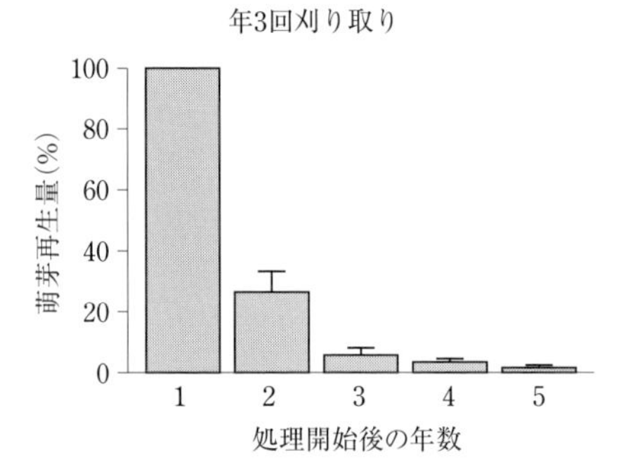

図 5.11　ハリエンジュの刈り取り回数別の萌芽再生量の変化（比嘉ら，2015 より）．

1 回目の刈り取り時（6 月 21 日）には樹高が 2 m を超えるまでに成長した（図 5.10）．6 月に刈り取った 7 調査区の平均萌芽発生数は 361 本/100 m^2（3 万 6100 本/ha）であった．刈り取り後発生した萌芽幹は，10 月ごろまで成長を続け，10 月の刈り取り以降は，どの区でもほとんど萌芽の発生は見られなかった．1 回刈り取り区では，管理 3 年目以降も，萌芽再生量は管理開始初年度と大きな差は認められなかった．これに対し，3 回刈り取り区では萌芽再生量は翌年に，2 回刈り取り区では 3 年目に顕著な減少が認められた．その後，管理 5 年目（2011 年）には，萌芽再生量はおのおの管理開始年の 3.1%（2 回刈り取り区），1.2%（3 回刈り取り区）まで減少した（図 5.11）．

これまでの研究結果からは，ハリエンジュの萌芽を被陰するような樹木が周辺に存在する環境では，本種の除去は比較的容易と考えられている（崎尾，2003）．しかし，本研究の調査地周辺には在来の河畔林構成樹木のエノキがわずかに分布しているだけで，明るく開けており，いったん作業を停止するとハリエンジュが再生する可能性がある．このため，実際にハリエンジュを枯死させるためには，さらに2，3年程度管理を継続する必要がある．ハリエンジュの伐採後の萌芽の発生量は伐採前の地上・地下部の現存量に比例して増加することから（崎尾，2003），発達したハリエンジュ林を除去するために刈り取りを行う年数はさらに長期化すると予想される．以上のことから，中下流域の河川敷のような明るい環境でハリエンジュを刈り取りによって除去するには，事業が10年以上におよぶ可能性がある．

巻き枯らしによるハリエンジュの除去

ハリエンジュを枯死させるためには巻き枯らし（環状剝皮）が効果的な方法であることがこれまでに指摘されている（田村・金子，2003，2008；小山，2009）．一方，巻き枯らしを行った後に，継続的な萌芽の刈り取りの必要性が指摘されている（田村・金子，2008）．これまでハリエンジュの巻き枯らしは事業として行われており，萌芽発生の状態や幹から発生した萌芽の取り扱いに関して具体的な手法が検討されていない．そこで巻き枯らしによる萌芽の発生状況や萌芽の除去頻度と個体の枯死の関係を明らかにすることで，ハリエンジュの巻き枯らしによる効果的な管理方法について検討を行った（崎尾ら，2015）．

関東平野を流れる荒川中流域に位置する埼玉県熊谷市の堤外地の高水敷に島状に点在分布するハリエンジュ林のなかから，パッチ状の1林分を調査地として選んだ．巻き枯らし処理として，2006年6月にハリエンジュ個体の地上1mから1.3mの範囲にある樹皮および形成層を全周にわたって鉈で剝ぎ取った．対象林分の個体を5グループ（コントロールを含む）に分け，おのおの1カ月，2カ月，3カ月，6カ月間隔で発生した萌芽の位置と長さを測定した後に，萌芽の除去を行った．

2006年6月の巻き枯らし後，1週間ほどでハリエンジュの林冠部の葉が褐変し始めるとともに，巻き枯らし処理をした下部の幹から一斉に萌芽が発生した．発生した萌芽のうち根萌芽の占める割合は，伐採した場合は77%と高い割合を占めていたが（崎尾，未発表），巻き枯らしでは，どの処理区とも地下の水平根からの根萌芽の発生数は発生総数に対して10%程度と少な

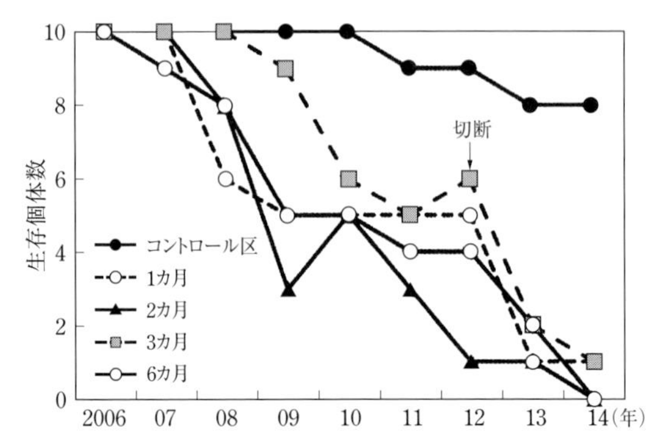

図 5.12　巻き枯らしによる生存個体数の変化（崎尾ら，2015 より）．2012 年に萌芽が発生し続けている個体の水平根を切断し，他個体との接続を断ち切った．

かった．1 カ月から 6 カ月の萌芽除去処理区では，毎年萌芽を発生し続けながら，その発生萌芽数は巻き枯らしから 3 年間で急激に減少した．一方，巻き枯らし処理を行ってそのまま放置したコントロール区では処理区と同様に萌芽数は減少したものの，萌芽の除去を行わないために萌芽は年々成長を続けた．個体の枯死は 3 年目の 2008 年から 4 年目の 2009 年にかけて急激に生じた（図 5.12）．しかし，最終的な結果からは，萌芽の除去回数は個体の枯死率にそれほど影響を与えていないことが明らかになった．また，根萌芽によって形成された林分であるために，多くの幹どうしが水平根によってつながっており，幹どうしで養分をやりとりしている可能性が示唆された．そこで，2012 年 2 月に萌芽の発生している個体の根元を掘り起こして，水平根を鋸で切断し，他個体との接続を断ち切った．その結果，2014 年にかけて生存個体数は急激に減少した．

萌芽の除去は 1 年間に 2 回程度行えばよく，巻き枯らしを林分全体の個体を対象に行うことによって効果的にハリエンジュを枯死させることができると考えられる．以上の結果から，伐採や刈り取りで大量に発生する根萌芽の発生を巻き枯らしを行うことで抑制することができた．

5.2 ナンキンハゼ

（1）ナンキンハゼとは

ナンキンハゼ（*Triadica sebifera*）は，トウダイグサ科に属する落葉高木で，おもに中国中南部を原産地としている（図5.13）．日本では，その果実から蠟を採取するために導入され，西日本で植栽されてきた．また，秋の紅葉が美しいために園芸樹種として公園や庭木として利用されてきた（橘，2007）．奈良県春日山の照葉樹林では，ナンキンハゼが林冠ギャップに数多く逸出していることや，ナンキンハゼの優占群落が各所に分布していることが報告されている（Maesako *et al.*, 2007）．

（2）ナンキンハゼの生態的特性

種子・発芽特性

ナンキンハゼの種子がどのような環境で発芽するかについては，奈良の春

図5.13 ナンキンハゼの葉．

日山原始林の林冠ギャップでの研究がある（米田ら，2009）．林冠ギャップの中央から林内にかけて種子を播種し，その発芽率を調べた結果，ギャップの中央部では83%の高い発芽率を示したが，ギャップの縁や林内では3%以下とほとんど発芽することがなかった．また，種子に傷をつけた場合とつけない場合を比較すると，傷をつけた種子の発芽率は90%と，つけない場合の55%に対して高かった（奥川・中坪，2009）．このことから発芽しなかった種子は，埋土種子として土壌中で休眠することが予想されるが，実際に埋土種子集団を形成することが確認されている（藤井，1997）．乾燥状態で低温保存した種子の寿命に関して，4年間の保存で80%，7年間では12%の発芽率が確認されていることからも（Cameron *et al.*, 2000），種子の寿命は長いと考えられ，埋土種子を形成していることが予想できる．

種子散布

種子には蠟が多く含まれるために鳥類が好み，採食する鳥としては，シジュウカラ（*Parus minor minor*）やスズメ（*Passer montanus saturatus*）などの小型種から，ヒヨドリ（*Hypsipetes amaurotis amaurotis*），ムクドリ（*Sturnus cineraceus*）などの中型種，ハシブトガラス（*Corvus macrorhynchos japonensis*），キジバト（*Streptopelia orientalis orientalis*）などの大型種までが知られている（福居・上田，1999）．

成長特性

光環境は発芽だけでなく実生の定着や成長にも大きな影響を与えている．春日山原始林においてナンキンハゼの実生と幼樹の分布を調べた結果，ギャップに依存していることが明らかになった（Maesako *et al.*, 2007）．相対光量子密度の異なる光環境のもとで実生を生育させた結果，年間を通じて5%以下では，展葉数や樹高が著しく減少した（奥川・中坪，2009）．これらの結果は，ナンキンハゼの光要求性が高いことを示している．一方，ナンキンハゼは鬱閉した林冠下で定着することができ，高い耐陰性をもつという報告もある（Jones and McLeod, 1989）．

ナンキンハゼは，ハリエンジュやシウリザクラと同様に，根萌芽によって個体群の維持を行う可能性が示唆されている（石田ら，2012a）．ナンキンハ

表 5.1 ナンキンハゼの幼個体の発生由来.

	全個体	樹高（m）			
		0–0.5	0.5–1.0	1.0–1.5	1.5–2.0
個体数					
根萌芽由来個体	33	15	10	4	4
種子由来個体	49	5	8	12	24
合計	82	20	18	16	28
根萌芽率（%）*	40.2	75.0	55.6	25.0	14.3
個体間距離（cm）**	73.6±32.7	64.4±30.7	83.2±12.0	62.8±46.9	95.3±53.6

*総個体数に対する根萌芽由来個体数の比率，**根萌芽由来個体の根元からその母樹の根元までの最短距離の平均値 ± 標準偏差.

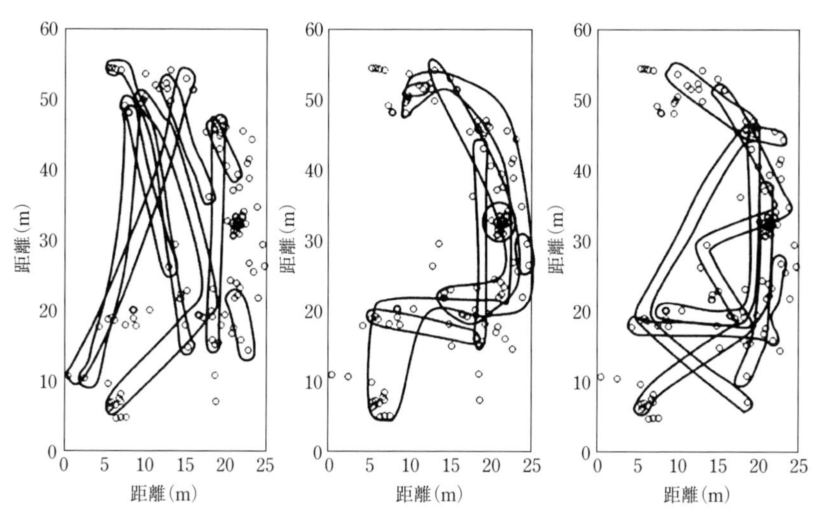

図 5.14 ナンキンハゼのジェネットと幹の空間分布．3つの図に分けて分布を示している．全体で 23 の複数幹のジェネット（線で囲まれた部分）が確認された（Moriya *et al.*, 2017 より）.

ゼ群落内に分布する幼個体の由来を調べるために，表土を除去して幼個体が根萌芽であるかどうか確認した結果，40.2% が根萌芽由来の個体であった．また，母樹からの距離が短い幼個体のほうが，根萌芽率が高くなっていた（表 5.1）．一方，マイクロサテライト DNA 分析からジェネットの解析も行われた（Moriya *et al.*, 2017）．奈良市御蓋山でナンキンハゼのクローン構造と成長パターンが調査された結果，315 本の幹（樹高 130 cm 以上）は 214

ジェネットで構成されており，これらのうち23ジェネットが複数の幹から構成されていた．ジェネットの幹数はジェネットの年齢とともに増加し，ジェネットのサイズ，形状および幹数から，ナンキンハゼは幹が一方向に伸びた根に沿って広範囲に分布する成長戦略をとっている（図5.14）．9年生のもっとも大きなジェネットは47.8 mも伸びていた．つまり，1年で5.3 mも伸びていたことになる．複数幹をもった個体の平均伸長量でも3.7 mを記録していた．ジェネットの水平距離が伸びるほど，幹数も増加していた．このように，ナンキンハゼもハリエンジュと同様に根萌芽によって急速に個体を拡大していた．ナンキンハゼの種子は多くの鳥類によって散布されることから（福居・上田，1999），自然生態系を脅かすことが危惧される．

第6章　水辺林の保全
——次世代へ伝える

水辺林を構成する樹木の生活史や更新機構については，これまでの章でくわしく解説してきた．しかし，人為的な影響によって，とくに戦後の開発によって自然の状態で残されている水辺林は奥山を除いては非常に限られたものとなってしまった．本章では，失われたり機能が劣化した水辺林の現状を示す一方で，水辺の生態系を修復・復元する取り組みについて私が進めてきた研究を紹介し，将来的な研究の展望を示す．

6.1　水辺林の現状と河川行政

(1) 失われる水辺環境

日本列島において水辺環境は，歴史的に改変され，その面積も減少を続けてきた．水辺林は，上流の渓流から河口まで連続的な河川の流れに沿って，限られた狭い特異な環境に成立していた．江戸時代以前には，河川の下流域に広大な氾濫原が広がり，洪水のたびに流路が変動するなど，自然の河川動態が保たれていたが，農耕地の開発や河川開発によってその姿は大きく変わってきた．とくに，第二次世界大戦後の急速な土地利用によって日本列島においては，源流域から河口域まで原生的な自然環境のなかを流れる大規模河川は，ほとんど存在しなくなった．

長大な堤防が建設され，湾曲して流れていた河川はコンクリート護岸による直線化で放水路と化している．流路工による河川改修が行われた河川の中・下流域では，河畔林の大部分が消失し，断片化が著しい．ここでは，わずかに残された河畔林を保全して，その連続性を確保するために，河畔林を再生する必要すらある．しかし，現行の流路工，護岸工事などの河川改修事業は，数 km，数十 km の範囲で陸上生態系と河川生態系の相互作用を断ち切り，流域レベルで水辺の生態学的機能を低下させている．流路工は基本的に河川の放水路化であり，流路を狭い範囲に固定化し，陸域との間に大きな段差をつける．そのため，建設時は河川周辺の植生（氾濫原の植生）が破壊され，水辺林も伐採される場合が多い．その結果，水辺を生育地とする野生植物の地域個体群が絶滅する危険性が生まれ，水辺林は，その回廊的機能を失う．施設の完成後，周辺での植樹や自然の遷移により植生の回復が進むが，流路がせばめられ，固定されることで河川周辺（氾濫原）の環境が単純化し，多様な植物種の生育環境が失われ，本来の河川固有の植生回復は困難である．また，流路工では，その施設を保護するために，堤防（護岸）上および流路内における植生の回復，とりわけ樹木の侵入を防止しなければならない．そのため，水辺に高木性の樹林は存在できない．堤防の上ないし背後地に河畔林が残された場合でも，河川による増水や氾濫などの攪乱がなくなり，水分環境も変化するなかで，その組成・構造を維持することがむずかしい．さらに，未利用地の有効利用を図るために，堤外の氾濫原（河川敷）における公園やスポーツ施設の整備が進むなかで，辛うじて残った水辺の自然植生・河畔林すらも破壊され，その再生の場を失っている．

環境省が行った第5回自然環境保全基礎調査において，全国の主要な112の一級河川と沖縄県の浦内川を対象とした合計113河川の調査の結果，1998年現在で，人工化された水際線は23.5%（全国で2677.4 km）にも達しており，19年前の調査に比べ4.3%（404 km）増加している（環境庁自然保護局生物多様性センター，2000）．日本の水辺林は，いまや，北海道，東北地方の一部を除き，その連続性を失い孤立・断片化が著しく，生態的回廊としての機能を失っているのが現状である．

かつては，河川周辺の水辺林は源流部の急峻な渓流周辺の渓畔林から始まり，下流に向かって山地河畔林，河畔林そして海岸林へと連続していた．また，流路，氾濫原，そして谷壁ないし自然堤防，段丘へと水域から陸域へと連続性が保たれており，生態的な相互の結びつきが存在していた．しかし，今日では，陸・水域一体となった水辺の自然環境の豊かさは，限られた場所を除いては失われてしまった．その最たるものは，コンクリート構造物で，上流から下流へ，水域から陸域への水辺の相互作用を完全に断ち切っている．

全国の主要な112の一級河川と沖縄県の浦内川を対象とした合計113河川の調査の結果，1998年現在で，これらの河川内の河川工作物数は2457個で，1985年と比較して404個も増加している（環境庁自然保護局生物多様性センター，2000）．1河川では平均して22個の工作物が設置されていることになる．これは主要河川の本流のみの調査なので，これらの支流やそれ以外の河川を含めるとかなりの数の河川工作物が設置されていることになる．

戦後，中流域から上流域にかけては，冷温帯の天然ブナ林や落葉広葉樹林が伐採され，スギなどの拡大人工造林が行われた結果，原生的な河川や水辺環境は，源流域しか見ることはできなくなった．そのうえ，上流域では洪水や土砂災害を防止するために行われている一連の治山・砂防事業は，こうした断片化して残された源流域の自然度の高い林分や修復されつつある二次林化した水辺林すらも破壊している．

図6.1　自然度の高い埼玉県奥秩父中津川の渓畔林．

図 6.2　上・下流の河川生態系を分断している多目的ダム（上）と砂防ダム（下）.

図 6.3　渓畔林そのものを破壊する渓流沿いの林道.

河川上流の源流域にわずかに残された自然度の高い渓畔林では（図 6.1），砂防ダムをひとつつくるだけでも，その流域レベルで残された手つかずの自然景観（原生的な流域環境）を失うことにつながる（図 6.2）．手つかずの自然河川，そして周辺植生がつぎつぎと失われてゆく現実のなかで，このことに象徴される意味はきわめて大きいと思われる．

具体的に，ひとつの砂防ダムの建設が渓畔林におよぼす影響には，どのようなものがあるのだろうか．まず，砂防工事のための工事用道路（図 6.3）や資材搬入施設（ケーブル）の敷設，さらに工作物（ダム）本体の建設により，河川周辺の狭い範囲に帯状に成立する渓畔林が広範囲に伐採される．渓畔域の森林植生は，高樹齢のサイズの大きな樹木によって構成され，種多様性も高い．そうした植生が一瞬にして失われ，その再生には多くの時間を要する．これは，同時に水辺景観の破壊を意味する．また，工事用道路については，人間や車の通行を通じて，ゴミの投棄，樹木，山野草の盗採そのほか，周辺植生に少なからぬ影響を与えることになる．

一方，施設本体の完成に伴い河川の攪乱体制が変化し（場合によっては流路変動），その結果，残された周辺の水辺植生（施設上，下流部）に水没による樹木の枯死，土砂堆積による植生の変化などの影響をおよぼす．また，施設工事の完了後においても，ダムサイトや工事用道路跡地における早期の自然植生の回復が困難なため，浸食や斜面崩壊防止を目的として外来樹種や緑化草本を導入する緑化工が行われ，周辺の自然植生が悪影響を受ける．しかし，こうした措置によっても，植生が回復せず，長期にわたり開放地（無立木地）が存在し続ける場合も見られる．このように一度破壊された渓畔林をもとの状態に修復・再生させるには，多くの時間と労力が必要となる．

近年，自然環境に配慮した治山・砂防のあり方が論議されるなかで，そのひとつとして，伝統的な日本庭園の美を渓流環境において現出させる「庭園砂防」が提案され，治山・砂防公園などとして，さかんに行われるようになっている（建設省河川局砂防部砂防課，1993；小橋，1994）．しかし，こうした事業は，伐採など新たな植生破壊を生み，その地域や立地に馴染まない緑化樹種などの植生の導入は周辺の自然植生に悪影響をおよぼすばかりか，生態系の一部として機能しない異質の空間を生み出すことになる．

このようななかで，原生的な源流域は，それ自体が自然環境としても重要であるとともに，学術的にも貴重な存在といえる．しかし，このような源流域の自然度の高い水辺林の大部分は，特定植物群落の指定すらも受けておらず，具体的な保護対策もまったくとられていない．

環境省は2012年に「第4次レッドリスト」（環境省，2012）を発表し，そのなかで，絶滅種32種，野生絶滅10種，絶滅危惧ⅠA類519種，絶滅危惧ⅠB類519種，絶滅危惧Ⅱ類714種，準絶滅危惧297種，情報不足37種を記載している．そのなかには，水生植物や水辺に依存する種が数多く見られる．伊勢湾周辺の湧水湿地周辺にはいずれも絶滅危惧Ⅱ類にランクされているシデコブシ（*Magnolia stellata*），ハナノキ（*Acer pycnanthum*），ヒトツバタゴ（*Chionanthus retusus*）が分布している．シデコブシは近年10年の間に群生地のいくつかが埋め立てられて消失している（矢原ら，2015）．関東平野を流れる利根川流域の河川敷に残された半自然植生のなかに，ハナムグラ（*Galium tokyoense*），マイヅルテンナンショウ（*Arisaema heterophyl-*

lum），エキサイゼリ（*Apodicarpum ikenoi*），タチスミレ（*Viola raddeana*）など多くの絶滅危惧種が生育するところから，水辺環境が，これら植物種の保護に不可欠であることがわかる（崎尾・鈴木，1997）．サクラソウ（*Primula sieboldii*）は北海道南部から鹿児島県まで，河川敷や草原などの湿った場所に広く生育していたが，現在，全国の自生地は22道県で，2000年から2012年の間に2県で絶滅が確認されている（矢原，2003，矢原ら，2015）．これまで水辺環境に生育する多くの植物種を絶滅の危惧に追いやっている主要な原因は，湿地（河川）の開発，園芸採取，森林伐採などであったが，近年ではこれらの原因のほかにニホンジカによる食害や，草地・森林の管理放棄による植生遷移の進行も新たな原因となっている．

（2）河川行政と法律

水辺環境を保全・復元・再生するうえで近年，新たな法の設置や改正が行われた．1992年に生物多様性に関する条約がリオの地球サミットに合わせて採択された．日本は，1995年に生物多様性国家戦略を決定したが，その後，近年の生物多様性の危機や社会経済の変化，河川法の改正に始まる関係省庁の施策の変化に伴って，2002年に新しい生物多様性国家戦略の決定を行った．

1896年に治水を目的として制定された河川法は，1964年に治水・利水を目的として改正された．その間，川や水に対する地域や人々のニーズも時代とともに変化し，1997年には河川環境の整備と保全が目的に加えられた．河川法に引き続き，1999年には海岸法の目的に環境の保全が付け加えられ，1999年の食料・農業・農村基本法の成立で農業の多面的機能の発揮が位置づけられ，2000年には港湾法の改正が，2001年には森林・林業基本法が成立し，水産基本法が成立した．このように，さまざまな施策の目的に環境の保全が加えられた．その後，2003年に自然再生推進法が制定され，北海道の釧路湿原の釧路川においては，湿地への土砂流入を防止し乾燥化する湿地の冠水頻度を増加させることや，埼玉県の荒川においては，旧河道を生かした蛇行河川の復元など水辺の環境を再生する事業が開始されている．

河川管理についての体系的な法制度である旧河川法が制定されたのは1896年で，この法律において河川・河川の敷地・流水については私権を排除し，国の機関がこれを管理することとした．また，洪水の多発や，1885年や1889年の洪水が大きかったことを反映して，発電や工業用水などの利水よりも治水に重点が置かれたものになっていた（河川法令研究会，2012）．その後，利水関係の規定の必要性や新憲法などの法制度の大きな改革から，1964年に旧河川法は廃止され，1965年から現行の河川法が施行された．さらに，幾度か改正が行われてきたが，1997年の改正によって河川管理の目的に「環境」が追加され，樹林帯制度などが創設された．これまでも河川環境については水質が注目されて，全国の河川でワースト10などが公表されてきたが，今回の改正は水質だけに限らず河川生物をも対象としている．

国土交通省が作成した樹林帯手引きによると，樹林帯とは堤内の土地に堤防に沿って設置された帯状の樹林で，堤防の治水上の機能を維持し，または増進する効用を有するものをいい，越流時における堤防の安全性の向上，破堤時の堤防破堤部の拡大抑制，洪水氾濫流量の低減などの機能を有する帯状の樹林と定義している（河川環境管理財団，2001）．樹林帯は，これらの機能のほかに，生物の生息環境の創出，ヒートアイランド現象の緩和，景観形成，余暇空間の形成など環境上の効果が発揮されることが期待されている．また，樹林帯の植栽樹種の選定は，地域の自然植生を基準にしている．たとえば，北海道などの常緑針葉樹林帯では，立地が乾性の場合にはエゾマツ・ミズナラ・イタヤカエデ，湿性の場合にはヤチダモ・ハンノキ・ハルニレが選定されている．しかし，これらの樹林帯は堤内，つまり河川とは切り離された環境のもとで造成されるものであり，基本的には水辺林とはかけ離れたものである．水辺林とは，河川の水や砂礫の移動などの動態によって更新し続ける森林である．

河川管理において，河川管理計画が作成されるが，1997年に河川法が改正されるまでは，大規模な洪水を想定した堤防工事や利水計画が専門家の指導のもとに作成され，これにもとづいて河川管理が行われてきた．河川法改正によって河川環境の整備と保全が目的に加わった現在でも，河川管理計画に樹林帯の造成など具体的な計画の乏しいものになっている．

また，2004年に外来生物法（特定外来生物による生態系等に係る被害の防止に関する法律）も制定された．生態系，人間の生命・身体，農林水産業への被害を防止するために，問題を引き起こす海外起源の外来生物を特定外来種として指定し，その飼養，栽培，保管，運搬，輸入などを規制し，その防除などを行うことになっている．2015 年現在，植物種では 13 種が特定外来種として指定されているが，河川周辺ではアレチウリ（*Sicyos angulatus*）が猛威をふるっている．

特定外来種とは別に，要注意外来生物が選定されている．これは，外来生物法にもとづく飼養などの規制が課されるものではないが，これらの外来生物が生態系に悪影響をおよぼす可能性があることから，利用に関わる個人や事業者などに対し，適切な取り扱いを求めている生物である．これには，河川に分布する木本樹種ではハリエンジュ（ニセアカシア）がリストに掲載されていた．

2010 年，名古屋で開催された生物多様性条約第 10 回締約国会議で，2020 年までに侵略的外来種とその定着経路を特定し，優先度の高い種を制御・根絶する愛知目標が採択された．2012 年に閣議決定された「生物多様性国家戦略 2012-2020」において，愛知目標を実現するために，特定外来生物だけでなく，日本の生態系などに被害をおよぼすおそれのある外来種リストの作成を国別目標のひとつとした．これを受けて，2015 年，環境省と農林水産省は，「我が国の生態系等に被害を及ぼすおそれのある外来種リスト（生態系被害防止外来種リスト）」を公表し，ハリエンジュは「適切な管理が必要な産業上重要な外来種」に分類された．また，「総合的に対策が必要な外来種」には，河川敷でも分布が拡大しているニワウルシ（シンジュ）（重点対策外来種）やナンキンハゼ（その他の総合外来種）がリストに掲載された．これをもって要注意外来生物の指定は廃止された．

6.2　水辺林管理の取り組み――環境に配慮した河川管理

(1)ヨーロッパの近自然河川工法

自然環境を取り入れた河川改修はすでにヨーロッパで行われており，とくにスイスの河川工法は自然の生態系を生かした工法で知られている．1992 年にスイスを訪れる機会があり，チューリッヒ州建設局の河川工学の専門家であるクリスチャン・ゲルディ氏に現地を案内してもらった．

図 6.4　スイスのチューリッヒ郊外を流れるケーメッテル川.

最初にチューリッヒ郊外を流れるケーメッテル川を訪れた．道路横の変哲もない小川であるが，この河川は，もとはコンクリートの３面張りの水路であった．それを壊して自然の状態にしたものである（図 6.4）．この小川の自然改修は，河道までは人工的につくらずに，自然の流れに任せておいたものである．また，河川周辺の植生も最小限のものは植栽されたものであるが，そのほかは自然に侵入してきたものである．

つぎにレピッシュ川であるが，この川はもとは蛇行河川であった．ところが，河川工事によって人為的に直線化し両岸に堤防を建設し，マスの隠れ家として川底に石を設置して人工河川化してしまった（図 6.5A）．この河川について近自然工法で再改修を行った（図 6.5B）．堤防を取り除き流路は水の流れに任せ，護岸材料としてはヤナギ類が用いられた．ヤナギを挿し木することでヤナギ林を両岸に造成し，護岸の代替としている．この再改修を行ってから，河川の魚類の量がかなり増加したそうである．

図 6.5　スイスのレピッシュ川．A：構造物が設置されている改修前の河川．写真をもっているのがクリスチャン・ゲルディ氏．B：構造物を取り払い，ヤナギ類によって自然の状態に復元された河川．

スイスの近自然河川工法の特徴としては以下の点があげられる．

①川の流れは自然に任せ直線的な工法は行わない．

②生活排水や工場排水は直接流し込まないで，一度浄化してから河川に流している．

③できるだけコンクリート構造物を用いないで，樹木や草を利用している．

④河川を中心とした水辺を多様な生物のすむ生態系と見て，人間もそこで楽しめるような川づくりをしている．

（2）渓流魚付き保全林

岐阜県の馬瀬川はアユ（*Plecoglossus altivelis altivelis*）やアマゴ（*Oncorhynchus masou ishikawae*）など全国有数の渓流魚の釣り場である．近年，渓流魚の良好な生息環境を保全するうえで，森林が重要な役割を果たしていることへの認識が高まってきている．馬瀬村（現・下呂市）では2002年5月に「馬瀬村渓流魚付き保全林の指定に関する要綱」を制定した．このなかで，森林所有者は森林の健全な育成管理に努めることが責務とされ，森林の施業基準については地域森林計画に定めるところによるとし，①できるだけ皆伐を避けること，②下刈り，除伐，間伐を励行すること，③渓流から30 m以内の森林はできるだけ択伐とすること，④広葉樹の保存に努めること，を森林の育成管理の目標とした．これにもとづき，村は2003年5月，民有林所有者への指定通知を行い，6月に岐阜森林管理署との間でアユやアマゴなどの良好な生息環境を保全するために「渓流魚付き保全林」の覚書に調印した．この結果，馬瀬村全森林面積9125 haのうち26%の2381 haが魚付き保全林として位置づけられた．

森林法で定める保安林のなかに「魚付き保安林」がある．この森林の目的は水面に対する森林の陰影，投影，魚類などに対する養分の供給，水質汚濁の防止などの作用により魚類の生息と繁殖を助けることである．しかし，これらの大部分は海岸林であり，渓流部分に設置されている例はめずらしい．今回の「魚付き保全林」の指定は，内陸部の渓流沿いや河畔の森林では全国で初めての取り組みであり，国有林が市町村の渓流魚保全の施策に対し，流域の森林管理で協力することも全国初の事例となった．

しかし，要綱に定められた森林の施業基準を満たすような森林管理とはどのようなものであろうか．国有林を例にとれば，昭和 40 年代の大面積造林によって，この流域の森林面積の 80% が人工林となっており，岐阜森林管理署では間伐対象の林分の間伐を積極的に行っているが，「魚付き保全林」としてあるべき森林の姿がどのようなものであるか，また，そのような森林をつくりだすためにはどのような施業が必要なのかについては模索中である．そのためのひとつの取り組みとして，針広混交林が渓流によい影響を与えるのではないかという考えから，人工林の強度の間伐やササの刈り払いなどが計画されている．

（3）漁民の森づくり

近年，森林と海との密接な関係が指摘され，漁民により上流域の森づくりが行われている．森林の腐植土中に含まれるフルボ酸と鉄が河川を通して海まで運ばれて，海藻の生育に重要な役割を果たしていることから，海をよみがえらせるためには森をよみがえらせることの重要性が指摘されている（松永，1993）．襟裳岬は，明治以降の入植者の増加に伴う森林伐採や放牧地の開拓によって森林が失われ，赤土が海まで流出，飛散するようになり，漁獲量は減少し，コンブなどの海藻類もとれなくなった．林野庁は 1953 年より草本緑化を始め，1970 年には 192 ha の緑化を完了，その後木本の緑化を行い 2009 年には 183 ha の森林が形成された．緑化面積の増加に伴って，えりも町の水揚高も回復してきた．

近年では「森は海の恋人」というキャッチフレーズのもとに，全国の多くの漁民が上流域に植林を展開している．宮城県の気仙沼湾では，カキの養殖がさかんである．カキ養殖業者の畠山重篤氏は，森と海の関係に注目して，1989 年より上流域で広葉樹の苗の植林を行ってきた（畠山，2006）．北海道では漁協女性部が 1988 年から「お魚殖やす植樹運動」に取り組み，沿岸の山にトドマツ・エゾマツ・ミズナラ・シラカンバなどの植林を続けている．

（4）ダムか，森林管理か

2000 年 10 月に誕生した長野県田中康夫知事は，翌 11 月に松本市入山辺の薄川流域に計画されていた大仏ダムの建設中止を表明した．12 月には林務部が森林整備の果たす役割を専門的立場から先行して検討することを目的として,「森林と水プロジェクト」を立ち上げた.このプロジェクトでは,薄川流域の総合的な治水対策を進めるために,森林のもつ公益的機能のうちとくに洪水防止機能に着目して,その機能をもって治水対策の一環としてとらえるための「洪水防止機能の評価と検証」,およびその機能の維持・増進を図るために森林整備を行うこととしている.

翌年,2001年2月には田中康夫知事が「脱ダム宣言」を発表したが,ダム建設によって生じる負荷については具体的には言及していない.ダムの建設によって大きな影響を被るのは魚類で,上流と下流の移動が妨げられ個体群の分断が生じてしまう.また,ダムにいったん貯水された水は,水温や水質が変化するために魚類や水生生物に影響を与えることが予想される.それから,本来なら,上流から下流へ運搬されるはずの土砂がダムによって堰き止められるため,海岸線では砂浜の後退が加速されるであろう.ダム建設は陸上生物の移動をも遮断してしまう.ダム湖の出現は景観そのものを大きく変えてしまうとともに,周辺の微気象にも影響を与えるに違いない.しかし,この宣言では,水源涵養,土砂流失防止などの森林の公益的機能についてはひとことも触れられていない.

脱ダム宣言の出された年の5月には,長野県の「森林と水プロジェクト」の第一次報告が出された.このプロジェクトの対象地域である薄川流域のうち,大仏ダム計画地上流の森林は4102 haである.洪水防止機能の発揮のためには豊かな土壌をもつ,壊れにくい森林の造成を基本目標とし,原則的な林相として針広混交林あるいは広葉樹林,また一部には豊かな林床植生をもつ針葉樹長期育成林を目指すこととしている.将来的に目指す森林は,ミズナラやコナラを主要樹種とし尾根筋にアカマツが点在する広葉樹混交林,沢筋のカツラ・サワグルミなどの混交林(これが上流域の水辺林つまり渓畔林にあたる),カラマツが点在する針広混交林,亜高木層をもつ大径カラマツ林,コメツガ・ダケカンバなどの亜高山性針広混交林などである.具体的には,カラマツ人工林の広葉樹林化,針広混交林化を図るために,間伐によって豊かな林床植生をもつ長期育成林を目指すという整備目標のもとに森林整備が行われている.

以上のように,長野県からの情報発信の効果は大きく,全国的にダム建設は中止され,森林保全や河川改修による管理に転換されつつある.2010年からは，全国の83カ所で計画されている多目的ダムの建設の是非が再検討された結果，2016年現在，83カ所のうち，54カ所が継続，25カ所の中止が決まっている．

6.3　水辺林の保護

（1）原生的水辺林の価値

原生的水辺林はそのものが人類の遺産であるとともに学術的な価値も高い．人間活動によって河川の中流域から下流域の水辺林の大部分が失われてしまった現在，上流域に残されたわずかな原生的水辺林の価値は計り知れない．

環境庁は，自然環境保全基礎調査において，河川改修工事や砂防工事など，人為の影響を受けておらず，集水域内に人工構築物（建設物・車道・各種工作物など）のまったく存在しない，かつ森林の伐採，土石・鉱物の採取，水面の埋め立て，土地の形状変更などの人為の影響が認められない，面積が1000 ha以上ある集水域を「原生流域」と定義している．1998年に行われた第5回基礎調査によると，原生流域は日本全国でわずか102カ所，20万1037 haにすぎない．北海道以外の原生流域は東日本に多く，これに対して西南日本にはきわめて少なく，太平洋側では静岡県，日本海側では石川県が本州では西限となっている．これより南西に存在する3カ所の原生流域はいずれも離島にある．

このように，原生流域は地域的に大きな偏りが見られる．しかも，第2回基礎調査以降19年間には，6カ所，2万3144 haにも上る原生流域が消滅している．この原生流域面積減少の理由は，森林伐採・砂防工事・車道の新設によるものである．これらの原生流域のうち，保全地域（自然公園・自然環境保全地域）に指定されているのは，わずか82流域だけである（環境庁自然保護局生物多様性センター，2000）．これらの「原生流域」そのものを保全対象とする法制度は，唯一，林野庁が国有林の保護林制度に定める「森林生態系保護地域」しかなく，原生流域を含めた原生的な集水域全体を保全の対象としている（現在30カ所，65万4918 ha）．ただし，大規模な林地崩壊，地滑りなどの災害復旧措置については，「森林生態系保護地域」の保存地区

(コアゾーン) 内であっても，実行可能とされている (国有林野経営計画研究会，1994).

(2) 再生モデル・遺伝子資源としての原生的水辺林

今日，水辺林の再生モデルや遺伝子資源は，わずかに残された原生的水辺林からしか得ることができない．このような原生的水辺林において行われる森林の構造，動態，生態学的機能に関する学術研究の成果やモニタリング調査は，学問の成果として重要であるだけではなく，水辺林を再生・修復する際のよいモデルとなる．また，これらの水辺林から得られる種子や挿し木用の枝などは，水辺林再生・修復事業の更新材料となる．そのために，原生的な水辺環境が残存している地域は，「原生流域」や「森林生態系保護地域」など法制度のもとで保護される森林でなくとも，早急に保護措置をとることが望ましい．

(3) 保護・保全の取り組み

細見谷渓畔林を林道工事から保全——広島県廿日市市

広島県廿日市市の太田川現流域の細見谷渓畔林は，西中国山地国定公園 (1960年指定) 内に位置している．西日本を代表するこの渓畔林は細見谷川上流域に沿って約6 km，幅200 mにもおよぶ氾濫原を有している．高木層 (30–35 m) にサワグルミ・トチノキ・ミズナラを優占種とし，ブナ・イヌブナ・イタヤカエデ・ハリギリ (*Kalopanax septemlobus*)・オヒョウが混交している (図6.6)．オニツルウメモドキ (*Celastrus orbiculatus* var. *strigillosus*)・ツタウルシ (*Toxicodendron orientale*)・ツルアジサイ (*Hydrangea petiolaris*)・イワガラミ (*Schizophragma hydrangeoides*)・ヤマブドウ (*Vitis coignetiae*) などの蔓植物が高木層にまで達している (森と水と土を考える会ら，2002)．また，ハコネサンショウウオ (*Onychodactylus japonicus*)・ヒダサンショウウオ (*Hynobius kimurae*) などの両生類が広く分布することで知られている．この流域にはツキノワグマなどの哺乳類も生息しており，動植物の多様性の高い流域となっている．

1953年に細見谷渓畔林を縦貫して十方山林道が開設された．その後，1976年に大規模林業圏開発林道事業 (森林開発公団) として，この細見谷

図 6.6　生物多様性の高い細見谷渓畔林.

渓畔林を含む区間の工事が認可され，1990 年度に着工され，2004 年度には細見谷渓畔林の部分の工事が計画されていた．既存の十方山林道を，拡幅舗装化しようとするもので，細見谷渓畔林部分については舗装化のみとなっている．これに対して地元の環境団体は，この細見谷渓畔林を保護すべく，研究者とともに，2002 年に細見谷学術調査を行い渓畔林の植物相やサンショウウオの実態を明らかにし，調査記録「細見谷と十方山林道」を出版した．これを受けて，日本生態学会は，2003 年の総会において「細見谷渓畔林（西中国山地国定公園）を縦貫する大規模林道事業の中止および同渓畔林の保全措置を求める要望書」を決議し，環境省・林野庁・広島県・緑資源公団に申し入れを行った（金井塚，2004）.

その後，緑資源機構（緑資源公団を解体して設立）によって「環境保全調査検討委員会」が設置され，2005 年 11 月に緑資源機構の環境保全調査報告書が承認され，十方山林道の拡幅舗装化工事着手が認められた．これに対して，細見谷林道工事の是非を問う住民投票条例制定に関する直接請求の署名活動が行われ，2006年8月にこれを審議するための臨時市議会（廿日市市）が開催されたが，議会で否決され，住民投票は行われなかった．その後も環境団体は精力的な調査活動を続け，緑資源機構側の調査不足を指摘している（金井塚，2007）．2007年に事業継続の判断は県に委ねられたが，広島県は2009年度の予算計上を見送った．そして，2012年1月，広島県は県議会において，工事区間の国有林の割合が約8割と高く，県の林業施策との関連性が低いと判断し，十方山林道の工事を断念した．

私は，この細見谷渓畔林に二度訪れている．2003年6月に河野昭一京都大学名誉教授と日本生態学会の自然保護委員長であった静岡大学の増澤武弘教授とともに，現状を把握するために細見谷を視察した．その後，多くの研究者に，現在問題になっている細見谷渓畔林を見てもらいたくて，2003年11月に水辺林の研究者の集まりである渓畔林研究会を細見谷で開催した．西日本の天然林が人工林化と二次林化で失われていくなかで，残された貴重な「細見谷渓畔林」の生態系が保全されたことは，水辺林の資源を将来に残していくうえでも大きな役割を果たしたと考えられる．日本において，林道の多くは渓流に沿って施工されている．そのため，すでに多くの渓畔林や渓流生態系が失われてきた．この長年にわたる，環境NPOを中心とした運動の成功には，地道な研究活動にもとづく科学的な知見の集積が貢献したことは間違いない．

トチノキを伐採から保全——滋賀県高島市・長浜市

琵琶湖を抱える滋賀県では近年，渓畔林の構成種であるトチノキの伐採問題が相次いでいる．高島市（旧朽木村）の安曇川源流域には，ブナ林帯のみならず，低標高の渓畔域にもトチノキやカツラが優占する山地河畔林が成立している．流域面積は琵琶湖に流入する河川のなかでも3位と広く，多雪地帯の最南端に位置するため，積雪量が多く琵琶湖の重要な水源となっている．また，冷温帯と暖温帯の境界域でもあり，生物多様性の高いことでも知られている．この地域で2008年ごろからトチノキ巨木の買い付けと伐採が進行し，3年間で60本以上が伐採されていた．伐採現場では，搬出に支障となるサワグルミやオニグルミなど周辺の高木も伐採されていた．トチノキ個体群の存続にとって成熟個体の生残の重要性はすでに明らかになっており，実生や稚樹がシカ害を受け続けても成熟個体が生き続けている限りは集団が絶滅することはない（金子ら，2004）．この周辺ではニホンジカの食害で林床は裸地化しており，土砂の流出が懸念されている（金子，2012）ことから，トチノキ巨木の伐採はトチノキ個体群の存続に重大な影響を与えると考えられる．2010年10月から地元住民・専門家によって伐採回避の交渉が始まった．翌月には，トチノキ所有者や市民によって「巨木と水源の郷をまもる会」が設立され，伐採回避について業者との交渉に入ったが不調に終わった．その後，日本熊森協会が募金活動で集めた資金で伐採業者から巨木を買い戻し，伐採が回避された．これを受けて滋賀県は琵琶湖森林づくり県民税を活用した「巨樹・巨木の森整備事業」を2011年に創設し，安曇川流域の150本以上のトチノキ巨木の伐採を回避した．

福井県境に近い長浜市（旧余呉町）の高時川源流域には，約200本のトチノキの巨木が群生していることが滋賀県の調査で判明した．2014年1月に建設中止の方向性が決まった「丹生ダム」の周辺には，約15 haの天然のブナ林も見られる．この地域では2013年に「高時川源流の森と文化を継承する会」が設立され，巨木の調査や「巨樹・巨木の森整備事業」による保全協定が締結される予定である．また，この山村地域では古くからトチ餅を食べる習慣があり，地元住民はトチノキの保全を最優先とし，荒らされずに活性化につなげられないか模索を始めている．

同じく長浜市の木之本町の杉野川源流に分布する，幹周り7 m以上，推定樹齢500年以上のトチノキを含む巨木群で，2014年4月ごろから伐採業者による買い付けの動きがあり，9月から伐採が行われる予定であった．これに対して，自然保護団体や学識経験者・市民・住民などがトチノキ巨木の伐採防止に関する要望書を知事に提出した．2014年8月からは専門家と滋賀県との協働によって伐採業者に対して交渉が行われ，その開始は一時回避されてきた．2015年5月には，知事が現地視察を行い，トチノキの保全に関して前向きなコメントを行った．しかし，2015年12月に土地所有者と伐採業者との交渉が決裂し，現在，訴訟中である．

滋賀県は2011年に巨木の継続的な保全のために「巨樹・巨木の森整備事業」を創設し，5年間伐採をしないことを条件に，巨木の持ち主に1本あたり5万円から8万7500円を支払ってきた．しかし，巨木の山林所有者にこの制度が知られていないために，トチノキ巨木の買い付けが再び起こっている．滋賀県は巨木群の伐採計画が相次いだ事態を受けて，2015年に県内の森林資源を把握するために巨樹巨木の分布状況の調査を行った．巨樹巨木（地上から1.3 mの高さでの幹周りが3 m以上の樹木）に関しては，環境省の「全国巨樹巨木林データベース」にトチノキは約860本登録されているが，全国的にはまだ知られていない多くの巨樹巨木が残されていると考えられる．

これまで安曇川や高時川流域で伐採回避の取り組みを行ってきた人たちが結集し，2016年2月に「びわ湖源流の森林文化をまもる会」が設立された．一方，滋賀県は森林資源の持続的活用のために，2016年3月に「山を生かす，山を守る，山に暮らす奥琵琶湖源流の会」を設立した．2008年から始まったトチノキ伐採をめぐる動きは，市民・住民，行政，研究者を巻き込んだ取り組みに発展し，組織的に，また制度的にトチノキを保全する仕組みが整ってきた．今後は，保全の象徴である巨樹巨木だけでなく，トチノキが分布する渓流域や流域の生態系の総合的な保全管理へと発展していくことが期待される．

絶滅危惧種ユビソヤナギの保全——福島県只見町伊南川

ユビソヤナギは，群馬県の湯檜曽川で発見されたところから，その名がついている．上流域の河畔林に分布するヤナギで絶滅危惧種Ⅱ類に指定されている．2003年に福島県伊南川でユビソヤナギの新たな分布が発見され，その後の調査で日本最大の自生地であることが確認された（図6.7；鈴木・菊地，2006；Suzuki and Kikuchi, 2008；只見の自然に学ぶ会，2012）．伊南川周辺のユビソヤナギの分布に関しては，「只見の自然に学ぶ会」が，2006年から2011年までの6年間，全木の胸高直径，分布，一部は雌雄の区別などを調査し，2012年に「福島県只見川水系における希少樹種ユビソヤナギ」を刊行し，伊南川流域での分布域と2461本の総個体データを掲載した（只見の自然に学ぶ会，2012）．

この伊南川の河畔林をめぐる取り扱いについてさまざまな議論が行われてきた．2000年に福島県南会津建設事務所（以下，建設事務所）から黒谷川と伊南川の合流地点付近のヤナギ林を伐採するとの情報があり，「只見の自然

図 6.7　ユビソヤナギの最大の自生地である伊南川の山地河畔林.

に学ぶ会」から伐採の中止を要請した. このときは, 伊南川においてユビソヤナギの分布が発見される前であったので,「只見の自然に学ぶ会」は建設事務所と現地協議を行ってシロヤナギなどの大径木を残しておく措置がとられた. その後, 2003 年に伊南川でユビソヤナギの新たな分布が発見されてからは, 河川管理において河畔林の取り扱いにもある程度の配慮がなされるようになった. 1997 年の河川法の改定で, 河川管理の目的に治水, 利水に加えて河川環境の整備と保全が目的に加えられたことから, 伊南川の堤防建設に関連して, 建設事務所はユビソヤナギ保全委員会を立ち上げ, 検討を行った.

2011 年 7 月に発生した「平成 23 年 7 月新潟・福島豪雨」によって, 只見川や伊南川は氾濫を起こし, 家屋・農地・橋梁などに甚大な被害が発生した. この原因として, 河川敷への土砂の堆積による河床の上昇, 河畔林による水位上昇, 河畔林の樹木が流木化して橋梁を流失させたなどの主張がなされた. しかし, これらがすべての原因というわけではなく, 流域に建設されたダム

図 6.8　山地河畔林の流木捕捉機能．2011 年 7 月に発生した伊南川の増水の際に大量の流木やゴミを捕捉したヤナギ林．

が下流への土砂の移動を妨げているという問題（只見の自然に学ぶ会，2012）や，豪雨時のダムの水量管理などの根幹的な原因も存在する．現在，この洪水の被害を受けた只見町民が国・福島県・只見町・電源開発を相手取り，損害賠償を求める訴えを起こしている．その訴えのなかで電源開発は，豪雨前に雨量の増加を予測し，只見・田子倉・奥只見ダムの水位を事前に下げる対応を怠ったとしている．

また，今回の洪水で多くの流木が発生したが，伊南川本流のヤナギ類の河畔林から発生しただけでなく，支流で発生したスギ人工林の崩壊地などからの供給も多いことが明らかになっている（鈴木・渡部，2012）．逆に，河畔林は多くの流木やゴミを捕捉するという効果も発揮している（図 6.8）．今回の洪水で部分的には中州などにあったヤナギ類の河畔林が中州もろとも流失した箇所もあったが，倒伏してその場に残存している林分が多く見られた（崎尾・松澤，2016）．今後は，ほんとうに河畔林の伐採が，水害防止にどれほどの効果があるのか，科学的な検証が求められている．

河岸や河川敷にある森林は流水の急激な水勢を減殺し，流送土砂を堆積させる働きを果たしているために，明治時代には水害防備林は治水体系の核心のひとつとして整備された（川口，1987）．河川管理において，これまでも堤内の「樹林帯」に関しては治水上の機能として越流時における堤防の安全性の向上，破堤部の拡大抑制，氾濫流量の低減，環境上の効果として自然生態系の保全，河川周辺の微気象の調節，景観・余暇空間の形成などの効果が認められて，整備と維持管理が行われている（河川環境管理財団，2001）．また歴史的には，江戸時代に伊南川において河川の流水対策としてヤナギ類が河川周辺に植栽されてきた（丸井，2000）．

この洪水後，河川の改修，復旧工事が急ピッチで行われた．これらの工事に関して，どれだけの河川環境の保全が図られたかはわからないが，洪水から2年後の2013年5月に建設事務所によって「ユビソヤナギ実生の生息状況に関する調査」が行われた．この調査では，只見川・黒谷川・叶津川においてユビソヤナギの実生の存在と生育環境が調べられた．実生を確認した場所をはじめとして，今後，ユビソヤナギの成木の自生が期待されるとしている．しかし，樹木の更新において，種子が発芽し実生が定着することは必要条件であるが，必ずしもその場所が稚樹を経て成木にまで成長できる立地環境であるとはいえず，今後のモニタリングが必要である．この調査によって明らかになった実生の分布のうち，すでに河川工事そのものによって失われたユビソヤナギの実生個体群があるのも事実である．

この大洪水を受けて，「只見川流域圏河川整備計画」検討委員会が組織され，3年かかって2014年，ようやく整備計画が完成した．只見の自然に学ぶ会の会員もこの検討委員会のメンバーにはなったが，大半は受益者の集まりであった．その結果，環境配慮という題目は，方々に入れられてはいるが，総じて大改修をするための計画書と予算獲得資料となっている．

2014年6月に只見町全域と檜枝岐村の一部が，ユネスコのMAB（Man & the Biosphere）計画の活動のひとつである生物圏保存地域（Biosphere Reserves；BR，日本名：ユネスコエコパーク）に登録された．只見ユネスコエコパーク内を流れる只見川・伊南川流域の河畔林は，希少樹種ユビソヤナギの国内最大の自生地の一部をなしている．この樹種は河川の攪乱（融雪洪水）に依存して更新するために，こうした樹種が多く生育していることは，この流域の河川環境が自然度の高い状態で残されていることを示している．只見ユネスコエコパーク関連事業実施計画のなかでも，絶滅危惧種であり，希少樹種であるユビソヤナギの保護・保全が課題として取り上げられており，今後の実質的な対策が期待される．

（4）水辺林の管理指針

林学や生態学の科学的知見にもとづいた日本における水辺林管理の指針としては，2001年に渓畔林研究会が作成した「水辺林管理の手引き」が唯一の指針である（渓畔林研究会，2001）．このガイドブックでは，水辺林のなかでも高木種を中心とした木本植物についての管理指針を示している．その内容は，林学や森林生態学などの分野で蓄積されてきた造林学的な知識や技術が中心的基盤となっており，合わせて最新の植物学，植生学の知見を取り入れた内容でもある．

水辺域の植生管理の最終的な目標は，水辺林の種多様性，複雑な階層構造の維持であり，その再生・修復においても，多様な群集組成をもった構造上複雑な水辺域植物群集をよみがえらせるような基盤を整備することが重要である．この指針では，再生・修復事業によってもとの原生の自然状態と同じような植生再現を直接の目的にはしていない．つまり，早期に水辺林の相観と生態学的機能を再生することを目指し，種多様性よりも，多様で複雑な林冠構造の再生を実現する指針となっている．このため，林冠層を構成する優占種の高木種から水辺域に導入し，その種個体群の自立した更新を第一段階の目的とし，第二段階でできるだけ自然植生に近い群集構造へ誘導することを目指している．

そのために，水辺域をタイプ分けし，それぞれのタイプごとに具体的な保護・保全，再生・修復方法を示している．再生・修復を行う際には，できるだけ労力や時間，予算をかけず，自然の遷移の動態を生かして速やかに水辺林を再生させることを基本とする．

原生的な天然林

原生流域やその支流域に分布する天然の水辺林は，そのものが学術的に高い価値をもつとともに，本来その地域に成立する潜在自然植生の水辺林のモデルとなる．第2章で述べたように，水辺林を構成している樹木の更新は渓流域や河畔域の自然攪乱によって維持されていることから，このような水辺林は自然の攪乱動態を含めて現状のままで保護されるべきである．また，これらの水辺林の樹木は，失われたり機能の低下した水辺林の再生・修復の際の重要な遺伝子資源として利用される．

自然度の高い二次林

水辺域に天然林のような種組成をもった自然度の高い二次林がすでに成立している場合は，そのまま放置し，加齢による自然の推移にしたがって，老齢な水辺林を再生させる．

自然度の低い二次林

水辺域の二次林の種組成が，本来その地域の潜在自然植生と大きく異なっていて自然度の低い場合は，水辺林本来の優占樹種や構成樹種を人工植栽することで種組成に変更を加え，徐々に本来の水辺林の種組成に誘導することが望ましい．人工植栽を行う樹種の選定基準としては，対象地周辺のモデル水辺林において相観を支配している林冠層の優占種構成樹種を選定する．

ただし，林冠木の種組成が本来の水辺林の構成樹種と大きく異なる場合でも，水辺林本来の優占樹種や構成樹種の稚幼樹が林床に多数存在する場合には，自然の遷移に任せて更新させるか，部分的に林冠木を伐採することで樹種交代を早めて，水辺林の修復を加速させる．

人工林

渓流や河川の水際まで，木材生産を目的とした植林が行われ，おもに針葉樹により人工林化している場合は，水辺管理区域において水辺林の再生を目指す．

水辺林の再生にあたっては，植栽木（針葉樹）を部分的に伐採し，本来の水辺林構成樹種を植栽することによりモザイク状に水辺林を増加させていき，最終的に連続した水辺林を再生することを基本とする．人工林の林床に，本来の水辺林構成樹種の稚幼樹が多数存在する場合は，光環境を改善するために間伐を行い，これらの稚幼樹の成長を促す．林床に更新稚樹が見られない場合には，水辺林構成樹種の苗木を植栽する．

水辺管理区域（木材生産など森林の利活用を図る場合に水辺域植生の保全を図り，その構造・生態学的機能を維持し，生物多様性の保全を行うために設定される区域）内の人工林の伐採にあたっては，更新を図る樹種の成長に必要な光環境を確保するために十分な林冠疎開面積を確保するとともに，河川・湖沼の規模に合わせて水辺域および水域への伐採による影響を考慮し，伐採面積を決定する．水辺林を回復させるべき水辺管理区域が広い場合は，小面積伐採と植栽を時間をおいて繰り返すこととする．

人工林の隣接地に自然状態に近い水辺林が存在する場合は，部分的な伐採と地がきなどの更新補助作業で天然更新を促進する．この際，隣接人工林での強度間伐と更新補助作業によって林分内に更新稚樹を蓄積し，その後，残りの人工林を伐採する．

植栽などによって再生した水辺林のその後の更新については，自然の撹乱体制のもとでの修復・再生の過程に委ねる．ただし，人為的影響によってもたらされる不自然な環境圧が，再生水辺林の更新を阻害する可能性がある場合には，必要に応じた保全管理を行うことを検討する．

水辺域に外来樹種が優占する場合

ハリエンジュ（ニセアカシア）などの外来緑化樹種が砂防・治山目的で導入され，水辺域に侵入，定着，分布拡大し水辺域植生を大きく変えている場合は，これらの外来樹種を除去し，本来の天然の水辺林に樹種転換する必要がある（くわしくは第5章を参照）．

すでに，本来の水辺林構成樹種が亜高木層や低木層を形成している場合や，林床に稚樹や実生が定着している場合は，外来樹種の伐採によって光環境を改善して，これらの成長を促進させる．天然の水辺林構成樹種が侵入していない場合は，外来樹種の伐採と水辺林構成樹種の人工植栽を基本とする．ハリエンジュは幹からの萌芽力が強いうえに水平根から発生する根萌芽による横方向への栄養繁殖が旺盛であるため，本種を伐採し，水辺林構成樹種を植栽した後も頻繁に萌芽枝の下刈りや除伐を行うことが必要である．

水辺域が無立木地の場合

林業活動によって土地利用が進んだ地域の水辺域には，さまざまな無立木地（裸地，草地）が存在する．林内作業道跡，土場跡，治山工事の資材運搬道跡，治山・砂防堰堤周辺などに土砂が露出した無植生の場所が出現する．このような場所では，まず，車両の進入を防ぐなど人為的な攪乱を防ぐとともに，植栽や播種などによって，水辺林の再生を図る必要がある．

無立木地が小面積（連続した無立木地の面積が 100 m^2 未満）で，周辺に成熟した天然の水辺林が存在し，水辺林構成樹種の母樹からの種子の散布が期待される場合は，そのまま放置し，天然更新により自然の推移のなかで，水辺林を再生させる．

無立木地の面積が広い（連続した無立木地の面積が 100 m^2 以上），もしくは，無立木地の周辺に良好な水辺林が存在しない場合は，人工植栽を基本に，水辺林の再生を図る．

以上の水辺林管理における植栽樹種の選定に関しては，水辺林の再生・修復現場周辺に残存している水辺林の構成樹種を選定する．流域全域が人工林になっているなど，このような残存林分が見られない場合は，日本植生誌各編（宮脇，1981，1982，1983，1984，1985，1986，1987，1988）や各都道府県，各地方の潜在自然植生に関する文献などを参考にして，対象とする地域と気候や極相植生が同じ地域の自然の水辺林を選定し，そのなかから水辺林構成樹種を選ぶ．図 6.9 は，埼玉県植物誌（伊藤，1998）の県内の樹木分布図であるが，このような水平分布と，垂直分布（図 6.10）を考慮して，植栽樹種を選定することが望ましい．博物館に収納されている植物標本には，採集場所，標高などが記載されているとともに，これらの情報がデータベースとして一括管理されていることも多い．

水辺林の再生・修復の植栽樹種は，このような樹種のなかから，造林材料（種子，山引き苗，挿し木，埋土種子）の得やすいものを可能な限り多数選択することが望ましい．造林材料としては植栽地の地形的条件を考慮し，なるべく同一の小集水域内の隣接地から，それが困難な場合には同一の支流域から採種したものを使用する．同一樹種における遺伝的変異や多様性の地域性に配慮することが重要で，造林材料の採取許容範囲は，自然状態下で遺伝

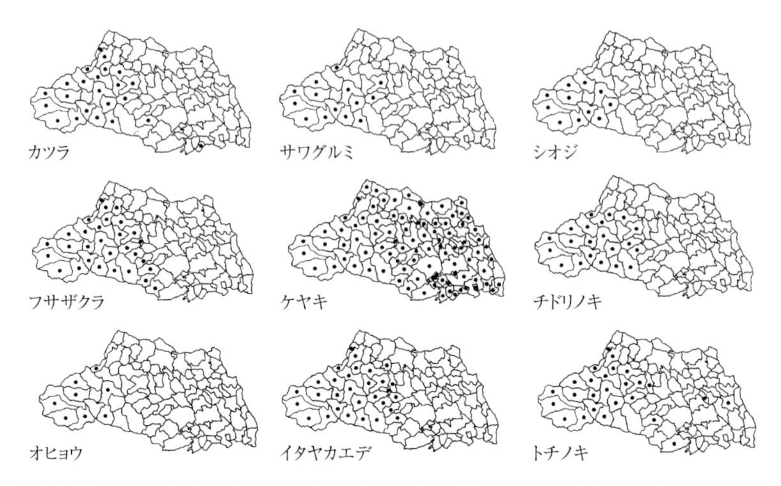

図 6.9　埼玉県における水辺林 9 樹種の県内分布．市町村ごとに存在の有無を示す（伊藤，1998 より）．

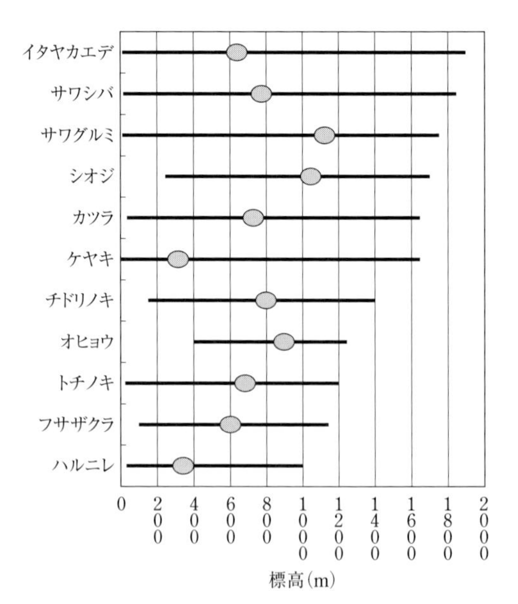

図 6.10　埼玉県における水辺林樹種の垂直分布．埼玉県立自然の博物館に所蔵されている植物標本の採取地のデータから作成．◎は分布標高の平均値を示す．黒線は分布の最高標高と最低標高を示す．

的交流が可能な範囲，すなわち，花粉の送粉範囲や種子の散布範囲内とする．また，植栽樹種の遺伝的多様性を確保するため，造林材料が特定の母樹に偏ることがないように，種子や挿し枝はなるべく多くの母樹から採取する．保育は通常の人工造林法に準じて，下刈り，つる切りを行う．

植栽樹種は，単一樹種にはせずに数樹種の混植とする．生態学的混播法（岡村ら，1996）では，先駆樹種から遷移後期樹種までを含む在来種を用意することが提唱されている．混植する際にランダムまたは規則的な樹種配置を行った場合は，成長の早い樹種が優占してしまい，ほかの樹種が消失する可能性があるために，植栽樹種の生態的特性に応じた立地環境を把握したうえで，パッチ状に同樹種を数本まとめるなどモザイク状に植栽することも効果的である．

以上のような水辺林の保護・保全，再生・修復においては，管理業務として造成区域における森林の構造・動態・機能に関するモニタリングを行い，新たに知見が得られたり問題が生じた場合は，つねに現場の管理にフィードバックし，試行錯誤で改良を図る．

自然攪乱の許容

水辺林構成樹種の生活史特性は，水辺の多様な自然攪乱とそれによって形成される地形やその場所の光・土壌・水分環境などと密接に結びついている．河川流域におけるダムによる上流と下流や，堤防などによる陸域と水域の断絶は，そこに生息する魚類や両生類などの動物だけではなく，水辺の植物群落にも大きな影響を与えている．とくに，水辺の樹木において，生活史の初期段階の発芽・定着に関しては，自然攪乱によって形成された新しい立地が重要である．そのために，流域レベルで水辺植生の再生・復元がなされたとしても，河川の自然攪乱が欠如した状態では，次世代を更新させることはむずかしい．

水辺林の永続的な更新を保証するためには，たんに植栽などの手法によって行われる部分的な再生・修復では不十分であり，河川の自然攪乱を含めた動態そのものの復元が必要である．そのためには，陸域と水域生態系の連続性を保つことと，河川・湖沼の攪乱体制をある程度許容して回復させることが重要になってくる．このような状況のなかで，水陸一体となった，また上流と下流の連続性のある水辺環境の再生・復元のためには，河川工作物の撤去ないしは工法改善が不可欠である．

6.4　水辺林管理技術の確立

（1）植栽による渓畔林再生

私が埼玉県秩父山地で渓畔林の植栽を始めたのは1990年の初めであった．このころは，水辺林の基礎的な研究の黎明期で，東北のカヌマ沢（Suzuki *et al.*, 2002），日光の千手ヶ原（Sakai *et al.*, 1999），秩父の大山沢（Sakio, 1997）などで渓畔林の調査プロットが設定され，その動態解明に向けて樹木の生活史に焦点があてられ，研究成果が出始めていた．当時は，渓畔林の再生・復元を目的とした事業はまだ始まっておらず，研究レベルでの試みもほとんどなかった．私は県の研究機関に勤めていたために，つねに研究成果の出口が求められており，基礎研究の開始とともに，現場での実践的な研究も行う必要があった．当時，埼玉県においては，渓流に魚道を設置することがブームであり，魚道周辺の緑化を目的とした研究や治山における樹木植栽を行った．

この応用研究は基礎研究と同時に始まったので，手始めに植栽する苗木生産から行った．植栽事業を行う周辺の渓流から樹木の種子を採取してきて，苗畑に播種し，2，3年で苗木を生産した．最初は，どのような樹種を選べばよいかわからなかったので，渓流際に分布している林冠木の種子を採取してきた．トチノキ，カツラ，サワグルミ，シオジ，オニグルミ，フサザクラなどの種子を選んだ．樹木の苗木生産方法に関しては，これまでの研究成果をもとに出版されている書籍を参考にした（林業科学技術振興所，1985）．苗木を植栽する段階になって，どのような場所にどの樹種を植栽すればよいかという基本的な情報がまったくなかったので，手探りで行った．

魚道周辺の植栽——大若沢

最初は植栽規模も小さく，埼玉県秩父市中津川の大若沢の魚道周辺にトチノキとシオジの植栽を行った（図6.11）．1993年12月に自然分布の立地を

図 6.11　魚道周辺の渓畔林の再生．A は植栽前，B は植栽後．水際にはシオジを，段丘にはトチノキを植栽した．

参考にして，シオジ 30 本（平均樹高 117 cm）を水際に，トチノキ 30 本（平均樹高 119 cm）を高位段丘に植栽した．2006 年には，シオジは 8 本生存し平均樹高は 585 cm，トチノキは 17 本生存し平均樹高は 637 cm まで成長した．この間の植栽木の減少は，洪水によって渓流際の個体が流失したためであった．その後，2015 年までの間に治山工事の重機の搬入路設置のために，7 本のトチノキを残して，すべて伐採された．残存しているトチノキの平均樹高は 975 cm にまで成長し，開花・結実に至っている．

1994 年 12 月に同じ流域において，シオジ・オニグルミ・トチノキを各 90 本ずつ植栽した．植栽場所は，魚道が設置されている治山ダム周辺で，シオジとオニグルミは，ダムの上流側の土砂が堆積した日当たりのよい平坦な砂礫地に，トチノキはダムのすぐ下流側の平坦な堆積地である．シオジは 1997 年までは 78 本の個体が生存し，成長を続けていたが，1998 年の洪水で 19 本の個体を残して流失した．これらの個体も，2002 年までにはすべて流失，もしくは枯死した．オニグルミは 1996 年には枯死により 59 本まで減少した後，1998年の洪水によってすべて流失した．トチノキは2000年までは85本が生存していたが，2002年には立ち枯れによって50本にまで減少した．その後，立ち枯れによって2007年には33本までに減少したものの，平均樹高は4mを超え，大きな個体では9m近くにまで成長した．このトチノキの植栽地には，渓畔林を構成する先駆樹種のオオバアサガラ（*Pterostyrax hispida*）・カツラ・フサザクラが自然侵入し，植栽したトチノキをしのぐ成長を示した．しかし，その後，魚道の管理のために，このトチノキ植栽木を含めてすべて伐採され失われてしまった．

1997年4月，同渓流の大若沢に14カ所の植栽を行った．植栽は1カ所にシオジ・トチノキ・サワグルミ・ミズナラ各5本を混植した．植栽場所は，河川が氾濫すると水没するダム間の砂礫地（2カ所），ダムの上流の平坦な堆積地（4カ所），それに谷壁斜面下部（8カ所）である．これらのうち，1998年の洪水でダムの上流の平坦な堆積地の2カ所が流失，1999年の洪水でダム間の砂礫地2カ所が流失し，谷壁斜面下部の3カ所が山脚の洗掘による山腹崩壊で失われた．また，残されたダムの上流の平坦な堆積地の2カ所と谷壁斜面下部の1カ所も2007年までには大部分の個体が流失もしくは山腹からの土砂に埋まって失われた．2015年現在は，谷壁斜面下部の4カ所の植栽木が残存している．これらの植栽地では，サワグルミとトチノキの生存率が高い．サワグルミの成長は非常に早く，大部分の個体が樹高10mを超え，最大個体では樹高16.5m，胸高直径15cmに達している．一方，トチノキの樹高はおよそ5m前後である．

治山ダム上流側の堆砂敷——浦山

治山ダム上流側には，土砂の堆積によって比較的平坦な立地が形成される．このような立地は，氾濫原の幅がダム建設前より拡大し，流路が変動しやすいことが報告されている（村上・細田，2007）．1993年11月に埼玉県秩父市浦山川支流のカジクエ沢治山ダムの上流側の堆積地に，シオジ・オニグルミ・トチノキの苗木を各100本ずつ植栽して，2000年までその生存と成長量を測定した（崎尾，2002b）．また，土砂の動態を把握するために，レベル測量で地盤高の変化を同時に測定した（図6.12）．7年間のうち，最大日降水量が200mmを超える集中豪雨があった年には，多量の土砂が移動し，

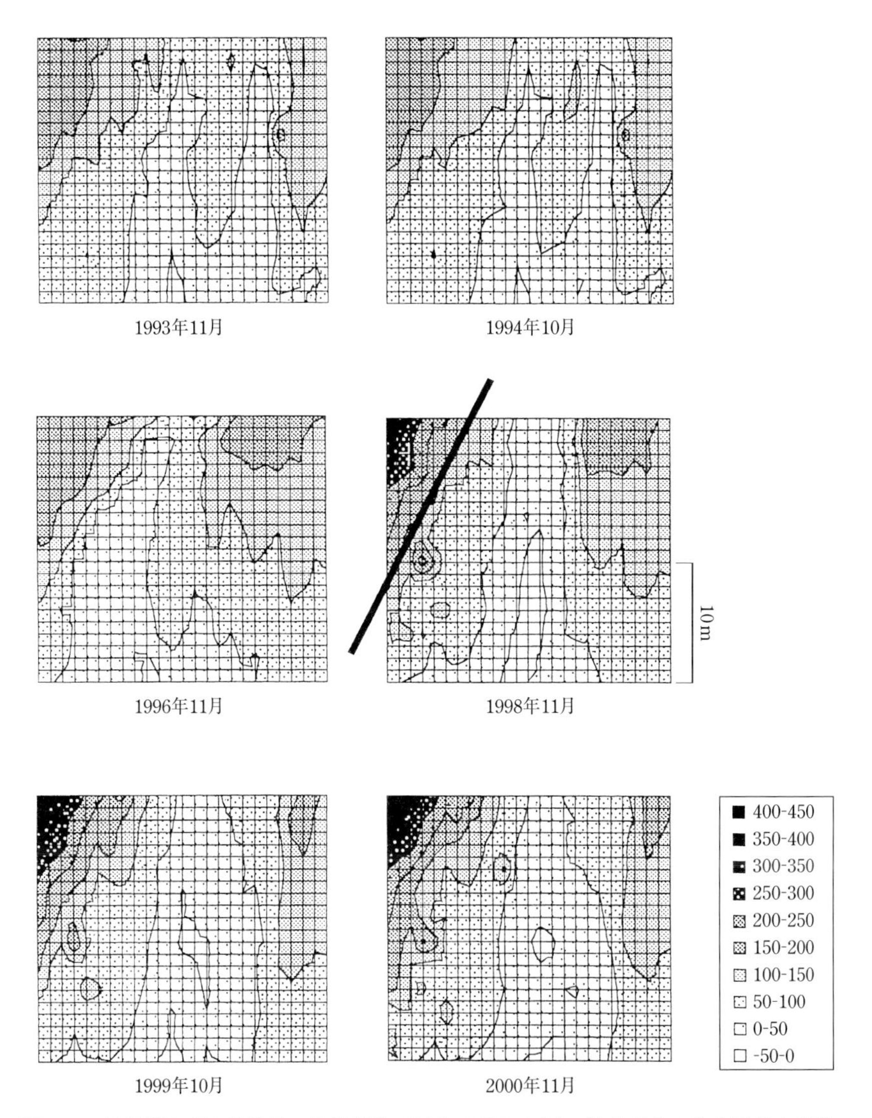

図 6.12　7年間のダム堆砂敷の地形変化（崎尾，2002b より）．治山ダムの放水天端を基準（0 m）とした比高で示される．等高線は 50 cm 間隔．1993 年 11 月は植栽時．1998 年 11 月は右岸からの山腹崩壊．太い実線までが堆積した崩壊土砂．図の下端が放水天端．

流路変動による渓床地形の変化が見られた．

植栽した苗木は，翌年の6月には98%が活着していた．その後，流失や枯死によって，2000年には20%以下にまで減少した．2000年まで生残した個体は，谷壁斜面際の高位堆積地に分布していた．渓流の攪乱と植栽苗木の生残率には密接な関係があり，洗掘が卓越して地盤が低下した場所で苗木が消失する傾向にあった（図6.13）．

これらの研究結果から，渓畔林の再生や修復には谷壁斜面下部への苗木の植栽が効果的であることが明らかになった．低位堆積地は，植生が侵入しても数年に一度の洪水によって流され，新たな砂礫の堆積地に戻る．植栽樹種としては，開けた裸地の早期林分形成を目的とするのであれば，渓畔林樹種のなかでも先駆的性質をもつサワグルミの導入が有効で，20年程度で樹高15m程度の林分形成が可能であった．また，渓畔林樹種に限らず早期の生態学的機能を回復することが目的であれば，風散布による自然植生の侵入を期待することも，ひとつの選択肢である．

本章の初めにも述べたが，渓流周辺の水辺林は治山・砂防工事によって失われてきた経過がある．本研究の20年にわたる再生・修復試験の間にも，せっかく植栽によって形成された渓畔林が，再び工事によって破壊された．渓流域の水辺林管理のあり方をあらためて考えさせられた出来事である．

（2）スギ人工林の間伐による渓畔林再生

秩父市に「森」という名前のNPO法人がある．この法人は，秩父市に30ha程度の森林を購入し，独自の施業を展開しようとしている．この林分までは林道はきておらず，将来的にも木材生産としては利用が困難なために，荒川上流の浦山ダムの水源林としての整備を検討している．この林分の大部分はスギ人工林で，わずかにヒノキの林分がパッチ状に混ざっている．基本的には間伐が遅れているので，間伐を主体に下層植生の導入を図るところから施業が始められた．私は，このプロジェクトの専門委員として水源の森づくりに参加していたので，ときどき施業方針についてアドバイスを行った．そうこうしているうちに，間伐が下層植生におよぼす効果を調べてほしいと頼まれた．そこで，水源林としての機能を高めるには，渓畔域の管理が重要

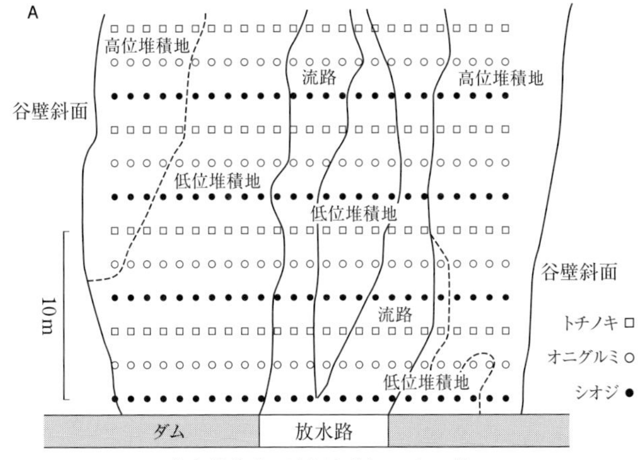

苗木植栽時の渓床地形（1993年11月）

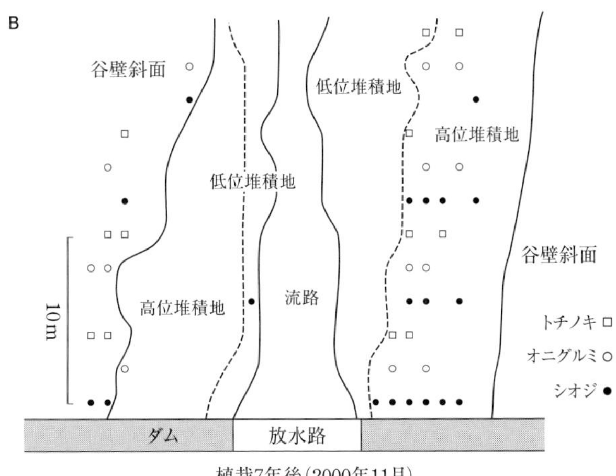

植栽7年後（2000年11月）

図 6.13　植栽木の配置と生残．A：苗木植栽時の治山ダム上流側の渓床の地形と植栽配置，B：植栽 7 年後のダム堆砂敷の地形と生残植栽木.

であることを指摘し，スギ人工林の間伐試験を渓畔域で行うことになった．

2004 年春に，谷底の流路に沿った土石流段丘上に位置するスギ人工林に調査区を設定した（川西ら，2008）．この段丘は，恒常的な水流は見られず流路からの比高が 3 m であり，幅は約 20 m，長さ約 100 m である．この土石流段丘下流側から上流に向かって，連続した約 20 m×20 m の大きさの方形区を5個設置した．そして，下流側から皆伐区，60% 間伐区，30% 間伐区，60% 巻枯区，無間伐区（コントロール）とした．この5区のスギ人工林の毎木調査を行い，胸高直径を測定した．また，調査区の中心で全天空写真を撮影し，開空率を算出した．その後，2005 年5月に 60% 巻枯区の巻き枯らしを行った．本数で 60% の立木に対して，地上約1m の高さで約 80 cm 幅の環状剝皮を行った．翌月の6月に皆伐区，60% 間伐区，30% 間伐区の伐採を行った．間伐して植生の侵入を待つだけでなく，トチノキ・シオジ・サワグルミ・フサザクラ・イタヤカエデの渓畔林を構成する樹木の苗木をボランティアの人たちと一緒に植栽した．植物の発芽・定着を調べるために，この5区の調査地内にそれぞれ6個のプロット（1 m×1 m）を設置して，そのうち3プロットは地表のリターをすべて除去した．そして 2006 年4月から 11 月まで侵入したすべての植物個体の種名を記録した．

間伐前の 2004 年は，林冠はスギの樹冠で鬱閉しており，すべての区で開空率はほぼ 10% 以下であった．しかし，2005 年の間伐後は皆伐区と 60% 間伐区では，開空率は 20% を超えるまで上昇した．その後，開空率は毎年，減少を続けた．30% 間伐区では，間伐効果が全天空写真にはそれほど現れておらず，間伐後4年でほほ間伐前の開空率に回復した．60% 間伐区では間伐後，8年目でもとの状態まで開空率が減少した．一方，60% 巻枯区ではその効果はほとんど現れず，開空率には変化が見られなかった．これは，数年かけてスギの葉は徐々に落葉したが，それとともに残存木の樹冠が成長したためと考えられた．無間伐区ではほとんど変化が見られなかった（図 6.14）．

11 月までにすべてのプロットで発芽した実生は，112 種，8855 個体であった．そのうちフサザクラが全体の 76.1% を占め，それ以外の木本種ではスギ 3.8%，キブシ（*Stachyurus praecox*）2.8%，オオバアサガラ 1.6% が見られた．そのほかに渓畔林を構成する林冠木としては，カツラ 0.7%，ケヤキ 0.1% が侵入したが，この周辺で渓畔林の優占種となるシオジ・サワグルミ・トチノキはまったく侵入しなかったことから，これらの種を植栽によって人工的に導入することも必要かもしれない．発芽した樹木の実生のうち，もっとも多かったフサザクラは，多くの種子が埋土種子由来である可能性が

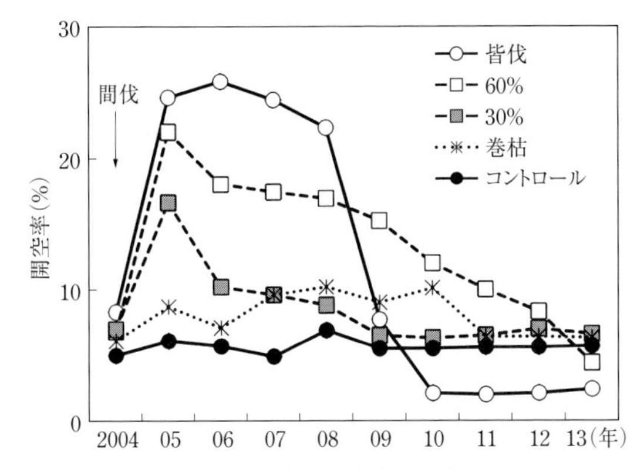

図 6.14　間伐前と間伐後の開空率の変化（崎尾，未発表）．

示唆された（川西ら，2007）．リターを除去したプロットでは，30% 以上の間伐を行った処理区が 60% 巻枯区，無間伐区（コントロール）よりも種数，個体数とも多い傾向にあった．リターを残したプロットでは，60% 間伐区の種数がもっとも多く，30% 間伐区では秋の生存個体も非常に少なかった（図 6.15）．

その後，樹木の成長とともに個体密度は減少したが，ニホンジカの被食の影響によって，間伐直後に圧倒的な優占種であったフサザクラは消失し，オオバアサガラだけが残存して成長を続けている．2014 年には，皆伐区，60% 間伐区，30% 間伐区でオオバアサガラの個体が確認され，平均樹高はそれぞれ，6.9 m，3.8 m，2.5 m となり，間伐の強度が高いほうが早い樹高成長を示した．

また，間伐と同時に植栽されたトチノキ・シオジ・サワグルミ・フサザクラ・イタヤカエデの苗木はトチノキ 2 本を残して，すべてニホンジカ（*Curvus nippon*）の食害によって枯死してしまった．渓畔林の再生・修復にはニホンジカの被食への対応も必要である．

（3）水辺林森林植生を後退させるニホンジカの影響

近年，ニホンジカの分布や個体数が増加し（植生学会企画委員会，2011），平地から高山帯に至るまで森林への負の影響が増加し（大津ら，2011；石田

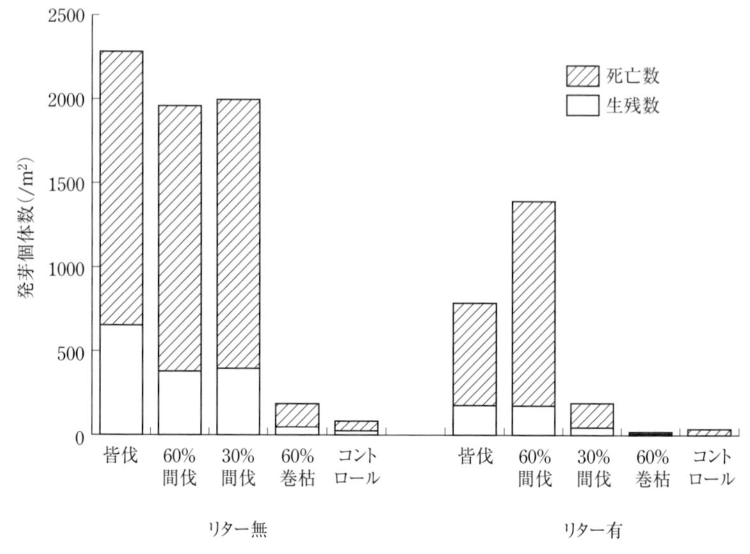

図 6.15　間伐後の発芽数と生残数（川西ら，2008 より）．

ら，2012b)，その影響は初期段階では林床植生に現れている．秩父山地の大山沢渓畔林の林床植生は，ニホンジカの影響が顕著に現れる以前の 1983 年から把握されており，2004 年までの 21 年間にシカの採食が林床植生に与えた影響が明らかになっている（崎尾ら，2013)．大山沢渓畔林付近のニホンジカの個体数調査が 1982 年・1987 年・1992 年・2000-2001 年に行われ，1992 年まではほとんど目撃されることはなかったが，2000 年以降，目撃個体数が急激に増加した．私が調査中にも大山沢渓畔林において 1983 年から 2000 年ごろまでシカを目撃することはなく，地表面にはニホンジカの糞や樹木の幹の剝皮はほとんど見られなかった．しかし，2000 年以降，ニホンジカをしばしば目撃するようになり，地表面には糞が増加し，ほぼ毎回の調査で鳴き声を聞くようになった．また，樹木の幹の剝皮の増加が著しく，2006 年以降はオヒョウ・ウラジロモミ・チドリノキ・アサノハカエデはほぼ 50% 以上が被害を受け，枯死する個体も出ている．

一方で，大山沢渓畔林の林床植生には，1983 年から 2004 年の 21 年間に劇的な変化が生じた．1988 年には林床はオシダ（*Dryopteris crassirhizoma*)

やミヤマクマワラビ（*Dryopteris polylepis*）などの大型シダ類や草本植生に覆われていたが（図 6.16），2003 年には大部分の林床植生が消失した（図 6.17）．草本層の植被率は 1983 年には 90% もあったが，1998 年以降ニホンジカの被食によって急激に減少し，2001 年に 50%，2004 年には 3% にまで減少し（図 6.18），地表面の土壌が剝き出しになった．この期間に林床植生の種数も大きく減少した．草本層では 1983 年に 76 種存在していたが，2004 年には半減し 40 種になった．一方，ハシリドコロ（*Dryopteris polylepis*），バイケイソウ（*Veratrum album* subsp. *oxysepalum*），サンヨウブシ（*Aconitum sanyoense*）などの有毒植物は，あまり被食を受けることはなかった．これらの植物は，ほかの植物が減少したために，むしろその分布を拡大する傾向にすらある．

ニホンジカによる被食の影響は，栃木県日光周辺の河畔林でも大きな影響をおよぼしている．白根山系から流れ下る柳沢川と外山沢川によって形成された扇状地である千手ヶ原にはミズナラ，ハルニレやドロノキからなる高樹齢の山地河畔林が広がっている（Sakai *et al.*, 1999）．この河畔林はほとんど人為の影響を受けておらず，国立公園第 1 種特別地域や遺伝子保存林として保護されてきたが，ニホンジカの個体数の増加によって大きな影響を受けている．その影響は，当初は林床植生のチマキザサ（*Sasa palmata*）からスズタケ（*Sasa borealis*）に現れたが，その後はハルニレやキハダの樹皮の剝皮が始まり，環状剝皮で枯死する個体がめだち，1992 年には死亡率が 1.1–1.8%/年に至った．ササ群落の衰退は，光環境の好転による高木性樹木の更新に最適な環境を形成したが，更新稚樹もニホンジカの採食により更新が阻害されている．また，寿命の短いシラカンバやオノエヤナギの枯死により無立木地が拡大している．1992 年に設置されたシカの防鹿柵の内側では高木性樹木が 2 m 以上にも達し，その効果が認められたために，さらにさまざまな立地において広い範囲を防鹿柵で囲い，更新状況をモニタリングしている（渓畔林研究会，2001）．

図 6.16　1988 年の大山沢渓畔林の林床植生（崎尾，2012 より）．被度が高く，オシダやミヤマクマワラビが林床を覆っていた．

図 6.17　2003 年の大山沢渓畔林の林床植生（崎尾，2012 より）．林床にはハシリドコロ，バイケイソウ，サンヨウブシなどの有毒植物を除いて，大部分の植物種が姿を消した．

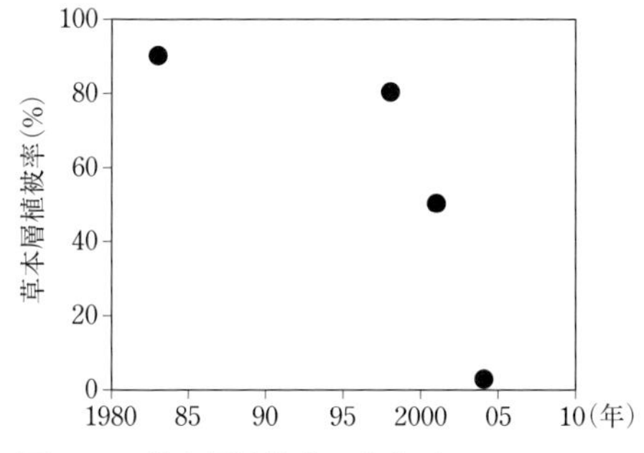

図 6.18　草本層植被率の変化（崎尾ら，2013 より）．

6.5　水辺林研究の推進

（1）なにがわかっていて，なにがわかっていないのか

水辺林を構成する樹木の種生態に関しては，ここ 20 年ほどの間に多くの研究者が基礎的なデータを集積してきた．開花，結実，種子散布，発芽，実生の定着，稚樹の成長など樹木の生活史を通した研究や，光合成特性，滞水への反応などの生理生態学的研究などが行われてきた．とくに，まだ自然状態の生態系が残されている冷温帯の渓畔林に分布する，トチノキ・サワグルミ・カツラ・シオジなどに関しては，繁殖生態，更新機構まで細かなデータが長期間にわたって蓄積されている（第 2 章参照）．そのうえ，これらの調査地の一部は，環境省のモニタリングサイト 1000 事業の永久調査地になっており，今後もその更新に関して長期間のデータが取り続けられていくであろう．また，上流域から下流域まで分布しているヤナギ属の樹木に関しては，多くの研究者が種生態，共存機構，生理生態などの研究を行ってきた（新山，1995）．多くのヤナギ属のなかで，分布域が限られ希少種となっているケショウヤナギやユビソヤナギに関しては，近年，種生態，更新機構，保全など広範囲の研究が行われ，多くの研究成果が出版されつつある一方で，そのほかのヤナギに関しては植生学的な研究のなかでのみ扱われている樹種も多い．

遺伝子解析技術の発展に伴って，種内の多様性などの研究も進んでいる．水辺林の樹種においても，トチノキ・サワグルミ・カツラ・ケヤキなどの遺伝的集団構造が明らかになってきた（Sugahara *et al*., 2011；津村・陶山，2015）．また，ケヤキ属やサワグルミ属の樹木に関しては国内や東アジアだけにとどまらず，黒海周辺のコーカサス地方や地中海沿岸までを対象にした研究も進められている．

しかし，多くの水辺林構成樹種に関しては，まだまだ研究の余地が残されている．ひとつは，ハンノキやヤチダモのような湿地に分布する樹木の生活史である．これらの樹木の冠水や滞水に対する反応に関しては詳細な研究が行われてきたが（山本，2002），生活史や更新機構に関しては，北海道など一部の地域を除いては，すでに多くの湿地が失われ，氾濫などの自然の河川攪乱が河川管理によって発生しなくなった現状では，研究に取り組みにくいことが実情である．また，扇状地を分布域とするハルニレに関しては，種生態について近年多くの研究が行われてきたが，分布地域の開発やダムなどの河川構造物の影響によって，天然更新のメカニズムに関しては明らかになっていないことが多い．

2つめには，造林の対象となってきた樹木に関しては，苗木生産・植栽方法や植栽後の管理・成長など森林施業に関する研究は多いものの，種生態や天然更新に関する研究が意外と少ないのも事実である．たとえば，渓畔林の代表的な樹種であるケヤキは広葉樹のなかでは，もっとも多く造林されており，各地に人工林が見られる．これまで植栽試験なども全国で行われてきたにもかかわらず，天然林における基礎的な生活史に関する研究は意外と少ない．ケヤキの天然分布域はスギの人工林の分布域と重なっているうえ，そもそも材を利用するために昔から伐採対象となってきた歴史がある．北海道を中心に分布している湿地林の代表樹種であるヤチダモも明治以降，開拓や材の利用で多くの森林が伐採によって失われた．

3つめは，水辺林の機能に関する研究である．第1章で紹介したように，水辺林は日射遮断，落下昆虫やリターの供給，倒流木供給，栄養元素や粒状流下物の捕捉，生物多様性保全などの生態学的機能のほかに，私たちに多くの生態系サービスを提供している．日本では北海道大学の中村太士教授らを中心にして，多くの研究が行われ水辺林の生態学的機能が明らかになってきた（砂防学会，2000）．しかし，北海道とは気候や地形が大きく異なる本州，四国，九州など人工林化が進んでいる森林地帯での研究はそれほど多くなく，今後の研究の発展が期待される．

（2）今後の水辺林研究の方向性

上で述べたように，まだまだ研究の余地のある水辺林であるが，樹木の種生態に関しては，大学の研究室において系統・分類やフィールドサイエンスの分野が縮小しているなかで，どのように研究を行っていくかが大きな課題である．とくに，樹木の更新機構などの生活史に関しては，少なくとも数年の研究が必要で，博士課程まで進まなければまとまった研究成果は得ることができない．実際，これまでの種生態や更新に関する研究も，多くは博士論文のテーマとして取り上げられてきた内容であった．これらの研究を行うためには，研究の継続性が重要である．環境省のモニタリングサイト 1000 などの長期調査を利用するなどの工夫が必要である．また，高価な実験器具や調査用具を必要としないことから，大学や研究所よりは，個人のライフワークとしての研究スタイルが向いているかもしれない．私も，奥秩父の渓畔林でシオジに出会って 35 年になるが，現在でも毎年，春の開花時期と秋の結実期には双眼鏡をもってシオジ林を観察している．

生理生態学的な研究も重要な分野である．湿地林に分布するハンノキ，ヤチダモ，ヌマスギ，ヤナギ類などの耐水性の生理的な機構に関しては，光合成，蒸散を含めて多くの知見が集積されてきた．しかし，上流域の渓畔林など多くの水辺林樹木の生理生態に関しては，いまだに研究が進んでいない．渓流域では洪水や土石流など自然攪乱が頻繁に発生する．これらの攪乱は樹木に物理的な力を加え，ときには幹折れを生じたり，根こそぎ流し去ってしまう．とくに渓流沿いに分布する稚樹では洪水に対して幹を曲げるなどのしなやかさも必要になってくるし，雪崩などの雪圧に対しても折れることなく，雪解け後は再び幹が立ち上がるという柔軟性が欠かせない．ヤナギ類の樹木は見ただけでその柔軟性が想像できる．しかし，これまでは，材の強度に関する研究は行われてきたが，生きている樹木の幹の柔軟性に関する知見はほとんど見られない．

水辺林の生態学的機能に関しても，北海道以外の本州，四国，九州などでの上流の渓畔域における研究が期待される．これらの地域では，今後，渓流沿いのスギなどの人工林を天然の渓畔林に復元する事業が拡大されることが予想され，その際に生態学的機能を高めるような森林施業が検討されるであろう．

水辺林の再生・修復に関しては，事業としては，漁民の森づくりなどが全国的に始められてはいるものの，そのモニタリングを通じて水辺林の再生状況などを把握する取り組みはほとんど見られない．しかし，このような事業のなかで得られる知見は非常に価値の高いことが多い．そもそも研究者が行うフィールドでの試験は，規模が小さく，実際の水辺林の再生や修復にどこまで応用できるかわからないことが多い．近年，国有林をはじめとして渓畔林再生の事業が実施されてきた．茨城県の七会村（現・城里町）大沢や高萩市の横山国有林にある大北川渓畔林再生試験地（安藤ら，2017），神奈川県の丹沢周辺（神奈川県自然環境保全センター，2017）では，比較的広範囲にわたる水辺林再生事業によって長年にわたりモニタリングが継続されている．今後は，これらの事業の検証を行うことによって，再生・修復事業へフィードバックすることが可能となる．これまでの研究は，研究者個人やグループで行ってきたが，今後は河川管理や流域の森林管理の事業において，これまでの研究成果をどのように生かしていくかという，研究者が事業者と協働した実践的研究に発展していくかもしれない．

日本の水辺林研究は，1990年ごろから本格的に取り組まれてきた．1991年に発足した渓畔林研究会（http://www.edu.kagoshima-u.ac.jp/science/st-sci/plant/riparian/index.htm）は，日本における水辺林研究のネットワークとして，現在に至るまで大きな役割を果たしてきた．これまで25回のシンポジウムを開催し，水辺林管理のガイドブックである「水辺林の保全と再生に向けて」（渓畔林研究会，1997）および「水辺林管理の手引き——基礎と指針と提言」（渓畔林研究会，2001）を編集出版してきた．また，研究グループのメンバーが『水辺林の生態学』（崎尾・山本編，2002）や“Ecology of Riparian Forests in Japan : Disturbance, Life History and Regeneration”（Sakio and Tamura, 2008），『ニセアカシアの生態学』（崎尾編，2009a）を出版してきた．渓畔林研究会は，これらの国内での取り組みのほかに，国際的な取り組みも行ってきた．記念すべき第20回大会は台湾大学と共催で開催し，エクスカーションでは台湾の渓畔林や北半球でもっとも低緯度に分布するサケ科のタイワンマス（*Oncorhynchus masou formosanus*）（サラマオマス）を観察した．メンフィス大学と共同で，ハリケーン「カトリーナ」で被害を受けたミシシッピ川河口のヌマスギ湿地林の更新過程の調査を行ってきた．韓国の江原大学とも渓畔林研究で交流を行ってきた．今後は，これまでの日本での研究成果を生かして，東アジアや東南アジアなどとの国際共同研究を発展させていくことも興味深い．

以上のような個々の研究の重要性はさることながら，情報の集積や統合も喫緊の課題である．一般に研究成果は論文として出版されるが，それは研究のエッセンスでしかない．出版されれば日の目を見るが，リジェクトされてお蔵入りになる研究論文も多々ある．研究過程で得られる多くの研究データや研究の途中で得られた知見そのものは，後世に伝えられることもなく研究室の閉鎖や研究者の死とともに失われてしまう．研究データだけでなく，研究の段階で集められた標本や試料，また，フィールドで設置された永久調査区もその位置すらわからなくなってしまう．とくに，フィールド研究では過去のデータとの比較が重要なことがしばしば出てくる．しかし，過去のデータは論文などで出版されておらず失われ，フィールドの位置すら確認できないことも多い．

将来の研究者のためにも私たちには，データやフィールドを未来への遺産として残していくことが強く求められている．

引用文献

阿部聖哉・奥田重俊（1998）本州中部の山地河畔におけるヤシャブシ群落の分布と種組成. 植生学会誌, **15**（2）: 95-106.

阿部聖哉（1999）丹沢山地における渓畔林の発達に伴う種組成と生活型の変化. 日本生態学会誌, **49**（3）: 237-246.

阿部俊夫・中村太士（1996）北海道北部の緩勾配小河川における倒流木による淵およびカバーの形成. 日本林学会誌, **78**（1）: 36-42.

阿部俊夫・中村太士（1999）倒流木の除去が河川地形および魚類生息場所におよぼす影響. 応用生態工学, **2**（2）: 179-190.

赤松直子・青木賢人（1994）秋川源流域ブナ沢におけるシオジ-サワグルミ林の分布・構造の規定要因——地表攪乱と森林構造の関係について.（小泉武栄編：三頭山における集中豪雨被害の緊急調査と森林の成立条件の再検討）pp. 31-77. 東京学芸大学, 東京.

明石浩司（2006）赤石山脈北西部, 戸台川上流域における土石流氾濫原の微地形・堆積物と森林植生. 伊那谷自然史論集, **7**: 33-78.

秋山怜子・松下一樹・天田高白（2002）崩壊地における山腹緑化工施工後の植生回復状況. 日本緑化工学会誌, **27**（4）: 605-609.

Allan, J. D.（1995）Stream Ecology: Structure and Function of Running Water. Chapman & Hall, London.

安藤博之・仲田昭一・池田伸・仲田光雄・須崎智応・三村勝博・太田敬之・鈴木和次郎（2017）大北川渓畔林再生試験Ⅳ——高木性広葉樹の 10 年間の推移. 森林科学, **79**: 30-32.

安藤貴（1988）ケヤキ人工林における天然性の稚樹. 日本林学会東北支部会誌, **40**: 122-123.

安藤貴（1995）ケヤキ林の多様な施業技術. 林業経済, **48**（10）: 1-9.

Ann, S. W. and Oshima, Y.（1996）Structure and regeneration of *Fraxinus spaethiana-Pterocarya rhoifolia* forests in unstable valleys in the Chichibu Mountains, central Japan. *Ecological Research*, **11**（3）: 363-370.

有賀誠・中村太士・菊池俊一・矢島崇（1996）十勝川上流域における河畔林の林分構造および立地環境——隣接斜面との比較から. 日本林学会誌, **78**（4）: 354-362.

浅川澄彦（1956）ヤチダモのタネの発芽遅延についての研究（第 2 報）ヤチダモのタネの前発芽について——トネリコ属植物のタネの胚の生理学的性質. 林業試験場研究報告, **83**: 19-28.

浅川澄彦・勝田柾・横山敏孝（1981）日本の樹木種子・針葉樹編. 林木育種協会, 東京.

浅野二郎・安蒜俊比古・藤井英二郎・井谷和明・今井修・田川一郎（1984）造園樹

種の根系の形態に関する研究――スギ, マテバシイ, ニセアカシアについて. 千葉大学園芸学部学術報告, **34**：69-75.

芦澤和也・倉本宣（2007）多摩川上流域の岩場に生育するユキヤナギの種子発芽特性. ランドスケープ研究, **70**（5）：475-478.

芦澤和也・倉本宣（2008）多摩川上流域の岩場におけるユキヤナギの生育地特性. ランドスケープ研究, **71**（5）：557-560.

芦澤和也・倉本宣（2011）河岸の岩場に生育するユキヤナギの開花の経年変化. 土木学会論文集, **G67**（6）57-62.

Aubertin, G. M. and Patric, J. H.（1974）Water quality after clearcutting a small watershed in West Virginia. *Journal of Environmental Quality*, **3**（3）：243-249.

坂奈穂子・井出雄二（2004）湯檜曽川流域におけるユビソヤナギの生活史特性. 東京大学農学部演習林報告, **112**：35-43.

Benyahya, L., Caissie, D., St-Hilaire, A., Ouarda, T. B. M. J. and Bobée, B.（2007）A review of statistical water temperature models. *Canadian Water Resources Journal*, **32**（3）：179-192.

Boring, L. R. and Swank, W. T.（1984）The role of black locust（*Robinia pseudoacacia*）in forest succession. *The Journal of Ecology*, **72**（3）：749-766.

Cameron, G. N., Glumac, E. G. and Eshelman, B. D.（2000）Germination and Dormancy in seeds of *Sapium sebiferum*（Chinese Tallow Tree）. *Journal of Coastal Research*, **16**（2）：391-395.

千葉翔・小山浩正（2012）ニセアカシアの非休眠種子は更新に貢献するのか. 日本森林学会誌, **94**：261-268.

Conner, W. H., Toliver, J. R. and Sklar, F. H.（1986）Natural regeneration of baldcypress（*Taxodium distichum*（L.）Rich.）in a Louisiana swamp. *Forest Ecology and Management*, **14**：305-317.

Conner, W. H. and Flynn, K.（1989）Growth and survival of baldcypress（*Taxodium distichum*（L.）Rich.）planted across a flooding gradient in a Louisiana bottomland forest. *Wetlands*, **9**（2）：207-217.

Elliott, B. M.（1986）Spacial distribution and behavioural movements of migratory trout *Salmo trutta* in a lake district stream. *Journal of Animal Ecology*, **55**（3）：907-922.

Farmer, R. E. Jr.（1962）Aspen root sucker formation and apical dominance. *Forest Science*, **8**（4）：403-410.

Fausch, K. D. and Northcote, T. G.（1992）Large woody debris and salmonid habitat in a small coastal British Columbia stream. *Canadian Journal of Fisheries and Aquatic Sciences*, **49**：682-693.

Fisher, S. G. and G. E. Likens（1973）Energy flow in Bear Brook, New Hampshire：an integrative approach to stream ecosystem metabolism. *Ecological Monographs*, **43**（4）：421-439.

藤井俊夫（1997）孤立林における埋土種子相. 人と自然, **8**：113-124.

藤本征司・俣野利一郎（1994）カツラ稚幼樹の生育パターン――野外調査, 成長量および分枝様式. 静岡大学農学部演習林報告, **18**：89-95.

Fujita, H. and Kikuchi, T. (1984) Water table of alder and neighboring elm stands in a small tributary basin. *Japanese Journal of Ecology*, **34** (4) : 473-475.

Fujita, H. and Kikuchi, T. (1986) Differences in soil condition of alder and neighboring elm stands in a small tributary basin. *Japanese Journal of Ecology*, **35** (5) : 565-573.

冨士田裕子 (2001) 野外環境を想定したハンノキ (*Alnus japonica* (Thunb.) Steud.) の発芽実験. 奥田重俊先生退官記念論文集「沖積地植生の研究」, pp. 33-36.

冨士田裕子 (2002) 湿地林. (崎尾均・山本福壽編：水辺林の生態学) pp. 95-137. 東京大学出版会, 東京.

冨士田裕子 (2009) ハンノキ. (日本樹木誌編集委員会編：日本樹木誌) pp. 549-575. 日本林業調査会, 東京.

深津英太郎 (2015) ケヤキ. (津村義彦・陶山佳久編：地図でわかる樹木の種苗移動ガイドライン) pp. 110-113. 文一総合出版, 東京.

福田真由子・崎尾均・丸田恵美子 (2005) 荒川中流域における外来樹木ハリエンジュ (*Robinia pseudoacacia* L.) の初期定着過程. 日本生態学会誌, **55** : 387-395.

福田真由子 (2009) 増水による攪乱と外来種ニセアカシアの発芽定着. (崎尾均編：ニセアカシアの生態学) pp. 131-143. 文一総合出版, 東京.

福居信幸・上田恵介 (1999) 鳥によるナンキンハゼ *Sapium sebiferum* の種子散布. 日本鳥学会誌, **47** : 121-124.

福島県只見町教育委員会 (2005) 福島県只見地域の森林植生並びに生物多様性に関する学術調査・第3報——第3次調査結果の集約と3カ年の調査の総括. 只見町文化財調査報告書, 第12集.

福島県只見町教育委員会 (2006) 福島県只見川水系における稀少樹種, ユビソヤナギの生態と遺伝. 只見町文化財調査報告書, 第14集.

船越眞樹 (1994) ニセアカシア林の朽まざる実験. 松本市史研究, **4** : 145-148.

後藤真平・林田光祐 (2002) 河畔域におけるオニグルミの齧歯類による種子散布と実生の定着. 日本林学会誌, **84** : 1-8.

Goto, S., H. Iwata, S. Shibano, K. Ohya, A. Suzuki and H. Ogawa (2005) Fruit shape variation in *Fraxinus mandshurica* var. *japonica* characterized using elliptic Fourier descriptors and the effect on flight duration. *Ecological Research*, **20** : 733-738.

Grosse, W., Schulte, A. and Fujita, H. (1993) Pressurized gas transport in two Japanese alder species in relation to their natural habitats. *Ecological Research*, **8** (2) : 151-158.

玉泉幸一郎・飯島康夫・矢幡久 (1991) 海岸クロマツ林内に生育するニセアカシアの根萌芽の分布とその形態的特徴. 九州大学農学部演習林報告, **64** : 13-28.

原田正純 (1972) 水俣病. 岩波書店, 東京.

長谷川寛・厚澤正治・清水保典・高橋勝緒・高橋絹世・長澤義則・古橋光弘・若山正隆・太田和夫 (2003) 埼玉県荒川下流域ハンノキ林の遷移. 埼玉県立自然史博物館研究報告, **20-21** : 35-49.

畠山重篤 (2006) 森は海の恋人. 文藝春秋, 東京.

比嘉基紀・石川愼吾・三宅尚（2006）河川砂礫堆上の高燥立地への侵入・定着過程にかかわるアキニレ・エノキ・ムクノキの生態学的特性. 植生学会誌, **23**（2）: 89–103.

比嘉基紀・川西基博・米林仲・崎尾均（2015）侵略的外来樹木ハリエンジュ（*Robinia pseudoacacia* L.）若齢林の伐採後の刈り取りによる管理. 緑化工学会誌, **40**（3）: 451–456.

東三郎（1965）砂防植生工におけるヤナギ類導入に関する研究. 北海道大学農学部演習林研究報告, **23**（2）: 151–233.

東三郎（1979）地表変動論. 北海道大学図書刊行会, 札幌.

Hikasa, M., Yamasaki, W. and Nakagoshi, N.（2003）Application of the ecology of *Rhododendron ripense* to protection of the species from the effects of dam construction. Hikobia, **14**: 1–8.

本間雅枝・矢島崇・菊池俊一（2002）ケショウヤナギ・オオバヤナギ・ドロノキ稚樹の成長と樹冠構造. 日本林学会北海道支部論文集, **50**: 50–52.

星野義延（1990）ケヤキの果実散布における風散布体としての結果枝. 日本生態学会誌, **40**: 35–41.

星野義延（2009）多摩川におけるニセアカシア林の構造と防除対策.（崎尾均編：ニセアカシアの生態学）pp. 271–285. 文一総合出版, 東京.

星野義延・シレプジャンマイマイティ・吉川正人（2014）ハリエンジュの開花・結実特性.（河川生態学術研究会多摩川研究グループ編：多摩川の総合研究）, pp. 42–46. 公益財団法人リバーフロント研究所, 東京.

Hoshizaki, K., Suzuki, W. and Sasaki, S.（1997）Impacts of secondary seed dispersal and herbivory on seedling survival in *Aesculus turbinata*. *Journal of Vegetation Science*, **8**（5）: 735–742.

Hoshizaki, K., Suzuki, W. and Nakashizuka, T.（1999）Evaluation of secondary dispersal in a large-seeded tree *Aesculus turbinata*: a test of directed dispersal. *Plant Ecology*, **144**（2）: 167–176.

星崎和彦（2009）トチノキ.（日本樹木誌編集委員会編：日本樹木誌）pp. 497–527. 日本林業調査会, 東京.

五十嵐知宏・上野直人・清和研二（2008）水散布によるサワグルミ種子の移動パターンと漂着場所特性. 東北大学大学院農学研究科附属複合生態フィールド教育研究センター報告, **24**: 1–6.

Ingo, K.（1995）Clonal growth in *Ailanthus altissima* on a natural site in West Virginia. *Journal of Vegetation Science*, **6**（6）: 853–856.

Inoue, M., Nakano, S. and Nakamura, F.（1997）Juvenile masu salmon（*Oncorhynchus masou*）abundance and stream habitat relationships in northern Japan. *Canadian Journal of Fisheries and Aquatic Sciences*, **54**: 1331–1341.

伊佐治久道・杉田久志（1997）小動物による重力落下後のトチノキ種子の運搬. 日本生態学会誌, **47**: 121–129.

石田弘明・山名郁実・小舘誓治・服部保（2012a）淡路島の森林伐採跡地に分布する外来木本ナンキンハゼ群落の生態的特性と成因. 植生学会誌, **29**: 1–13.

石田弘明・服部保・黒田有寿茂・橋本佳延・岩切康二（2012b）屋久島低地部の照

葉二次林に対するヤクシカの影響とその樹林の自然性評価. 植生学会誌, **29** : 49–72.

石川愼吾（1980）北海道地方の河辺に発達するヤナギ林について. 高知大学学術研究報告, **29** : 73–78.

石川愼吾（1982）東北地方の河辺に発達するヤナギ林について. 高知大学学術研究報告, **31** : 95–104.

Ishikawa, S.（1994）Seedling growth traits of three salicaceous species under different conditions of soil and water level. *Ecological Review*, **23** : 1–6.

Ito, H., Ito, S., Matsui, T. and Marutani, T.（2006）Effect of fluvial and geomorphic disturbances on habitat segregation of trees species in a sedimentation-dominated riparian forest in warm-temperate mountainous region in southern Japan. *Journal of Forest Research*, **11** : 405–417.

井藤宏香・竹内朱美・伊藤哲・中尾登志雄（2008）渓畔域の土壌基質に対するサワグルミ実生の根系の形態の変化——アカシデおよびイヌシデとの比較. 日本森林学会誌, **90**（3）: 145–150.

伊藤哲・中村太士（1994）地表変動に伴う森林群集の攪乱様式と更新機構. 森林立地, **36**（2）: 31–40.

伊藤哲・野上寛五郎（2005）屋久島低地におけるヤクシマサルスベリを含む渓畔林の種組成と立地環境. 植生学会誌, **22**（1）: 15–23.

伊藤哲・光田靖・魏敦祥・高木正博・野上寛五郎（2006）数値地形情報を用いた希少渓畔樹種ヤクシマサルスベリの潜在的ハビタットの広域推定. 植生学会誌, **23**（2）: 153–161.

伊藤洋編（1998）埼玉県植物誌. 埼玉県教育委員会, 浦和.

岩船昌起・岩田修二・真崎庸（1995）上高地自然史研究③　梓川河床における微地形の動態とケショウヤナギの定着. 日本地理学会予稿集, **47** : 198–199.

岩井宏寿（1986）ニセアカシアの萌芽および生長抑制に関する試験. 千葉県林業試験場報告, **20** : 31–32.

岩井宏寿（1987）環境保全の維持管理に関する検討——ニセアカシアの萌芽および生長抑制に関する試験. 千葉県林業試験場報告, **21** : 31.

Iwanaga, F. and Yamamoto, F.（2008）Adaptive strategy of wetland trees. *In*（Sakio, H. and Tamura, T. eds.）Ecology of Riparian Forests in Japan : Disturbance, Life History and Regeneration. pp. 237–247. Springer, Tokyo.

岩永史子・崎尾均・山本福壽（2015）北米大陸におけるアジア由来の侵略的木本外来種・ナンキンハゼの現状. 緑化工学会誌, **40**（3）: 479–484.

Jones, R. H. and McLeod, K. W.（1989）Shade tolerance in seedlings of Chinese tallow tree, American sycamore, and cherry oak. *Bulletin of the Torrey Botanical Club*, **116**（4）: 371–377.

カダール, ソエトリスノ・生原喜久雄・相場芳憲・青柳浩（1989）シオジの生育におよぼす光および水分環境の影響. 日本林学会論文集, **100** : 401–404.

上高地自然史研究会（1995）上高地梓川の河床地形変化とケショウヤナギ群落の生態学的研究図表報告書（岩田修二編）.

神奈川県自然環境保全センター（2017）神奈川県渓畔林整備の手引き. 神奈川県自

然環境保全センター, 厚木.
金井塚務（2004）西中国山地国定公園・細見谷渓畔林の保全と大規模林道. 保全生態学研究, **9** : 103-105.
金井塚務（2007）西中国山地国定公園・細見谷渓畔林の保全活動. 保全生態学研究, **12** : 72-77.
金子有子（1995）山地渓畔林の攪乱体制と樹木個体群への攪乱の影響. 日本生態学会誌, **45** : 311-316.
Kaneko, Y., T. Takada and S. Kawano (1999) Population biology of *Aesculus turbinata* Blume : a demographic analysis using transition matrices on a natural population along a riparian environmental gradient. *Plant Species Biology*, **14** (1) : 47-68.
Kaneko, Y. and Kawano, S. (2002) Demography and matrix analysis on a natural *Pterocarya rhoifolia* population developed along a mountain stream. *Journal of Plant Research*, **115** (5) : 341-354.
金子有子・高田壮則・金子隆之（2004）芦生モンドリ谷調査区における渓畔域の攪乱と樹木動態. 第113回日本林学会大会学術講演集：502.
金子有子（2009）サワグルミ.（日本樹木誌編集委員会編：日本樹木誌） pp. 353-386. 日本林業調査会, 東京.
金子有子（2012）安曇川源流域のトチノキ伐採に関する一考察. 地域自然史と保全, **34** (1) : 53-63
環境庁自然保護局生物多様性センター（2000）第5回自然環境保全基礎調査　河川調査報告書. 環境庁自然保護局生物多様性センター, 富士吉田.
環境省（2012）植物 I（維管束植物）第4次レッドリスト（2012).（http://www.env.go.jp/press/files/jp/20557.pdf）(2016年11月22日参照).
環境省（2015）我が国の生態系等に被害を及ぼすおそれのある外来種リスト（生態系被害防止外来種リスト).（http://www.env.go.jp/nature/intro/1outline/list.html）(2015年4月1日参照).
苅住昇（1979）樹木根系図説. 誠文堂新光社, 東京.
河川法令研究会（2012）よくわかる河川法. ぎょうせい, 東京.
河川環境管理財団（2001）堤防に沿った樹林帯の手引き. 山海堂, 東京.
勝田柾・森徳典・横山敏孝（1998）日本の樹木種子・広葉樹編. 林木育種協会, 東京.
川口武雄（1987）森林の落石防止, 干害・水害防備および遊水機能. 日本治山治水協会, 東京.
川西基博・崎尾均・米林仲（2007）実生出現法によるスギ植林地と広葉樹二次林の埋土種子集団の比較. 地球環境研究, **9** : 31-41.
川西基博・小松忠敦・崎尾均・米林仲（2008）渓畔域のスギ人工林における間伐とリター除去が植物の定着に及ぼす影響. 日本森林学会誌, **90** (1) : 55-60.
川西基博・崎尾均・村上愛果・米林仲（2010）河川敷における洪水と草地への火入れがハリエンジュ *Robinia pseudoacacia* L. の種子発芽に及ぼす影響. 保全生態学研究, **15** (2) : 231-240.
渓畔林研究会（1997）水辺林の保全と再生に向けて. 日本林業調査会, 東京.
渓畔林研究会（2001）水辺林管理の手引き――基礎と指針と提言. 日本林業調査会,

東京.
建設省河川局砂防部砂防課（1993）生態に配慮した砂防事業実施事例. 建設省河川局, 東京.
Keresztesi, B.（1988）The Black Locust. Akademiai Kiado, Budapest.
菊地賢・鈴木和次郎（2010）本州北東部日本海側における絶滅危惧種ユビソヤナギ（*Salix hukaoana*）の分布・生育状況. 保全生態学研究, **15**：89–99.
Kikuchi, S., Suzuki, W. and Sashimura, N.（2011）Gene flow in an endangered willow *Salix hukaoana*（Salicaceae）in natural and fragmented riparian landscapes. *Conservation Genetics*, **12**（1）：79–89.
Kikuchi, T.（1968）Forest communities along the Oirase Valley, Aomori Prefecture. *Ecological Review*, **17**（2）：87–94.
菊池多賀夫（2001）地形植生誌. 東京大学出版会, 東京.
菊沢喜八郎（1986）北の国の雑木林——ツリー・ウォッチング入門. 蒼樹書房, 東京.
Kimura, A.（1973）Salicis nova species ex regione Okutonensi in Japonia. *Journal of Japanese Botany*, **48**（11）：321–326.
木佐貫博光・梶幹夫・鈴木和夫（1992）秩父山地におけるシオジ林の林分構造と更新過程. 東京大学農学部演習林報告, **88**：15–32.
木佐貫博光・梶幹夫・鈴木和夫（1995）秩父地方の山地渓畔林におけるシオジおよびサワグルミ実生の消長. 東京大学農学部演習林報告, **93**：49–57.
気象庁（2011）過去の気象データ検索.（http://www.data.jma.go.jp/obd/stats/etrn/index.php）（2016 年 10 月 1 日参照）.
気象研究所（2011）平成 23 年 7 月新潟・福島豪雨の発生要因について.（http://mri-3.mri-jma.go.jp/Topics/H23/press/20110804/press20110804.html）（2016 年 10 月 1 日参照）.
Kitamura, K. and Kawano, S.（2001）Regional differentiation in genetic components for the American beech, *Fagus grandifolia* Ehrh., in relation to geological history and mode of reproduction. *Journal of Plant Research*, **114**（3）：353–368.
小橋澄治（1994）環境と調和した砂防事業に関する研究——特に景観問題について. 砂防学会, 東京.
小林幹夫・伊藤希代子（2006）栃木県二宮町専修寺に生育する根萌芽するケヤキの実生探索の試み. 宇都宮大学演習林報告, **42**：105–111.
河内香織（2009）ニセアカシアの侵入が渓流生態系に与える影響——腐食連鎖の視点から.（崎尾均編：ニセアカシアの生態学）pp. 201–218. 文一総合出版, 東京.
郡麻里・鎌田磨人・岡部健士・中越信和（2000）吉野川河道内の砂州上におけるアキグミ群落の分布状況と立地特性. 環境システム研究論文集, **28**：353–358.
Kohri, M., Kamada, M., Yuuki, T., Okabe, T. and Nakagoshi, N.（2002）Expansion of *Elaeagnus umbellata* on a gravel bar in the Naka River, Shikoku, Japan. *Plant Species Biology*, **17**（1）：25–36.
小池孝良（1985）弱い光, 強い光を上手に利用する樹種——広葉樹の光合成特性.（北海道営林局編：天然林を考える）pp. 116–119. 北海道営林局, 札幌.
Koike, T.（1986）Photosynthetic responses to light intensity of deciduous broad-

leaved tree seedlings raised under various artificial shade. *Environmental Control in Biology*, **24** (2) : 51-58.
小池孝良・肥後睦輝（1986）夏期における有用広葉樹稚苗の光——光合成速度関係. 日本林学会北海道支部論文集, **35** : 135-137.
小池孝良（1987）落葉広葉樹の光合成と寿命. 北方林業, **39** (8) : 11-15.
小池孝良（1988a）落葉広葉樹の生存に必要な明るさとその生長に伴う変化. 林木の育種, **148** : 19-23.
小池孝良（1988b）北海道産落葉広葉樹の稚苗と成木の光合成特性. 林木の育種特別号：37-39.
Koike, T. (1988) Leaf structure and photosynthetic performance as related to the forest succession of deciduous broad-leaved trees. *Plant Species Biology*, **3** : 77-87.
小池孝良（1991）落葉広葉樹の光の利用の仕方——光合成特性. 森林総合研究所北海道支所研究レポート, **25** : 1-8.
小池孝良（2009）ニセアカシアの光合成能力.（崎尾均編：ニセアカシアの生態学）pp. 161-174. 文一総合出版, 東京.
小泉幸代・小山浩正（2012）河川域におけるニセアカシアの水平根からの根萌芽発生様式. 東北森林科学会誌, **17** : 31-35.
国立環境研究所（2014）侵入生物データベース.（http://www.nies.go.jp/biodiversity/invasive/DB/）（2014 年 5 月 29 日参照）.
国有林野経営計画研究会（1994）国有林野経営規定の解説. 日本林業調査会, 東京.
今博計・沖津進（1995）浅間山麓と戸隠山麓に分布するハルニレ林の構造と更新. 千葉大学園芸学部学術報告, **49** : 99-110.
今博計・沖津進（1999）浅間山麓の冷温帯落葉樹林におけるハルニレの更新に果たす地表攪乱の役割. 日本林学会誌, **81** (1) : 29-35.
Kondo, H. and A. Sakai (2015) Micro-landform structure and tree distribution in subalpine riparian area of V-shaped valley, Minami Alps, central Japan. *Geographical Review of Japan Series B*, **88** (1) : 23-37.
公立林業試験研究機関共同研究グループ（1983）有用広葉樹の増殖技術——試験事例集. 林野庁, 東京.
小山浩正（1998）シラカンバの発芽戦略（Ⅳ）耐乾燥小種子有利仮説. 北方林業, **50** (12) : 12-16.
小山浩正・高橋文（2009）河川敷におけるニセアカシアの分布拡大に果たす種子の役割.（崎尾均編：ニセアカシアの生態学）pp. 99-112. 文一総合出版, 東京.
小山泰弘（2009）ニセアカシアの除去.（崎尾均編：ニセアカシアの生態学）pp. 297-309. 文一総合出版, 東京.
Kozlowski, G. and Gratzfeld, J. (2013) *Zelkova* : An Ancient Tree. Natural History Museum Fribourg, Swizerland.
久保満佐子・島野光司・崎尾均・大野啓一（2000）渓畔域におけるカツラ実生の発生サイトと定着条件. 日本林学会誌, **82** (4) : 349-354.
久保満佐子・島野光司・崎尾均・大野啓一（2001a）地形と萌芽形態の関係からみたカツラの萌芽特性. 日本林学会誌, **83** (4) : 271-278.

久保満佐子・島野光司・大野啓一・崎尾均（2001b）秩父・大山沢渓畔林における高木性樹木の生育立地と植生単位の対応. 植生学会誌, **18**（2）: 75-85.

Kubo, M., Sakio, H., Shimano, K. and Ohno, K.（2004）Factors influencing seedling emergence and survival in *Cercidiphyllum japonicum*. *Folia Geobotanica*, **39**: 225-234.

Kubo, M., Sakio, H., Shimano, K. and Ohno, K.（2005）Age structure and dynamics of *Cercidiphyllum japonicum* sprout based on growth ring analysis. *Forest Ecology and Management*, **213**: 253-260.

Kubo, M., Sakio, H., Shimano, K. and Ohno, K.（2007）Adaptive regeneration traits and habitat in *Cercidphyllum japonicum* to riparian disturbances in the Chichibu Mountains, Central Japan. *In*（Archibald, K. S. ed.）New Research on Forest Ecology. pp. 207-246. Nova Science Publishers, New York.

久保満佐子・川西基博・島野光司・崎尾均・大野啓一（2008）秩父・大山沢渓畔林における埋土種子の種構成. 日本森林学会誌, **90**（2）: 121-124.

久保田泰則（1979）広葉樹の実生による繁殖. 光珠内季報, **40**: 16-26.

練春蘭・木村恵・崎尾均・宝月岱造（2009）マイクロサテライトマーカーが明かすニセアカシアの繁殖特性.（崎尾均編：ニセアカシアの生態学）pp. 185-199. 文一総合出版, 東京.

前田禎三・吉岡二郎（1952）秩父山岳林植生の研究（第 2 報）山地帯群落について. 東京大学農学部演習林報告, **42**: 129-150.

前田雄一・藤田亮・谷本丈夫（1990）ケヤキ当年生実生の消長について（Ⅰ）——上木・林床条件の違いによる発育と消失過程. 日本林学会大会発表論文集, **101**: 427-430.

前河正昭・中越信和（1996）長野県牛伏川の砂防植栽区とその周辺における植生動態. 日本林学会大会発表論文集, **107**: 441-444.

前河正昭・中越信和（1997）海岸砂地においてニセアカシア林の分布拡大がもたらす成帯構造と種多様性への影響. 日本生態学会誌, **47**: 131-143.

Maekawa, M. and Nakagoshi, N.（1997）Riparian landscape changes over a period of 46 years, on the Azusa River in central Japan. *Landscape and Urban Planning*, **37**: 37-43.

Maesako, Y., Nanami, S. and Kanzaki, M.（2007）Spatial distribution of two invasive alien species, *Podocarpus nagi* and *Sapium sebiferum*, spreading in a warm-temperate evergreen forest of the Kasugayama Forest Reserve, Japan. *Vegetation Science*, **24**, 103-112.

真鍋逸平・大窪勝（1973）ヤチダモの天然下種の発芽について. 日本林学会北海道支部講演集, **21**: 137-138.

丸井佳寿子監修（2000）新編会津風土記第二巻. 歴史春秋出版, 会津若松.

丸山幸平・紙谷智彦（1986）佐渡演習林におけるスギ天然林の更新に関する 2, 3 の調査. 新潟大学農学部演習林報告, **19**: 93-103.

真坂一彦・山田健四（2005）ニセアカシアの根萌芽は, どれくらい親木に依存しているのか？　日本森林学会北海道支部論文集, **53**: 21-23.

真坂一彦・山田健四・小野寺賢介・脇田陽一（2010）ニセアカシア天然林の成立に

おける実生更新とクローン成長の貢献――北海道美唄市の不成績造林地での事例. 北海道林業試験場研究報告, **47** : 45–50.
Masaki, T., Osumi, K., Takahashi, K., Hoshizaki, K., Matsune, K. and Suzuki, W. (2007) Effects of micro environmental heterogeneity on the seed-to-seedling process and tree coexistence in a riparian forest. *Ecological Research*, **22** : 724–734.
正木隆 (2008) 実生の生態からみた多様な樹種の共存の仕組み. (正木隆編：森の芽生えの生態学) pp. 11–27. 文一総合出版, 東京.
Masaki, T., Osumi, K., Hoshizaki, K., Hoshino, D., Takahashi, K., Matsune, K. and Suzuki, W. (2008) Diversity of tree species in mountain riparian forest in relation to disturbance-mediated microtopography. *In* (Sakio, H. and Tamura, T. eds.) Ecology of Riparian Forests in Japan : Disturbance, Life History and Regeneration. pp. 251–266. Springer, Tokyo.
松井理生・後藤晋・岡村行治 (2004) エゾリスとアカネズミによるオニグルミ核果の捕食および貯食行動. 森林立地, **46** : 41–46.
松永勝彦 (1993) 森が消えれば海も死ぬ. 講談社, 東京.
松岡淳・佐野淳之 (2003) 鳥取市域における千代川の氾濫とエノキ・ムクノキ林の成立. 植生学会誌, **20** : 119–128.
Megonigal, J. P. and Day, F. P. (1992) Effects of flooding on root and shoot production of bald cypress in large experimental enclosures. *Ecology*, **73** (4) : 1182–1193.
峰崎清・斉藤康 (1992) 足尾町において治山工事により成林したニセアカシア林の現況. 第 31 回治山研究発表会論文集 : 329–333.
宮脇昭編 (1981) 日本植生誌　九州. 至文堂, 東京.
宮脇昭編 (1982) 日本植生誌　四国. 至文堂, 東京.
宮脇昭編 (1983) 日本植生誌　中国. 至文堂, 東京.
宮脇昭編 (1984) 日本植生誌　近畿. 至文堂, 東京.
宮脇昭編 (1985) 日本植生誌　中部. 至文堂, 東京.
宮脇昭編 (1986) 日本植生誌　関東. 至文堂, 東京.
宮脇昭編 (1987) 日本植生誌　東北. 至文堂, 東京.
宮脇昭編 (1988) 日本植生誌　北海道. 至文堂, 東京.
茂木透・石井日出美・太田和夫・勝山輝男・城川四郎・崎尾均・高橋秀男・中川重年・吉山寛 (2000a) 樹に咲く花・離弁花 1. 山と渓谷社, 東京.
茂木透・石井日出美・太田和夫・勝山輝男・城川四郎・崎尾均・高橋秀男・中川重年・吉山寛 (2000b) 樹に咲く花・離弁花 2. 山と渓谷社, 東京.
茂木透・石井日出美・太田和夫・勝山輝男・城川四郎・崎尾均・高橋秀男・中川重年・吉山寛 (2001) 樹に咲く花・全弁花・単子葉・裸子植物. 山と渓谷社, 東京.
百原新 (1995) クルミ科. 週刊朝日百科植物の世界, **8** : 119–125.
Morimoto, J., Kominami, R. and Koike, T. (2010) Distribution and characteristics of the soil seed bank of the black locust (*Robinia pseudoacacia*) in a headwater basin in northern Japan. *Landscape and Ecological Engineering*, **6** (2) : 193–199.
森と水と土を考える会・日本生物多様性防衛ネットワーク・吉和の自然を考える会

（2002）細見谷と十方山林道. 森と水と土を考える会・日本生物多様性防衛ネットワーク・吉和の自然を考える会.

Moriya, D. Y., S. Nanami, J. Sumikura, T. Yamakura and A. Itoh（2017）Clonal structure, growth pattern and preemptive space occupancy through sprouting of an invasive tree, *Triadica sebifera*. *Journal of Forest Research*, **22**（1）: 8–14.

Moriyama, Y. and S. Yamamoto（1994）Occurrence patterns and size structure of clonal patches of *Chamaecyparis pisifera* under a closed canopy and a canopy gap in an old-growth *C. pisifera* forest. *Journal of the Japanese Forestry Society*, **76**（5）426–432.

村上亘・細田育広（2007）治山堰堤建設に伴う後背地の地形と植生の変化. 季刊地理学, **59** : 87–98.

邑田仁・米倉浩司（2012）日本維管束植物目録. 北隆館, 東京.

Nadia, B.（2002）Relative contributions of sexual and asexual regeneration strategies in *Populus nigra* and *Salix alba* during the first years of establishment on a braided gravel bed river. *Evolutionary Ecology*, **15** : 255–279.

長坂晶子（2001）北海道産落葉広葉樹 5 種の滞水試験——異なる滞水処理下での成長と葉の展開. 北海道林業試験場研究報告, **38** : 47–55.

長坂有・柳井清治・佐藤和弘（1996）河畔林から川への落下昆虫とサクラマスの胃内容物の比較検討. 北海道立林業試験場研究報告, **33** : 70–77.

長坂有（2000）オヒョウ種子の発芽と休眠について. 日本林学会北海道支部論文集, **48** : 60–62.

長坂有（2004）タネから育てる河畔林——郷土樹種育苗のための種子取り扱い（Ⅰ）. 光珠内季報, **134** : 8–11.

長島崇史・木村恵・津村義彦・本間航介・阿部晴恵・崎尾均（2015）台風と積雪がスギのクローン構造に与える影響. 日本森林学会誌, **97** : 19–24.

中江篤記・辰巳修三（1961）京都大学北海道演習林におけるヤチダモの育林学的研究第Ⅳ報　ヤチダモ稚樹の耐陰性について. 京都大学農学部演習林報告, **33** : 285–292.

中川一・川尻秀樹・茂木靖和（1995）ケヤキ天然林の生育状況とケヤキ稚樹の更新状況について. 岐阜県林業センター研究報告, **23** : 1–18.

中越信和・前河正昭（1996）75 年を経過した砂防植栽地におけるニセアカシア林の動態. 森林航測, **179** : 10–13.

中村太士・百海琢司（1989）河畔林の河川水温への影響に関する熱収支的考察. 日本林学会誌, **71** : 387–394.

中村太士（1990）地表変動と森林の成立についての一考察. 生物科学, **42**（2）: 57–67.

Nakamura, F. and Swanson, F. J.（1993）Effects of coarse woody debris on morphology and sediment storage of a mountain stream system in Western Oregon. *Earth Surface Processes and Landforms*, **18**（1）: 43–61.

Nakamura, F., Yajima, T. and Kikuchi, S.（1997）Structure and composition of riparian forests with special reference to geomorphic site conditions along the Tokachi River, northern Japan. *Plant Ecology*, **133**（2）: 209–219.

Nakamura, F., Shin, N. and Inahara, S. (2007) Shifting mosaic in maintaining diversity of floodplain tree species in the northern temperate zone of Japan. *Forest Ecology and Management*, **241** (1-3) : 28-38.

中村純（2009）蜜源としてのニセアカシア.（崎尾均編：ニセアカシアの生態学）pp. 43-67. 文一総合出版, 東京.

Nakano, Y. and Sakio, H. (2017) Adaptive plasticity in the life history strategy of a canopy tree species, *Pterocarya rhoifolia*, along a gradient of maximum snow depth. *Plant Ecology*, 218 (4) : 395-406.

Nakashizuka, T. (1984) Regeneration process of climax beech (*Fagus crenata* Blume) forests Ⅳ. Gap formation. *Japanese Journal of Ecology*, **34** : 75-85.

Nakashizuka, T. and Matsumoto, Y. (eds.) (2002) Diversity and Interaction in a Temperate Forest Community : Ogawa Forest Reserve of Japan. Springer, Tokyo.

Namikawa, K. (1996) Stand dynamics during a 12 year period in an old-growth, cool temperate forest in northern Japan. *Ecological Research*, **11** (1) : 23-33.

日本生態学会（編）（2002）外来種ハンドブック. 地人書館, 東京.

日本野生生物研究センター（1992）緊急に保護を要する動植物の種の選定のための植物都道府県別分布表. 日本野生生物研究センター, 東京.

新山馨（1983）ヤナギの種子生態. 種子生態, **14** : 1-6.

新山馨（1987）石狩川に沿ったヤナギ科植物の分布と生育地の土壌の土性. 日本生態学会誌, **37** : 163-174.

新山馨（1989）札内川に沿ったケショウヤナギの分布と生育地の土性. 日本生態学会誌, **39** : 173-182.

Niiyama, K. (1990) The role of seed dispersal and seedling traits in colonization and coexistence of *Salix* species in a seasonally flooded habitat. *Ecological Research*, **5** (3) : 317-331.

新山馨（1995）ヤナギ科植物の生活史特性と河川環境. 日本生態学会誌, **45** : 301-306.

新山馨（2002）河畔林.（崎尾均・山本福壽編：水辺林の生態学）pp. 61-93. 東京大学出版会, 東京.

野宮治人（2008）九州低標高域に分布するハルニレの発芽特性. 九州森林研究, **61** : 67-68.

Nomiya, H. (2010) Differentiation of seed germination traits in relation to the natural habitats three *Ulmus* species in Japan. *Journal of Forest Research*, **15** (2) : 123-130.

野嵜玲児・黒原亜矢子・亀井裕幸（2001）ナラガシワ群落について——沖積低地の自然林植生の一型として. 奥田重俊先生退官記念論文集「沖積地植生の研究」, pp. 23-32.

小川みふゆ・福嶋司（1996）奥日光のオオシラビソ林におけるシウリザクラの根萌芽および実生の動態. 日本林学会誌, **78** (2) : 195-200.

大場秀章（2010）植物分類表. アボック社, 鎌倉.

大橋広好・菊地賢・指村奈穂子・藤原陸夫（2007）ユビソヤナギの分布. 植物研究

雑誌, **82** (4) : 242-244.

Ohkubo, T., Kaji, M. and Hamaya, T. (1988) Structure of primary Japanese beech (*Fagus japonica* Maxim.) forests in the Chichibu Mountains, central Japan, with special reference to regeneration processes. *Ecological Research*, **3** (2) : 101-116.

Ohkubo, T. (1992) Structure and dynamics of Japanese beech (*Fagus japonica* Maxim.) stools and sprouts in the regeneration of the natural forest. *Vegetatio*, **101** (1) : 65-80.

大野葵 (2011) 多雪地における実生更新からみたスギ天然林の動態. 新潟大学大学院自然科学研究科平成 22 年度博士前期課程学位論文.

大阪営林局森林施業研究会 (1992) ケヤキ林の育成法. 大阪営林局森林施業研究会, 大阪.

大嶋有子・山中典和・玉井重信・岩坪五郎 (1990) 芦生演習林の天然林における渓畔林優占高木種——トチノキ, サワグルミ——に関する分布特性の種間比較. 京都大学農学部演習林報告, **62** : 15-27.

太田猛彦 (2012) 森林飽和. ＮＨＫ出版, 東京.

大津千晶・星野義延・末崎朗 (2011) 秩父多摩甲斐地域を中心とする山地帯・亜高山帯草原に与えるニホンジカの影響. 植生学会誌, **28** : 1-17.

岡村俊邦・吉井厚志・福間博史 (1996) 生態学的混播法による自然林再生法の開発. 土木学会論文集, **546** : 87-99.

沖村義人・山根良夫・小野正行 (1961) 匹見演習林における天然スギの研究 (Ⅱ) 天然スギの更新に関する研究 (第 1 報) 伏条稚樹の生育状態について. 島根農科大学研究報告, **9** : 9-24.

奥川裕子・中坪孝之 (2009) 外来木本ナンキンハゼの逸出とその制限要因. 広島大学総合博物館研究報告, **1** : 63-70.

Osborne, L. L. and Kovacic, D. A. (1993) Riparian vegetated buffer strips in water-quality restoration and stream management. *Freshwater Biology*, **29** : 243-258.

Peterjohn, W. T. and Correll, D. L. (1984) Nutrient dynamics in an agricultural watershed : observations on the role of a riparian forest. *Ecology*, **65** (5) : 1466-1475.

Petersen, R. C., Petersen, L. B. M. and Lacoursiere, J. (1992) A building-block model for stream restoration. *In* (Boon, P. J., Calow, P. and Petts, G. E. eds.) River Conservation and Management. pp. 293-309. John Wiley & Sons, New Jersey.

Pezeshki, S. R. and Anderson, P. H. (1997) Responses of three bottomland species with different flood tolerance capability to various flooding regimes. *Wetlands Ecology and Management*, **4** : 245-256.

Riley, S. C. and Fausch, K. D. (1995) Trout population response to habitat enhancement in six northern Colorado streams. *Canadian Journal of Fisheries and Aquatic Sciences*, **52** (1) : 34-53.

林業科学技術振興所 (1985) 有用広葉樹の知識——育て方と使い方. 林業科学技術振興所, 東京.

砂防学会 (2000) 水辺域管理——その理論・技術と実践. 古今書院, 東京.

齋藤真人（2014）多雪山地における，植生パターンと優占種ブナの分布・成長に地形がおよぼす影響．横浜国立大学大学院環境情報学府修士論文．

齋藤信夫（1997）青森県のケヤキ優占林の種組成と分布傾向．植生学会誌，**14**：141-149.

斎藤新一郎・対馬俊之・山口陽子（1995）ケショウヤナギの育苗について．日本林学会北海道支部論文集，**43**：48-50.

齊藤陽子・坂上大翼・内山憲太郎・井出雄二（2011）ヤチダモ（*Fraxinus mandshurica*）種子の二次散布の検出．日本森林学会大会発表データベース，122：Pa1-89.

坂口勝美（1983）スギのすべて．全国林業改良普及協会，東京．

Sakai, A. and Ohsawa, M. (1993) Vegetation pattern and microtopography on a landslide scar of Mt. Kiyosumi, central Japan. *Ecological Research*, **8** (1) : 47-56.

Sakai, A. and Ohsawa, M. (1994) Topographical pattern of the forest vegetation on a river basin in a warm-temperate hilly region, central Japan. *Ecological Research*, **9** (3) : 269-280.

Sakai, A., Ohsawa, T. and Ohsawa, M. (1995) Adaptive significance of sprouting of *Euptelea polyandra*, a deciduous tree growing on steep slope with shallow soil. *Journal of Plant Research*, **108** (3) : 377-386.

酒井暁子（1997）高木性樹木における萌芽の生態学的意味——生活史戦略としての萌芽特性．種生物学研究，**21**：1-12.

Sakai, A., Sakai, S. and Akiyama, F. (1997) Do sprouting tree species on erosion-prone site carry large reserves of resource? *Annals of Botany*, **79** (6) : 625-630.

Sakai, A. and Sakai, S. (1998) A test for the resource remobilization hypothesis : tree sprouting using carbohydrates from above-ground parts. *Annals of Botany*, **82** (2) : 213-216.

Sakai, T., Tanaka, H., Shibata, M., Suzuki, W., Nomiya, H., Kanazashi, T., Iida, S. and Nakashizuka, T. (1999) Riparian disturbance and community structure of a *Quercus-Ulmus* forest in central Japan. *Plant Ecology*, **140** : 99-109.

酒谷幸彦・小野寺弘道・柳井清治（1981）クゥウンナイ沢における流路変動と河畔林の構造（I）——流路変動と流木の影響．日本林学会北海道支部講演集，**29**：188-190.

崎尾均（1993）シオジとサワグルミ稚樹の伸長特性．日本生態学会誌，**43**：163-167.

崎尾均（1995）渓畔域の攪乱体制と樹木の生活史からみた渓畔林の動態．日本生態学会誌，**45**：307-310.

崎尾均・中村太士・大島康行（1995）河畔林・渓畔林研究の現状と課題．日本生態学会誌，**45**：291-294.

Sakio, H. (1996) Dynamics of riparian forest in mountain region with respect to stream disturbance and life-history strategy of trees. D. Sc. Thesis, Tokyo Metropolitan University, Tokyo.

Sakio, H. (1997) Effects of natural disturbance on the regeneration of riparian forests in a Chichibu Mountains, central Japan. *Plant Ecology*, **132** (2) : 181-195.

崎尾均・鈴木和次郎（1997）水辺の森林植生（渓畔林・河畔林）の現状・構造・機

能および砂防工事による影響. 砂防学会誌, **49** (6) : 40–48.

Sakio, H., Kubo, M., Shimano, K. and Ohno, K. (2002) Coexistence of three canopy tree species in a riparian forest in the Chichibu Mountains, central Japan. *Folia Geobotanica*, **37** (1) : 45–61.

崎尾均・山本福壽編 (2002) 水辺林の生態学. 東京大学出版会, 東京.

崎尾均 (2002a) 水辺林とはなにか. (崎尾均・山本福壽編：水辺林の生態学) pp. 1–19. 東京大学出版会, 東京.

崎尾均 (2002b) 治山ダム直上流渓流域の土砂移動に対する植栽木の生残・成長特性. 日本林学会誌, **84** (1) : 26–32.

崎尾均 (2003) ニセアカシア (*Robinia pseudoacacia* L.) は渓畔域から除去可能か？　日本林学会誌, **85** (4) : 355–358.

Sakio, H. (2005) Effects of flooding on growth of seedlings of woody riparian species. *Journal of Forest Research*, **10** (4) : 341–346.

崎尾均・白石貴子・後藤真太郎・米林仲・川西基博・小林誠・渡邊定元 (2006) 荒川中流域の河畔林の構造と動態. 立正大学文部科学省学術研究高度化推進事業オープンリサーチセンター (ORC) 整備事業平成 17 年度事業報告書, 101–106.

Sakio, H. (2008) General conclusions concerning riparian forest ecology and conservation. *In* (Sakio, H. and Tamura, T. eds.) Ecology of Riparian Forests in Japan : Disturbance, Life History and Regeneration. pp. 313–329. Springer, Tokyo.

Sakio, H. and Tamura, T. (eds.) (2008) Eclogy of Riparian Forests in Japan : Disturbance, Life History and Regeneration. Springer, Tokyo.

Sakio, H., Kubo, M., Shimano, K. and Ohno, K. (2008) Coexistence mechanisms of three riparian species in the upper basin with respect to their life histories, ecophysiology, and disturbance regimes. *In* (Sakio, H, and Tamura, T. eds.) Ecology of Riparian Forests in Japan : Disturbance, Life History and Regeneration. pp. 75–90. Springer, Tokyo.

崎尾均編 (2009a) ニセアカシアの生態学. 文一総合出版, 東京.

崎尾均 (2009b) 渓畔域におけるニセアカシアの除去. (崎尾均編：ニセアカシアの生態学) pp. 287–295. 文一総合出版, 東京.

崎尾均 (2012) 豊かな水辺林を将来に伝えるために. 地域自然史と保全, **34** (1) : 79–86.

Sakio, H. and Masuzawa, T. (2012) The advancing timberline on Mt Fuji : natural recovery or climate change? *Journal of Plant Research*, **125** (4) : 539–546.

崎尾均・久保満佐子・川西基博・比嘉基紀 (2013) 秩父山地におけるニホンジカの採食が林床植生に与える影響. 緑化工学会誌, **39** (2) : 226–231.

崎尾均 (2015) なぜハリエンジュは日本の河川流域で分布を拡大したのか？　緑化工学会誌, **40** (3) : 465–471.

崎尾均・川西基博・比嘉基紀・崎尾萌 (2015) 巻き枯らしによるハリエンジュの管理. 緑化工学会誌, **40** (3) : 446–450.

崎尾均・松澤可奈子 (2016) 大規模河川攪乱における河畔林の流木捕捉機能. 緑化工学会誌, **41** (3) : 391–397.

指村奈穂子・井出雄二（2007）湯檜曽川における3種のヤナギ科樹種の実生定着過程. 東京大学農学部演習林報告, **118** : 45–64.

指村奈穂子・鈴木和次郎・井出雄二（2008）湯檜曽川における水辺林のモザイク構造とユビソヤナギ林の成立. 日本森林学会誌, **90**（1）: 17–25.

指村奈穂子・井出雄二（2009）絶滅危惧樹木ユビソヤナギ（*Salix hukaoana*）の生育環境と分布特性. 林木の育種, **230** : 17–24.

指村奈穂子・池田明彦・井出雄二（2010）ユビソヤナギの広域的な潜在生育域推定及び分布変遷に関する考察. 東京大学農学部演習林報告, **123** : 33–51.

佐藤亜貴夫・中島勇喜（2009）ヤナギ類の分布拡大方法についての一考察——流枝による分布拡大について. *Journal of Rainwater Catchment Systems*, **15**（1）: 41–46.

佐藤創（1988）道南松前半島におけるサワグルミ林の構造と成立地形. 森林立地, **30**（1）: 1–9.

佐藤創（1992）サワグルミ林構成種の稚樹の更新特性. 日本生態学会誌, **42** : 203–214.

佐藤創（1995）北海道南部のサワグルミ林の成立維持機構に関する研究. 北海道立林業試験場研究報告, **32** : 55–96.

佐藤弘和・長坂有・島田宏行・柳井清治・福地稔・永田光博・宮本真人・大久保進一（1995）積丹川における河畔林の水温上昇機能抑制とサクラマスの生息密度の関係. 日本林学会北海道支部論文集, **43** : 60–62.

佐藤孝夫（1985）ケショウヤナギのさし木. 日本林学会北海道支部講演集, **33** : 105–106.

Sato, T., Isagi, Y., Sakio, H., Osumi, K. and Goto, S.（2006）Effect of gene flow on spatial genetic structure in the riparian canopy tree *Cercidiphyllum japonicum* revealed by microsatellite analysis. *Heredity*, **96**（1）: 79–84.

Schneider, R. L. and Sharitz, R. R.（1988）Hydrochory and regeneration in a bald cypress-water tupelo swamp forest. *Ecology*, **69**（4）: 1055–1063.

清和研二（1992）ハルニレの種子散布と稚苗の出現. 日本林学会北海道支部論文集, **40** : 77–79.

清和研二（1994）ハルニレの更新過程——花が咲いてから稚苗が定着するまで. 北方林業, **46**（2）: 29–32.

Seiwa, K. and Kikuzawa, K.（1996）Importance of seed size for the establishment of seedlings of five deciduous broad-leaved tree species. *Vegetatio*, **123**（1）: 51–64.

Seiwa, K.（1997）Variable regeneration behavior of *Ulmus davidiana* var. *japonica* in response to disturbance regime for risk spreading. *Seed Science Research*, **7**（2）: 195–207.

Seiwa, K.（2000）Effects of seed size and emergence time on tree seedling establishment : importance of developmental constraints. *Oecologia*, **123**（2）: 208–215.

島津光夫・吉田滋（1969）大佐渡, 岩谷口よりエリオナイトの産出. 地質学雑誌, **75**（7）: 389–390.

進望・石川慎吾・岩田修二（1999）上高地・梓川における河畔林のモザイク構造と

その形成過程. 日本生態学会誌, **49** : 71–81.

Shin, N. and Nakamura, F. (2005) Effects of fluvial geomorphology on riparian tree species in Rekifune River, northern Japan. *Plant Ecology*, **178** (1) : 15–28.

新庄久志（1978）釧路湿原におけるヤチハンノキ林Ⅰ. 釧路市立郷土博物館紀要, **5** : 31–44.

新庄久志（1982）釧路湿原におけるハンノキ林Ⅱ. 釧路市立郷土博物館紀要, **9** : 27–36.

新庄久志・辻井達一・冨士田裕子（1988）釧路湿原におけるハンノキ林についてⅢ. 釧路市立郷土博物館紀要, **13** : 25–34.

新庄久志・辻井達一・宮地直道（1995）釧路湿原におけるハンノキ林Ⅳ——ヌマオロ湿原. 釧路市立郷土博物館紀要, **19** : 31–38.

植生学会企画委員会（2011）ニホンジカによる日本の植生への影響——シカ影響アンケート調査（2009-2010）結果. 植生情報, **15** : 9–96.

種生物学会（2006）森林の生態学——長期大規模研究から見えるもの. 文一総合出版, 東京.

Sugahara, K., Kaneko, Y., Ito, S., Yamanaka, K., Sakio, H., Hoshizaki, K., Suzuki, W., Yamanaka, N. and Setoguchi, H. (2011) Phylogeography of Japanese horse chestnut (*Aesculus turbinata*) in the Japanese Archipelago based on chloroplast DNA haplotypes. *Journal of Plant Research*, **124** (1) : 75–83.

Sugimoto, S., Nakamura, F. and Ito, A. (1997) Heat budget and statistical analysis of the relationship between stream temperature and riparian forest in the Toikanbetsu River basin, northern Japan. *Journal of Forest Research*, **2** (2) : 103–107.

Suzuki, W., Osumi, K., Masaki, T., Takahashi, K., Daimaru, H. and Hoshizaki, K. (2002) Disturbance regimes and community structures of a riparian and an adjacent upper terrace stand in the Kanumazawa Riparian Research Forest, northern Japan. *Forest Ecology and Management*, **157** (1–3) : 285–301.

Suzuki, W., Osumi, K. and Masaki, T. (2005) Mast seeding and its spatial scale in *Fagus crenata* in northern Japan. *Forest Ecology and Management*, **205** (1–3) : 105–116.

鈴木和次郎・菊地賢（2006）只見川水系における絶滅危惧種ユビソヤナギの分布と河畔林の組成・構造. 保全生態学研究, **11** : 85–93.

Suzuki, W. and Kikuchi, S. (2008) Ecology and conservation of an endangered willow, *Salix hukaoana*. *In* (Sakio, H. and Tamura, T. eds.) Ecology of Riparian Forests in Japan : Disturbance, Life History and Regeneration. pp. 281–297. Springer, Tokyo.

鈴木和次郎・渡部和子（2012）7.29 豪雨災害で塩ノ岐川に発生した流木の実態. 只見の自然（只見町ブナセンター紀要）, **1** : 19–24.

橘隆一（2007）ナンキンハゼ（*Sapium sebiferum* Roxb.）. 日本緑化工学会誌, **32** : 521.

只見の自然に学ぶ会（2012）福島県只見川水系における希少樹種ユビソヤナギ——その分布と集団の実態報告書. 只見の自然に学ぶ会, 只見.

平英彰（1994）タテヤマスギの更新形態について. 日本林学会誌, **76**（6）: 547-552.
高橋文・小山浩正・高橋教夫（2005）ニセアカシア種子の発芽・休眠特性――Cryptic heteromorphism の検討とその意義. 日本森林学会大会発表データベース, **116**: PA093.
高橋文・小山浩正・高橋教夫（2006）ニセアカシアの分布拡大と種子の役割――種子異型性とその意義. 日本森林学会大会発表データベース, **117**: D10.
高橋和也・林靖子・中村太士・辻珠希・土屋進・今泉浩史（2003）生態学的機能維持のための水辺緩衝林帯の幅に関する考察. 応用生態工学, **5**（2）: 139-167.
高橋和也・鈴木洋一郎（2004）土砂の捕捉に必要な水辺緩衝帯幅に関する考察. 応用地質技術年報, **24**: 93-99.
Takayama, K., Kajita, T., Murata, J. and Takeishi, Y.（2006）Phylogeography and genetic structure of *Hibiscus tiliaceus*-speciation of a pantropical plant with sea-drifted seeds. *Molecular Ecology*, **15**（10）: 2871-2881.
田村浩喜・金子智紀（2003）巻枯らしによるハリエンジュ水源林の林種転換――10年経過後の林分評価. 日本林学会大会発表データベース, **114**: P2175.
田村浩喜・金子智紀・蒔田明史（2007）小坂鉱山煙害地に造成された50年生ニセアカシア林の生育実態. 日本緑化工学会誌, **32**（3）: 432-439.
田村浩喜・金子智紀（2008）森林の公益的機能の維持向上に関する研究――ニセアカシアから在来広葉樹への樹種転換. 秋田県農林水産技術センター森林技術センター研究報告, **18**: 51-57.
田村浩喜・佐藤正人（2008）森林の公益的機能の維持向上に関する研究――渓畔域における昆虫とイワナ胃内容物の季節変化. 秋田県農林水産技術センター森林技術センター研究報告, **18**: 63-68.
Tamura, N. and Shibasaki, E.（1996）Fate of walnut seeds, *Juglans ailanthifolia*, hoarded by Japanese squirrels, *Sciurus lis*. *Journal of Forest Research*, **1**（4）: 219-222.
Tamura, N., Hashimoto, Y. and Hayashi, F.（1999）Optimal distances for squirrels to transport and hoard walnuts. *Animal Behaviour*, **58**（3）: 635-642.
Tamura, N.（2001）Walnut hoarding by the Japanese wood mouse, *Apodemus speciosus* Temminck. *Journal of Forest Research*, **6**（3）: 187-190.
谷本丈夫・金子範子（2004）栃木県足尾町民有林内に造成されたニセアカシア林の現状と今後の施業方針の検討. 日本緑化工学会誌, **30**（1）: 151-156.
田崎冬記・安藤由里子・石田洋一・丸山純孝・内田泰三（2007）河川改修がケショウヤナギ（*Chosenia arbutifolia*（Pall.）A. Skvorts.）の更新地に及ぼす影響. 日本緑化工学会誌, **33**（1）: 33-36.
寺澤和彦・清和研二・薄井五郎・菊沢喜八郎（1989）滞水土壌条件下での広葉樹稚苗の生育反応（1）. 日本林学会論文集, **100**: 439-440.
Terazawa, K., Y. Maruyama and Y. Morikawa（1992）Photosynthetic and stomatal responses of *Larix kaempferi* seedlings to short-term waterlogging. *Ecological Research*, **7**（2）: 193-197.
Terazawa, K. and Kikuzawa, K.（1994）Effects of flooding on leaf dynamics and other seedling responses in flood-tolerant *Alnus japonica* and flood-intolerant

Betula platyphylla var. *japonica*. *Tree Physiology*, **14** (3) : 251-262.

Toole, E. H. and Brown, E. (1946) Final results of the Duvel buried seed experiment. *Journal of Agricultural Research*, **72** : 201-210.

戸澤宗孝・木村恵・上野直人・加納研一・清和研二 (2003) 河畔性ヤナギ科樹木の種子散布における綿毛の定着適地検出機能. 東北大学大学院農学研究科附属複合生態フィールド教育研究センター報告, **19** : 27-31.

Trimble, G. R. and Sartz, R. S. (1957) How far from a stream should a logging road be located? *Journal of Forestry*, **55** (5) : 339-341.

Tsukahara, H. and Kozlowski, T. T. (1984) Effect of flooding on *Larix leptolepis* seedlings. *Journal of Japanese Forestry Society*, **66** (8) : 333-336.

津村義彦・陶山佳久 (2015) 地図でわかる樹木の種苗移動ガイドライン. 文一総合出版, 東京.

梅津正倫 (1998) 地形工学的視点から見た沖積低地. (日本地形学連合編 : 水辺環境の保全と地形学) pp. 59-85. 古今書院, 東京.

臼井英治 (1993) アカシア——花降る木陰 (植物文化史 157). 遺伝, **47** (5) : 58.

薄井五郎 (1990) 若いカラマツ林の衰弱原因の調査例から. 光珠内季報, **78** : 9-12.

Vannote, R. L., Minshall, G. W., Cummins, K. W., Sedell, J. R. and Cushing, C. E. (1980) The river continuum concept. *Canadian Journal of Fisheries and Aquatic Sciences*, **37** (1) : 130-137.

和田美貴代・菊池多賀夫 (2004) 上高地梓川氾濫原におけるハルニレ実生の発生と定着. 植生学会誌, **21** : 27-38.

和田依子 (2007) 養蜂とニセアカシア. 森林技術, **781** : 22-25.

渡邊定元 (1994) 樹木社会学. 東京大学出版会, 東京.

Wynn, T. M., Mostaghimi, S., Frazee, J. W., McClellan, P. W., Shaffer, R. M. and Aust, W. M. (2000) Effects of forest harvesting best management practices on surface water quality in the Virginia coastal plain. *Transaction of the ASAE*, **43** (4) : 927-936.

Yabuhara, Y., Yamaura, Y., Akasaka, T. and Nakamura, F. (2015) Predicting long-term changes in riparian bird communities in floodplain landscapes. *River Research and Applications*, **31** (1) : 109-119.

八神徳彦・千木容 (2002) 衰退ニセアカシア林の萌芽更新. 石川県林業試験場研究報告, **33** : 1-2.

八神徳彦 (2007) 海岸ニセアカシア林の衰退と伐採強度による萌芽更新への影響. 石川県林業試験場研究報告, **39** : 49-52.

八神徳彦 (2009) ニセアカシア海岸林の推移. (崎尾均編 : ニセアカシアの生態学) pp. 311-325. 文一総合出版, 東京.

矢原徹一 (監修) (2003) レッドデータプランツ. 山と渓谷社, 東京.

矢原徹一・藤井伸二・伊藤元己・海老原淳 (監修) (2015) レッドデータプランツ 増補改訂新版. 山と渓谷社, 東京.

山田健四・長坂有・佐藤創・対馬俊之・阿部友幸 (2006) 2003 年台風 10 号災害における厚別川流域河畔林の被害状況と流木発生・捕捉量の定量化. 砂防学会誌, **59** (1) : 13-20.

山口總・山田朋枝・村上ゆき枝・大橋広明・上堂秀一郎（1998）渓流性ツツジ，キシツツジの種子発芽（2）初期成長および照度について．日本植物学会大会研究発表記録，**62**：143．

Yamamoto, F. (1992) Effects of depth of flooding on growth and anatomy of stems and knee roots of *Taxodium distichum*. *IAWA Bulletin, n. s.*, **13** (1) : 93–104.

Yamamoto, F., Sakata, T. and Terazawa, K. (1995a) Growth, morphology, stem anatomy, and ethylene production in flooded *Alnus japonica* seedlings. *IAWA Journal*, **16** (1) : 47–59.

Yamamoto, F., Sakata, T. and Terazawa, K. (1995b) Physiological, morphological and anatomical responses of *Fraxinus mandshurica* seedlings to flooding. *Tree Physiology*, **15** (11) : 713–719.

山本福壽（2002）湿地林樹木の適応戦略．（崎尾均・山本福壽編：水辺林の生態学）pp. 139–167. 東京大学出版会，東京．

山本福壽・山田亜妃子・岩永史子（2012）ミシシッピ氾濫原に分布する在来種ヌマミズキと侵入種ナンキンハゼ，センダンとの耐塩性比較．日本森林学会大会発表データベース，**123**：Pa081．

山本晃一（2010）沖積河川——構造と動態．技報堂出版，東京．

山本進一（1984）森林の更新——そのパターンとプロセス．遺伝，**38**：43–50．

Yamamoto, S. (1989) Gap dynamics in climax *Fagus crenata* forests. *Botanical Magazine Tokyo*, **102** (1) : 93–114.

Yamamoto, S., Moriyama, Y. and Kobayashi, M. (1994) Two types of vegetative reproduction of *Chamaecyparis pisifera* (Sieb. et Zucc.) Endl. *Japanese Journal of Environment*, **36** (1) : 57–59.

Yamamoto, S. and Y. Moriyama (1995) A comparative analysis of sapling architecture of *Chamaecyparis obtusa* and *C. pisifera* under closed canopies and in canopy gaps. *Journal of the Japanese Forestry Society*, **77** (3) : 275–278.

柳沢聰雄（1985）ニセアカシア．（林業科学技術振興所編：有用広葉樹の知識——育て方と使い方）pp. 275–277. 林業科学技術振興所，東京．

柳井清治・酒谷幸彦・小野寺弘道（1981）クヮウンナイ沢における流路変動と河畔林の構造（Ⅱ）——河畔林の生成と消滅．日本林学会北海道支部講演集，**29**：191–193．

柳井清治・寺澤和彦（1992）道南小河川における底生・流下・落下昆虫量の季節変化．日本林学会北海道支部講演集，**40**：199–201．

Yasaka, M., Terazawa, K., Koyama, H. and Kon, H. (2003) Masting behavior *Fagus crenata* in northern Japan : spatial synchrony and pre-dispersal seed predation. *Forest Ecology and Management*, **184** (1–3) : 277–284.

米田吉宏・木南正美・松嶋博（2009）春日山原始林におけるナンキンハゼの発芽・定着に環境条件が及ぼす影響．日本森林学会大会発表データベース，**120**：F35．

米倉浩司・梶田忠（2003–）BG Plants 和名–学名インデックス（YList）．(http://ylist.info)

吉川正人・福嶋司（1999）鬼怒川河辺におけるヤナギ群落の分布と形成様式．植生学会誌，**16**（1）：25–37．

吉川正人・野田浩・平中晴朗・福嶋司（2007）礫床河川の河畔林としてのコナラ林——その立地と種組成について. 森林立地, **49** (1) : 41-49.

吉野豊（2003）15年間のケヤキ種子生産量の変動と豊凶に関与する要因. 日本林学会誌, **85** (3) : 199-204.

Yura, H. (1988) Comparative ecophysiology of *Larix kaempferi* (Lamb.) Carr. and *Abies veitchii* Lindle. I. Seedling establishment on bare ground on Mt. Fuji. *Ecological Research*, **3** (1) : 67-73.

Yura, H. (1989) Comparative ecophysiology of *Larix kaempferi* (Lamb.) Carr. and *Abies veitchii* Lindl. II. Mechanisms of higher drought resistance of seedlings of *L. kaempferi* as compared with *A. veitchii*. *Ecological Research*, **4** (3) : 351-360.

おわりに

私が鳥取大学教授の山本福壽さんと編集した『水辺林の生態学』（東京大学出版会）が2002年に出版されて15年が経った．当時，この本は水辺林研究を始める若手の研究者や学生のテキストとして利用された．その後，21世紀になって水辺林研究は大きく発展してきた．多くの研究者が水辺林に関する新たな研究に着手し，多くの研究成果を蓄積してきた．私自身も共同研究を行いながら上流から下流へ，基礎研究から応用研究へ研究テーマを広げてきた．この間，阪神淡路大震災，東日本大震災，新潟・福島豪雨など日本各地で多くの自然災害が発生し，水辺でも多くの自然攪乱が生じた．海外でもアメリカのニューオーリンズを襲ったハリケーン「カトリーナ」など，あげればきりがない．近年，「水辺」への関心も高まり，多くの本が出版されている．このような状況のなかで，新たに水辺林の本を出版する必要性を感じていた．この本の内容は，最近の水辺林研究をレビューしたものになってはいるが，内容の多くは私の研究の過程を追ったものである．いまだ研究途中の課題も多いが，あえて内容に加えることにした．そのために，曖昧さや不確かな点があることは承知のうえで執筆させていただいた．

このように書くと，私の経歴は水辺林一色のように思われるが，けっして一貫した研究者として歩んできてはいない．初めは造林技術者として奥秩父でスギ・ヒノキの苗木植栽や下刈り，間伐の現場監督を行い，治山技術者としては治山ダム建設のために測量，設計図の作成，現場監督を経験した．また，埼玉県林業試験場では，森林管理の研究や技術開発，相談業務を行ってきた．仕事の合間に，組合活動にも多くの時間をつぎ込み，研究職場の環境改善に取り組んだり，レクリエーションやシンポジウムを開催してきた．その後，新潟大学演習林の教員として佐渡島に渡り，学生実習を中心とした教育研究に携わっている．研究テーマも森林生態学を基盤に置いてはいるものの，森林植生，森林の更新機構，森林を構成する樹木の生活史，人工林施業，苗木生産，萌芽更新，酸性雨などいろいろある．研究対象も森林，草原，河川と多様であり，森林の範囲も高山帯から亜高山帯，山地帯，雑木林と多岐にわたっている．他人から見るとまったく専門家とはいいがたいかもしれない．おもしろいことがあるとすぐ横道に外れてしまう．自分では研究者というよりもナチュラリストであると自負している．

私の研究・生活は，多くの人たちの支えがなければ実現できなかった．私の研究の原点である大滝村中津川（現在の秩父市中津川）の大山沢県有林のシオジ林において，山中頼一，幸島久，山中辰三，中島純夫の各氏には，奥秩父の急峻な山の歩き方を一から叩き込んでいただいた．また，樹木の名前を教えていただき，大山沢における調査地の設定・毎木調査・土壌調査など一緒に行っていただいた，このときの調査や経験がなければ，その後の研究の発展はなかった．埼玉県林業試験場に移ってからは，多くの研究職員や技能職員の方々に支えていただいた．とくに，技能職員の方々には大山沢をはじめとした森林調査や苗畑での苗木生産を担当していただいた．肉体的にもきつい仕事を長年やっていただき感謝している．臨時職員の方々には試料やデータ整理でお世話になった．大山沢調査地の地元のNPO法人「もりと水の源流文化塾」の山中進氏と加藤一彦氏には，宿泊施設の提供や調査地のメンテナンスなど現在も並々ならぬ支援をいただいている．彩の国ふれあいの森管理事務所のみなさんには，大山沢への入林に関してお世話になっている．福島県只見町ブナセンターの職員や只見の自然を考える会の会員の方々にも調査補助や情報を提供していただいた．お礼を述べたい．

私のこれまでの研究は，共同研究者との協働をなくしては語れない．私とともに大山沢で大学院生のころから長年，カツラの研究を行っている久保満佐子博士（島根大学）や草本植生の研究を行った川西基博博士（鹿児島大学），共同研究者の島野光司博士（信州大学），荒川のハリエンジュ林の調査を一緒に行なった福田真由子さんや比嘉基紀博士（高知大学），立正大学のオープンリサーチセンターの荒川流域のプロジェクトでお世話になった渡邊定元先生，後藤真太郎先生，米林仲先生や白石貴子博士，森林総合研究所の渓畔林プロジェクトで指導していただいた坂本知己博士，ニセアカシアの共同研究でお世話になった信州大学の北原曜先生，ミシシッピ川のヌマスギ林で楽しい海外研究を一緒に行った山本福壽先生や岩永史子博士（鳥取大学），それから私の研究生活を通して，学生時代から長い間さまざまなアドバイスや議論を行っていただいた小林繁男先生，渓畔林研究会でともに切磋琢磨してきた鈴木和次郎博士，中村太士博士（北海道大学），伊藤哲博士（宮崎大学）に感謝したい．

本書の原稿を読んで有益なコメントをいただいた山本福壽先生，久保満佐子博士，川西基博博士にはあらためてお礼申し上げる．また，金井塚務氏には細見谷渓畔林の保全に関して，間野直彦博士（滋賀県立大学）にはトチノキ高齢林の保護に関して，新国勇氏にはユビソヤナギの保全に関する情報をいただいた．中野陽介氏には，ヤナギ林の写真を提供していただいた．飯田碧博士（新潟大学）には魚類の，大脇淳博士（山梨県富士山科学研究所）には動物の学名を教えていただいた．

本書の内容は，私を指導教員として研究を行ってくれた佐渡研究室の学生や大学院生との協働の研究成果でもある．有意義な研究生活を送らせていただいていることに感謝したい．現在の職場である新潟大学農学部附属フィールド科学教育研究センター佐渡ステーションの教職員の方々には，日頃の研究教育全般でお世話になっている．お名前はあげないが，渓畔林研究会の開催を引き受けていただいた研究者や参加して議論をしていただいた多くの研究者や学生のみなさんにも感謝したい．

現在でも富士山で共同研究を行っている恩師の増澤武弘先生，博士論文を粘り強く指導していただいた木村允先生，私の水辺林研究をつねに励まし続けていただいた大島康行先生には，特別の謝意を表したい．それから，本書の研究の一部は，JSPS 科研費 25450209，25252029，21405022・河川基金（河川財団）・「自然首都・只見」学術調査研究助成金事業の助成を受けた．

これまでの長い研究は，家族の支えと励ましがなければ続けてこられなかった．数え切れないほどフィールドに同行して，あるときはテントで調査地に泊まりデータの記録係をやってもらった妻のさやか，娘の萌と青葉には心から感謝している．また，将来飯を食っていけるかどうかわからない時代に，生物学科での大学生活を支えてくれた父の要と母の一恵には，いくら感謝してもしきれない．

編集にあたっては，執筆が遅れたにもかかわらず，本書が無事出版できるように最後まで暖かい励ましをいただいた東京大学出版会編集部の光明義文氏にたいへんお世話になった．心からお礼申し上げる．

事項索引

ア　行

カ　行

サ　行

タ　行

ナ　行

ハ　行

マ　行

ヤ　行

ラ　行

生物名索引

ア　行

カ　行

サ　行

タ　行

ナ　行

ハ　行

マ　行

ヤ　行

ラ　行

ワ　行

著者略歴

1955 年　大阪市に生まれる．
1979 年　静岡大学理学部卒業．
1982 年　静岡大学大学院理学研究科修士課程（生物学）修了．
埼玉県秩父農林振興センター林業業務部中津川林業出張所技師，埼玉県寄居林業事務所治山課技師，埼玉県林業試験場造林保護部専門研究員，埼玉県農林総合研究センター森林・緑化研究所担当部長などを経て，
現　在　新潟大学農学部附属フィールド科学教育研究センター佐渡ステーション（演習林）教授，博士（理学）．
第 16 回尾瀬賞，2015 年植生学会賞など受賞．

主要著書

『山渓ハンディ図鑑 3・4・5　樹に咲く花』（分担執筆，2000 年，2001 年，山と溪谷社）
『水辺林管理の手引き』（共著，2001 年，日本林業調査会）
『水辺林の生態学』（共編，2002 年，東京大学出版会）
“Ecology of Riparian Forests in Japan”（共編，2008 年，Springer）
『ニセアカシアの生態学』（編，2009 年，文一総合出版）
『日本樹木誌 1』（共編，2009 年，日本林業調査会）
『高山植物学』（分担執筆，2009 年，共立出版）ほか．

水辺の樹木誌

2017 年 7 月 25 日　初　版

［検印廃止］

著　者　崎尾　均（さきお ひとし）

発行所　一般財団法人　東京大学出版会

代表者　吉見俊哉

153-0041　東京都目黒区駒場 4-5-29
電話 03-6407-1069・振替 00160-6-59964

印刷所　三美印刷株式会社
製本所　誠製本株式会社

ISBN 978-4-13-060235-8　Printed in Japan

Natural History Series（継続刊行中）

日本の自然史博物館
糸魚川淳二著 ―― A5判・240頁/4000円（品切）

●理論と実際とを対比させながら自然史博物館の将来像をさぐる．

恐竜学
小畠郁生編
犬塚則久・山崎信寿・杉本剛・瀬戸口烈司・木村達明・平野弘道著 ―― A5判・368頁/4500円（品切）

●7人の日本の研究者がそれぞれ独特の研究視点からダイナミックに恐竜像を描く．

樹木社会学
渡邊定元著 ―― A5判・464頁/5600円

●永年にわたり森林をみつめてきた著者が描き上げた森林と樹木の壮大な自然史．

動物分類学の論理
馬渡峻輔著 ―― A5判・248頁/3800円

多様性を認識する方法

●誰もが知りたがっていた「分類することの論理」について気鋭の分類学者が明快に語る．

花の性
その進化を探る　矢原徹一著 ―― A5判・328頁/4800円

●魅力あふれる野生植物の世界を鮮やかに読み解く．発見と興奮に満ちた科学の物語．

民族動物学
周達生著 ―― A5判・240頁/3600円

アジアのフィールドから

●ヒトと動物たちをめぐるナチュラルヒストリー．

海洋民族学
秋道智彌著 ―― A5判・272頁/3800円（品切）

海のナチュラリストたち

●太平洋の島じまに海人と生きものたちの織りなす世界をさぐる．

両生類の進化
松井正文著 ―― A5判・312頁/4800円

●はじめて陸に上がった動物たちの自然史をダイナミックに描く．

シダ植物の自然史
岩槻邦男著 ―― A5判・272頁/3400円（品切）

●「生きているとはどういうことか」を解く鍵を求め続けてきたあるナチュラリストの軌跡．

太古の海の記憶
池谷仙之・阿部勝巳著 ―― A5判・248頁/3700円（品切）

オストラコーダの自然史

●新しい自然史科学へ向けて地球科学と生物科学の統合が始まる．

哺乳類の生態学
土肥昭夫・岩本俊孝・三浦慎悟・池田啓著 ―― A5判・272頁/3800円（品切）

●気鋭の生態学者たちが描く〈魅惑的〉な野生動物の世界．